- 실기시험
  - 필답형
  - 작업형

2020년 개정 9판

한방에 끝내는
에너지관리 기능사

실기

● 인터넷 동영상 강의

감수 : 이정근

에너지관리 기능장 **이요학 · 박장연** 공저
강명구 · 한덕수

이 책의 특징

주관식 필답형(50점)과 작업형(50점)시험을 대비하였으며
주관식은 필답형 시험을 위해 필요한 핵심 내용정리와
시험에 잘 나오는 핵심 예상문제를 넣어 주관식을
연습할 수 있도록 하였으며 작업형 도면을 난이도대로
배치하여 연습할 수 있도록 하였다

에너지관리기능사는 기존의 열관리기능사로부터 시작하여 보일러취급기능사와
보일러시공기능사가 2012년 1월 1일부로 보일러 기능사로 통합되었으며,
다시 2014년 1월 1일부로 에너지관리기능사로 변경되어 시험이 진행되고 있다.

 질의응답 사이트 운영

본서로 공부하면서 내용에 의문점이나 이해가 되지 않는 부분에 관하여 질의응답을 원하는
분은 위 사이트로 문의하시면 항상 감사하는 마음으로 정성껏 답하여 드리겠습니다.

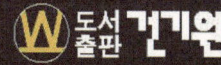

머리말

　에너지관리기능사는 에너지를 효율적으로 이용하고 배기가스로 인한 환경오염을 예방하기 위하여 보일러설치, 시공, 운전 및 유지관리에 필요한 배관, 용접, 검사, 조작, 보수, 정비 등을 수행하는 국가기술자격으로서 정부가 지향하고 있는 에너지절약정책과 맞물려 앞으로 성장이 지속 가능한 이 분야를 담당할 기술자의 수요는 계속될 것이다.

　이러한 국가정책을 뒷받침하고 있는 에너지관리공단과 우리 기술자들의 권익을 위해 큰 역할을 해주고 있는 사)에너지기술인협회의 역할도 기대되는 바이다. 이러한 국가 에너지절약정책과 더불어 에너지관리자격증을 취득하셨다면 우리 기술자들의 권익을 위해서 에너지기술인협회의 가입을 권하는 바이다. 이렇게 한분 한분의 가입이 에너지관련 기술자인 우리의 권익과 에너지절약 및 온실가스를 줄이는 데 큰 초석이 될 것이기 때문이다.

이 에너지관리기능사 실기 교재는
1. 주관식 필답형(50점)과 작업형(50점)시험을 대비하였으며
2. 주관식은 필답형 시험을 위해 필요한 핵심 내용 정리와
3. 주관식을 풀기 위한 예상문제를 넣어 주관식을 연습할 수 있도록 하였으며
4. 작업형 도면을 난이도대로 배치하여 연습할 수 있도록 하였다.

　끝으로 본 교재를 집필하는 데 있어 오타나 잘못된 부분이 있으면 지속적으로 수정할 것을 약속드리며, 에너지관리기능사 실기 시험에 응시하는 수험생 여러분의 합격을 기원하는 한편 본 교재가 출판되도록 수고해 주신 도서출판 건기원 사장님과 편집에 고생하신 관련자 분들께 감사를 드립니다.

저자 씀

에너지관리기능사 시리즈

에너지관리기능사 필기

저 자 : 이정근, 서형호,
　　　　박장연, 이요학

본서의 특징
▶ 변경된 출제기준에 맞추어 중요사항을 체계적으로 정리
▶ 다년간 실무 및 강의 경험이 풍부한 최상급 저자
▶ 정확한 답과 명쾌한 해설
▶ 최근 기출문제 및 해설 수록

에너지관리기능사는 열관리기능사부터 시작하여 보일러취급기능사와 보일러시공기능사가 2012년 1월 1일부로 보일러기능사로 통합되었으며, 다시 2014년 1월 1일부로 에너지관리기능사로 변경되어 시험이 진행되고 있다.

에너지관리기능사는 에너지를 효율적으로 이용하고 배기가스로 인한 환경오염을 예방하기 위하여 보일러 설치, 시공, 운전 및 유지관리에 필요한 배관, 용접, 검사, 조작, 보수, 정비 등을 수행하는 국가기술자격으로서 정부가 지향하고 있는 에너지 절약정책과 맞물려 앞으로도 성장이 지속 가능한 이 분야를 담당할 기술자의 수요는 계속될 것이다.

7일완성 에너지관리기능사

저 자 : 이정근, 강능중

본서의 특징
▶ 다년간 실무 및 강의 경험이 풍부한 최상급 저자
▶ 기능사 시험에 자주 출제되는 내용 요약 정리
▶ 계산문제는 공식과 풀이과정을 자세하게 정리
▶ 정확한 답과 명쾌한 해설
▶ 최근 기출문제 및 해설 수록
▶ 질의·응답 사이트 운영

에너지관리기능사 필기시험을 짧은 기간 동안 본 교재 한 권으로도 최종 마무리할 수 있도록 이론을 요약 정리하고 각 문제마다 충분한 요점 정리와 쉬운 해설로 이해하기 쉽도록 상세하게 설명하였다.

에너지관리기능사는 에너지를 효율적으로 이용하고 배기가스로 인한 환경오염을 예방하기 위하여 보일러 설치, 시공, 운전 및 유지관리에 필요한 배관, 용접, 검사, 조작, 보수, 정비 등을 수행하는 국가기술자격으로서 정부가 지향하고 있는 에너지 절약정책과 맞물려 앞으로도 성장이 지속 가능한 이 분야를 담당할 기술자의 수요는 계속될 것이다.

 질의·응답 사이트 운영 : 현대기술학원(에너지관리 필기/실기 전문학원)
　　　　　　인터넷 동영상 강의 : 다부터

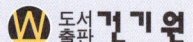
www.kkwbooks.com

에너지관리기능사 출제기준(실기)

□ 실기검정방법 : 복합형		□ 시험시간 : 4시간 정도(필답형 : 1시간, 작업형 : 3시간 정도)	
실기과목명	주요항목	세부항목	세세항목
보일러시공 작업	1. 시운전	1. 보일러설비 시운전하기	1. 보일러설비가 정상적으로 설치되었는지 확인할 수 있다. 2. 보일러설비의 밸브 등의 개폐상태가 정상인지 확인할 수 있다. 3. 보일러설비의 제어밸브, 센서 등이 정상적으로 설치 완료되었는지 확인할 수 있다. 4. 급수, 온수, 증기, 냉수, 공기, 가스 및 전기 등의 공급상태가 정상인지 판단할 수 있다.
		2. 급·배수설비 시운전하기	1. 급·배수설비가 정상적으로 설치되었는지 확인할 수 있다. 2. 급·배수설비의 밸브 등의 개폐상태가 정상인지 확인할 수 있다. 3. 급·배수설비의 제어밸브, 센서 등이 정상적으로 설치 완료되었는지 확인할 수 있다. 4. 급수 등의 공급상태가 정상인지 판단할 수 있다.
	2. 자동제어설비설치	1. 보일러제어설비 설치하기	1. 보일러 및 보일러 설비의 제어시스템을 파악할 수 있다. 2. 보일러제어설비의 구성장치의 기능을 파악할 수 있다.
		2. 급배수제어설비 설치하기	1. 급수설비, 배수설비의 제어시스템을 파악할 수 있다. 2. 급배수제어설비의 설계도서, 설계도면을 파악 및 검토할 수 있다. 3. 급배수제어설비의 구성장치의 기능을 파악할 수 있다.
	3. 열원설비설치	1. 급수설비 설치하기	1. 급수 방식을 파악하고 급수설비의 배관재료, 시공법을 파악할 수 있다. 2. 급수설비를 적산할 수 있다. 3. 급수배관을 설계도서대로 설치하고 배관 및 용접, 기밀시험, 보온 등을 할 수 있다.

출 / 제 / 기 / 준

실기과목명	주요항목	세부항목	세세항목
보일러시공작업	3. 열원설비설치	2. 연료설비 설치하기	1. 사용하는 연료(위험물 및 LNG, LPG, 도시가스 등)의 특성 및 위험성을 확인하여 공급방식과 시공방법을 파악할 수 있다. 2. 연료설비를 적산할 수 있다. 3. 연료설비를 설계도서대로 설치하고 배관 및 용접, 기밀시험, 보온 등을 할 수 있다.
		3. 통풍장치 설치하기	1. 통풍방식에 따른 현장 설치여건 및 설계도서를 파악하여 공정계획서를 작성할 수 있다. 2. 통풍장치를 적산할 수 있다.
		4. 송기장치 설치하기	1. 증기의 특성을 파악할 수 있다. 2. 송기장치를 적산할 수 있다. 3. 송기장치를 설계도서대로 설치하고 배관 및 용접, 기밀시험, 보온 등을 할 수 있다.
		5. 에너지절약장치 설치하기	1. 각종 에너지절약장치의 특성을 확인하고 현장 설치여건을 파악할 수 있다. 2. 에너지절약장치를 적산할 수 있다.
		6. 증기설비 설치하기	1. 압력에 따른 증기의 특성을 확인하고 증기설비의 시공방법 및 설계도서를 파악할 수 있다. 2. 증기설비를 적산할 수 있다. 3. 증기설비를 설계도서대로 설치하고 배관 및 용접, 기밀시험, 보온 등을 할 수 있다. 4. 응축수발생에 따른 문제점을 사전에 검토할 수 있다.
		7. 난방설비 설치하기	1. 각 난방방식의 특성과 시공법을 확인하고 난방설비의 설계도서를 파악할 수 있다. 2. 난방설비를 적산할 수 있다. 3. 난방설비를 설계도서대로 설치하고 배관 및 용접, 기밀시험, 보온 등을 할 수 있다.
		8. 급탕설비 설치하기	1. 급탕방식 및 배관방식을 확인하고 급탕설비의 배관재료 및 시공방법을 파악할 수 있다. 2. 급탕설비를 적산할 수 있다. 3. 급탕탱크 및 펌프, 배관 등을 설계도서대로 설치하고 배관 및 용접, 기밀시험, 보온 등을 할 수 있다.
	4. 에너지관리	1. 단열성능관리하기	1. 무기질 보온재, 유기질 보온재의 특징을 확인하고 고온유체와, 저온유체의 열이동, 보온, 보냉, 방로 시공 등을 분류할 수 있다.

출 / 제 / 기 / 준

실기과목명	주요항목	세부항목	세세항목
보일러시공작업	4. 에너지관리	2. 에너지사용량 분석하기	1. 계측기 보전사항을 파악하고, 정기 및 일상검사를 통하여 에너지사용량을 확인할 수 있다. 2. 유사 건물과 유사 장비별로 비교 검증하여 에너지별 단위를 통합 TOE로 환산 분석할 수 있다.
	5. 유지보수공사	1. 보일러설비 유지 보수공사하기	1. 각 공사 단위별 품셈에 의한 물량산출 및 단가조사를 통해 공사원가를 산출할 수 있다.
		2. 배관설비 유지보수공사하기	1. 배관도면 해독 및 배관적산 방법, 공사비구성 등을 파악할 수 있다. 2. 공사도면, 시방서, 공사범위 등 과업내용을 현장 설명할 수 있다.
		3. 덕트설비 유지보수공사하기	1. 도면해독 및 덕트적산 방법, 공사비구성 등을 파악하고 활용할 수 있다. 2. 공사도면, 시방서, 공사범위 등 과업내용을 현장 설명할 수 있다.
		4. 정비·세관작업하기	1. 증기보일러의 경우, 에너지합리화법에 의거 최초설치검사후 정기적으로 계속사용안전검사를 준비 및 수검할 수 있다.
	6. 유지보수 안전관리	1. 안전작업하기	1. 장치 및 설비점검보수 작업 전 이상 유무를 점검할 수 있다. 2. 장치 및 설비보수 작업시 필요한 보호장구를 착용하고 용도에 적합한 수공구를 사용할 수 있다. 3. 무리한 공구 취급을 하지 않고 사용 후 일정한 장소에 보관하고 점검할 수 있다. 4. 모든 공구는 반드시 목적 이외의 용도로 사용하지 않고 규격품을 사용할 수 있다.
	7. 열원설비운영	1. 보일러 관리하기	1. 보일러의 본체, 연소장치, 부속장치 등에 대하여 파악할 수 있다. 2. 보일러의 종류를 파악하고 특성에 맞게 운영 및 관리할 수 있다. 3. 보일러 관리 내용을 연료관리, 연소관리, 열사용관리, 작업 및 설비관리, 대기오염, 수처리 관리 등으로 분류하여 효율적으로 수행할 수 있다. 4. 에너지합리화법, 시행령, 시행규칙 등 관련법규를 파악할 수 있다. 5. 보일러와 구조물 및 연료 저장 탱크와의 거리, 각종 밸브 및 관의 크기, 안전밸브 크기 등 설치기준을 파악하고 관리할 수 있다. 6. 보일러 용량별 열효율표 및 성능 효율에 대해 파악하고 관리할 수 있다.

출 / 제 / 기 / 준

실기과목명	주요항목	세부항목	세세항목
보일러시공 작업	7. 열원설비운영	2. 부속장비 점검하기	1. 보일러 부속장치의 종류와 기능 및 역할에 대하여 구분하고 파악할 수 있다. 2. 송기장치, 급수장치, 폐열회수장치 등의 특성을 파악하여 기능을 점검할 수 있다. 3. 분출장치의 필요성, 분출시기, 분출할 때 주의사항, 분출방법 등 파악하여 필요시 분출밸브와 분출 콕을 신속히 열어줄 수 있다. 4. 수면계 부착위치, 수면계 점검시기, 점검순서, 수면계 파손원인, 수주관 역할 등을 확인하고 점검할 수 있다. 5. 급수펌프의 구비조건에 대해서 파악하고 펌프 공동현상과 영향을 확인하여 공동현상 방지법을 이행할 수 있다. 6. 보일러 프라이밍, 포밍, 기수공발의 장애에 대해 파악 후 조치사항을 수행할 수 있다.
		3. 보일러 가동전 점검하기	1. 난방설비운영 및 관리기준, 보일러 가동전 점검사항에 대하여 확인할 수 있다. 2. 가동전 스팀배관의 밸브 개폐상태를 점검할 수 있다. 3. 스팀헷더를 점검하여 응축수가 있을 경우 배출하여 워터해머를 방지할 수 있다. 4. 가스누설여부 점검하고 배관 개폐상태를 점검할 수 있다. 5. 주증기밸브의 개폐상태를 확인하고 자체압력의 이상유무를 확인할 수 있다. 6. 수면계의 정상유무를 확인하고 급수측 밸브 개폐상태, 수량계 이상유무를 확인할 수 있다. 7. 보일러 컨트롤 판넬의 각종 스위치 상태 확인 MCC 판넬의 ON확인, 기동상태를 점검할 수 있다.
		4. 보일러 가동중 점검하기	1. 보일러 운전 순서를 파악하고 수행할 수 있다. 2. 보일러 점화가 불시착(소화) 시 원인 파악 후 충분히 프리퍼지하여 다시 가동할 수 있다. 3. 수면계, 압력계 등의 정상 여부를 확인 및 점검할 수 있다. 4. 급수펌프의 정상 작동 여부, 수위 불안정이 있는지 확인하고 점검할 수 있다. 5. 송풍기 가동상태, 화염상태의 색상(오렌지색)을 확인할 수 있다.

실기과목명	주요항목	세부항목	세세항목
보일러시공작업	7. 열원설비운영	4. 보일러 가동중 점검하기	6. 헤더 및 배관 수격작용은 없는지 점검 및 확인할 수 있다. 7. 응축수탱크의 상태를 확인하고 경수연화장치의 정상 작동 여부에 대하여 점검 및 확인할 수 있다 8. 급수펌프 가동시 소음, 누수여부와 각종 제어판넬 상태를 점검, 확인할 수 있다. 9. 보일러 정지순서를 파악하여 컨트롤 판넬 스위치를 Off, 소화 후 일정시간 송풍기를 프리퍼지하고 연소실, 연도에 있는 잔류가스를 배출하여 폭발위험이 없도록 관리할 수 있다.
		5. 보일러 가동후 점검하기	1. 보일러 컨트롤 판넬은 OFF 상태로 되어 있는지 점검 및 확인할 수 있다. 2. 수면계수위상태를 파악하여 압력이 남아있는 경우 계속 급수 여부를 확인할 수 있다. 3. 가스공급계통 연료밸브의 개폐여부를 확인할 수 있다. 4. 보일러실의 각종 밸브류를 확인할 수 있다. 5. 보일러 운전일지를 기록하고 특이사항을 인수인계할 수 있다.
		6. 보일러 고장시 조치하기	1. 수면계의 수위 부족에도 불구하고 버너가 정지하지 않을 경우 즉시 정지하고 스위치 불량 원인을 제거할 수 있다. 2. 수위 부족에도 버너가 정지하지 않고 계속 운전되어 히터 본체가 과열로 판단될 경우 버너를 정지, 본체를 냉각시킬 수 있다. 3. 정상운전 중 정전 발생 시 버너 순환펌프 스위치를 정지시키고, 복전되면 수위확인 후 운전을 개시할 수 있다. 4. 연료가 불착화 정지시 불시착 원인을 제거 후 재가동 시킬 수 있다. 5. 모터 과부하로 정지될 경우 과대한 전류가 흐르게 되면 서모릴레이가 작동되어 버너가 정지됨을 확인할 수 있다. 6. 히터온도 과열정지 될 경우 온수온도 조절 스위치가 불량임을 확인할 수 있다. 7. 저수위차단 팽창탱크에 부착된 수위조절기, 보급수 전자변이 이상이 생기면 연료공급차단 전자변이 닫히고 버너가 정지되는 것을 확인할 수 있다.

출 / 제 / 기 / 준

실기과목명	주요항목	세부항목	세세항목
보일러시공 작업	7. 열원설비운영	7. 증기설비 관리하기	1. 증기배관 구경에 따라 선도를 보고 증기통과량을 구할 수 있다. 2. 증기배관의 감압밸브, 증기트랩, 스트레이너 등의 작동상태를 점검할 수 있다. 3. 증기배관 신축장치 볼트 너트를 견고하게 설치하고, 정상 작동 여부를 확인할 수 있다. 4. 증기배관 및 밸브의 손상, 부식, 자동밸브,계기류작동상태를 점검 및 확인할 수 있다. 5. 증기배관의 보온상태 점검 및 확인할 수 있다.
		8. 수처리 관리하기	1. 보일러 청관제 자동 주입장치의 역할과 기능을 파악하여 운전 및 관리할 수 있다. 2. 수처리 관리를 위하여 약품자동주입 장치 설치, 주기적인 청소, 점검을 실시할 수 있다.
		9. 연료장치 관리하기	1. 매년 1회 실시하는 도시가스 정기검사를 통하여 가스사용시설이 적합하게 설치, 유지관리 되고 있는지 확인할 수 있다. 2. 설비의 작동상황을 주기적으로 점검하고 이상이 있을 경우 대응하는 보수조치를 할 수 있다.

차례

제1편 보일러 취급 실기

제1장 보일러의 종류 / 19

1.1 보일러의 개요 ·· 19
1.2 원통형 보일러 ·· 22
1.3 수관식 보일러 ·· 29

제2장 보일러의 부속장치 / 39

2.1 안전장치 ··· 39
2.2 송기장치 ··· 44
2.3 급수장치 ··· 49
2.4 분출장치 ··· 55
2.5 폐열회수장치 ·· 58

제3장 보일러의 연소 / 65

3.1 연소의 개요 ·· 65
3.2 연소장치 ··· 68

제4장 통풍장치 및 집진장치 / 77

4.1 통풍 ·· 77
4.2 집진장치 ··· 83

CONTENTS

제5장 보일러 자동제어 / 86

5.1 자동제어 …………………………………………………………… 86
5.2 신호전달 방식 ……………………………………………………… 88
5.3 보일러의 자동제어 ………………………………………………… 89

제6장 계측기기 / 93

6.1 개요 ………………………………………………………………… 93
6.2 압력 계측 …………………………………………………………… 95
6.3 유량 계측 …………………………………………………………… 96
6.4 액면 계측 …………………………………………………………… 98
6.5 가스 분석계 ………………………………………………………… 99

제7장 보일러 취급 실기 예상문제 / 100

제2편 보일러 시공 실기

제1장 배관일반 / 141

1.1 배관재료 …………………………………………………………… 141
1.2 관 이음 방법 ……………………………………………………… 146

1.3 배관공작 ·· 155
1.4 보온재, 패킹, 도료 ··· 162
1.5 배관도시 ··· 169

제2장 난방방식 / 178

2.1 온수난방 ··· 178
2.2 증기난방 ··· 183
2.3 복사난방 ··· 187
2.4 지역난방 ··· 194

제3장 난방설비 / 195

3.1 난방설비 배관 ··· 195
3.2 급탕설비 ··· 205

제4장 난방부하 / 207

4.1 난방부하 계산 ··· 207
4.2 열관류율(열통과율) 계산 ······································ 209
4.3 보일러의 용량계산 ·· 210

제5장 보일러 시공 실기 예상문제 / 214

CONTENTS

제3편 보일러 설비 계통도 및 관련 도면

제1장 설비 계통도 및 관련 도면 / 285

제4편 실기작업형 도면

제1장 배관실습 기초 / 297

1.1 강관 부속품 및 동관 부속품 ·································· 297
1.2 배관의 길이 계산 ·································· 298
1.3 관경에 따른 나사부 길이 및 실제 삽입길이 ·················· 298
1.4 배관 부속품의 중심길이 및 나사 삽입길이 ·················· 299

제2장 실기작업형 / 300

(1) 수험자 준비물 ·································· 300
(2) 국가기술자격 실기시험문제 ·································· 301
　　※ 에너지관리기능사 실기 도면 1~6 수록

CONTENTS

제 5 편 최근 기출문제

2012
2012년 3월 25일 시행 ······ 311
2012년 5월 27일 시행 ······ 314
2012년 9월 9일 시행 ······ 318
2012년 12월 2일 시행 ······ 322

2013
2013년 3월 17일 시행 ······ 325
2013년 5월 26일 시행 ······ 328
2013년 8월 31일 시행 ······ 332
2013년 11월 23일 시행 ······ 336

2014
2014년 3월 23일 시행 ······ 339
2014년 5월 25일 시행 ······ 344
2014년 9월 14일 시행 ······ 348
2014년 11월 22일 시행 ······ 352

2015
2015년 3월 15일 시행 ······ 356
2015년 5월 24일 시행 ······ 359
2015년 9월 6일 시행 ······ 362
2015년 11월 22일 시행 ······ 365

CONTENTS

2016
- 2016년 3월 13일 시행 ………………………………………… 368
- 2016년 5월 21일 시행 ………………………………………… 372
- 2016년 8월 27일 시행 ………………………………………… 375
- 2016년 11월 26일 시행 ………………………………………… 379

2017
- 2017년 3월 11일 시행 ………………………………………… 382
- 2017년 5월 20일 시행 ………………………………………… 385
- 2017년 9월 9일 시행 ………………………………………… 389
- 2017년 11월 25일 시행 ………………………………………… 393

2018
- 2018년 3월 10일 시행 ………………………………………… 396
- 2018년 5월 26일 시행 ………………………………………… 400
- 2018년 8월 25일 시행 ………………………………………… 405
- 2018년 11월 24일 시행 ………………………………………… 409

2019
- 2019년 3월 23일 시행 ………………………………………… 413
- 2019년 5월 25일 시행 ………………………………………… 417
- 2019년 8월 24일 시행 ………………………………………… 421
- 2019년 11월 23일 시행 ………………………………………… 425

제1편

보일러 취급 실기

제1장. 보일러의 종류

제2장. 보일러의 부속장치

제3장. 보일러의 연소

제4장. 통풍장치 및 집진장치

제5장. 보일러 자동제어

제6장. 계측기기

제1장

보일러의 종류

1.1 보일러의 개요

보일러란 밀폐된 용기 속에 물을 급수하고 열을 가열하여 온수나 증기를 발생시키는 장치이다.

(1) 보일러의 3대 구성

보일러는 크게 나누어 다음과 같이 3대요소로 구성된다.
① 보일러 본체(기관 본체)
② 부속설비(부대장치)
③ 연소장치(연소열 발생장치)

(2) 보일러의 종류

보일러의 종류는 분류방법에 따라 여러 가지로 구분될 수 있다. 보일러에서 발생되는 열매체의 종류에 따라 구분하면 증기를 발생시키는 증기보일러, 물 이외의 열매를 사용하는 특수 열매체 보일러, 고온의 물을 얻는 온수보일러로 대별할 수가 있으며 근래에는 진공온수보일러 설치가 확대되고 있다.

일반적인 분류방법으로는 본체의 모양에 따라 원통형 보일러, 수관식 보일러, 강철제, 주철제 보일러 등으로 분류되며 주철제는 거의 사용을 하지 않는다. 또한 구조나 용도, 사용연료에 따라 다음의 표와 같이 구분된다.

◎ 표 1-1 보일러의 종류

원통형 보일러	입형 보일러			입형 횡관 보일러, 입형 연관 보일러, 코크란 보일러
	횡형 보일러	노통식		코르니쉬, 랭커셔
		연관식		기관차, 케와니, 횡연관식
		노통 연관식	육용	노통 연관식
			선박용	스코치, 하우덴존스, 브로돈카프스
수관식 보일러	자연순환식 보일러	완경사 보일러		바브콕크 보일러
		경사수관 보일러		쓰네기찌 보일러, 다꾸마 보일러, 야로우 보일러
		급경사 보일러		스털링 보일러, 가르베 보일러
		곡관식 보일러		2동D형 보일러
	강제순환식 보일러 관류식 보일러	단동 보일러		라몬트 보일러, 베록스 보일러
		무동 보일러	관류 보일러	벤숀 보일러
				슐처 보일러
				소형관류 보일러
				앳모스 보일러
				람진 보일러
주철제 보일러	증기 보일러			
	온수 보일러			
특수 보일러	특수 열매체 보일러			다우삼, 카네크롤, 모빌썸, 세큐리티, 수은
	간접 가열 보일러			레플러, 슈미트
	특수 연료 보일러			버케스, 바아크
	폐열 보일러			하이네, 리
	기타 보일러			전기 보일러, 원자로

※ 보일러 효율순서 : 관류 보일러 → 수관 보일러 → 노통연관 보일러 → 연관 보일러
→ 노통 보일러 → 입형 보일러

제1장_보일러의 종류

【 구조 및 부품명칭 】

◆ 수관식 보일러

◆ 원통형(노통연관식) 보일러

◆ 관류 보일러

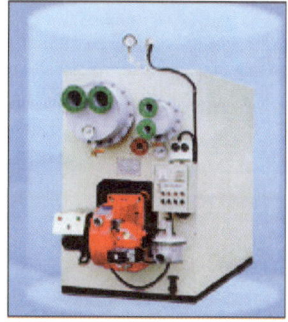

◆ 진공온수 보일러

◆ 특수 보일러

【 보일러의 종류 】

1.2 원통형 보일러

- 장점
    ① 수부가 커서 부하변동에 응하기가 용이하다.
    ② 제작이 쉽고 설비가격이 저렴하다.
    ③ 내부의 청소 및 수리 검사가 용이하다.
    ④ 보유수량이 많아서 부하변동에 의한 압력변화가 적다.
    ⑤ 구조가 간단하고 취급이 용이하다.

- 단점
    ① 고압보일러나 대용량에 부적당하다.
    ② 보일러 가동 후 점화시 증기발생의 소요시간이 길다.
    ③ 보유수가 많아서 파열시 피해가 크다.
    ④ 보일러 효율이 낮다.

(1) 입형 보일러(수직 보일러 : Vertical Boiler)

입형 보일러는 입형 횡관 보일러, 입형 연관 보일러, 코크란 보일러 등이 있으며 장·단점은 다음과 같다.

- 장점
    ① 소형·경량이므로 설치 장소가 좁아도 된다.
    ② 구조가 간단하고 튼튼하다.
    ③ 취급·운반이 용이하다.
    ④ 제작이 쉽고 가격이 싸다.

- 단점
    ① 전열면적이 적고 소용량이다.
    ② 보일러 효율이 매우 낮다.
    ③ 수면이 좁아서 습증기 발생이 심하다.
    ④ 소형이라서 내부 청소나 수리 및 검사가 불편하다.

1) 입형 횡관 보일러

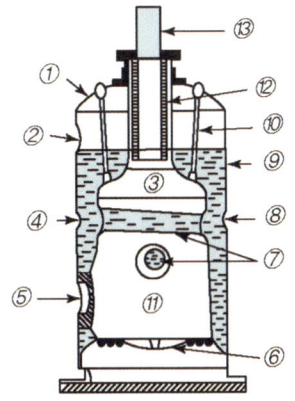

① 접시형 경판
② 맨홀
③ 화실 천장판
④ 청소구
⑤ 아궁이
⑥ 화격자
⑦ 횡관
⑧ 청소구
⑨ 연소실
⑩ 막대버팀
⑪ 연소실
⑫ 보호관
⑬ 연돌관

입형 횡관식 보일러의 구조

2) 입형 연관식 보일러

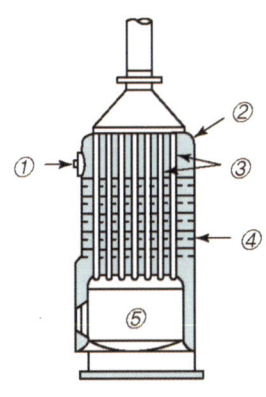

① 맨홀
② 경판
③ 연관
④ 몸체
⑤ 연소실

입형 연관식 보일러의 구조

3) 코크란 보일러

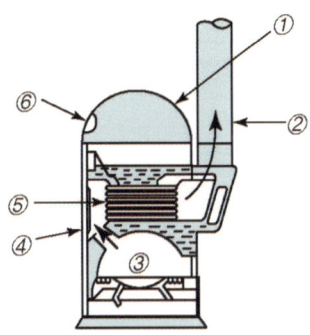

① 반구형 경판
② 연돌
③ 연소실
④ 청소문
⑤ 연관
⑥ 맨홀

코크란 보일러의 구조

(2) 횡형 보일러

1) 노통 보일러(Flue Tube Boiler)

노통 보일러의 종류로는 코르니쉬 보일러(노통이 1개)와 랭커셔 보일러(노통이 2개) 등이 있으며 특징은 다음과 같다.

- **장점**
  ① 구조가 간단하고 제작이 쉽다.(수명이 길다.)
  ② 청소나 검사 수리가 용이하다.
  ③ 급수처리가 까다롭지 않다.
  ④ 부하변동시 압력 변화가 적다.
  ⑤ 수부가 커서 부하변동에 응하기 쉽다.

- **단점**
  ① 가동 후 증기발생 시간이 길다.
  ② 내분식이라서 연소실 크기에 제한을 받는다.
  ③ 양질의 연료로 연소시켜야 한다.
  ④ 보유수가 많아서 파열시 피해가 크다.
  ⑤ 전열면적이 적어서 효율이 낮다.
  ⑥ 고압 대용량에는 부적당하다.

◎ 표 1-2 노통의 장단점

평형 노통		파형 노통	
장 점	단 점	장 점	단 점
구조가 간단하고 제작이 용이하다.	고압의 사용에는 부적당하다.	외압에 대한 강도가 크다.	스케일의 부착으로 내부청소가 곤란하다.
청소가 쉽고 가격이 싸다.	열에 의한 신축성이 나쁘다.	노통이 열에 의한 신축이 원활하다.	제작이 어려워 비싸다.
	고온의 열에 의한 신축을 좋게 하기 위하여 아담슨조인트를 설치하여야만 한다.	전열면적이 크다.	그을음에 의한 부식이 심하다.(청소곤란)

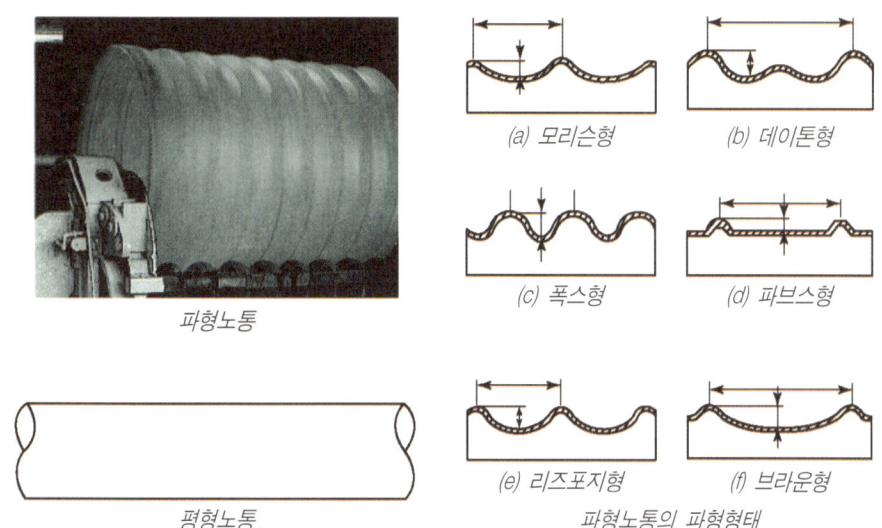

파형노통

평형노통

(a) 모리슨형
(b) 데이톤형
(c) 폭스형
(d) 파브스형
(e) 리즈포지형
(f) 브라운형

파형노통의 파형형태

2) 연관식 보일러

노통 보일러와 횡형으로 제작되나 내부에 많은 연관을 설치하고 전열면적을 증대시켜 노통 보일러보다 증발을 크게 개선한 보일러이다.

- **장점**
  ① 전열면적이 크고 효율은 노통 보일러보다 좋다.
  ② 증기발생시간이 빠르다.
  ③ 설치면적이 적다.
  ④ 연료선택 범위가 넓다.
  ⑤ 연료의 연소상태가 양호하다.

- **단점**
  ① 청소, 수리, 검사가 어렵다.
  ② 고장이 많다.
  ③ 양질의 급수를 요한다.
  ④ 몸체 저부가 과열되기 쉽다.
  ⑤ 구조가 복잡하다.

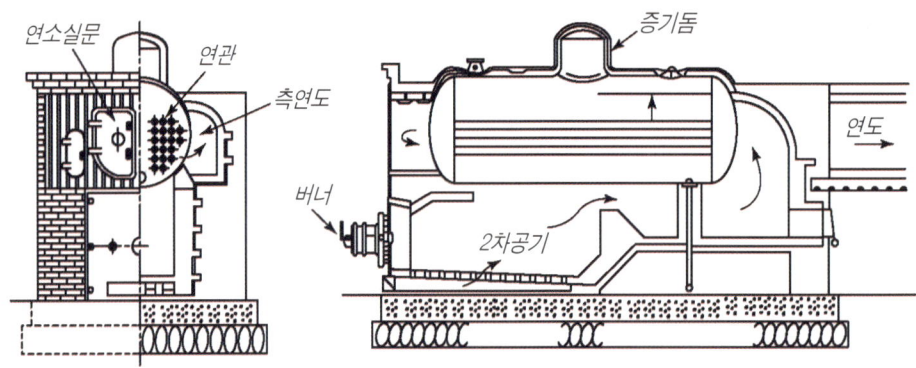

【 연관식 보일러 】

3) 노통 연관식 보일러

노통 보일러와 연관 보일러의 장단점을 보완하여 노통과 연관을 동체에 설치하여 만든 보일러이다. 증기발생 시간이 단축되고 증기발생 속도가 빨라서 비수방지관이 설치된다.

노통은 파형이 쓰이고 보일러 동체는 길이의 2/3가, 노통 1/3이 연관을 사용하며 장·단점은 다음과 같다.

- **장점**
  ① 팩케이지형으로 제작된다. ② 열효율이 85~90%로 높다.
  ③ 증발속도가 빠르다. ④ 내분식이므로 방산열량이 적다.
  ⑤ 수관식에 비하여 가격이 싸다.

- **단점**
  ① 스케일의 부착이 쉽다. ② 구조가 복잡하여 청소, 수리, 검사가 곤란하다.
  ③ 급수처리가 필요하다. ④ 고압 보일러나 대용량에는 부적합하다.
  ⑤ 비수방지를 위하여 비수방지관이 필요하다.

제1장_보일러의 종류

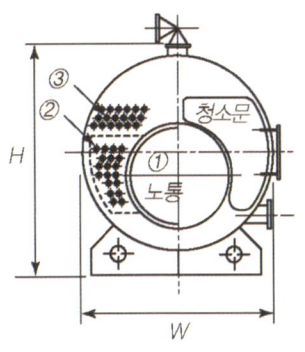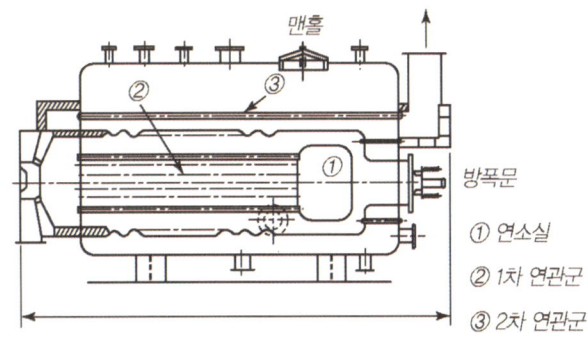

① 연소실
② 1차 연관군
③ 2차 연관군

【 노통 연관식 팩케이지 보일러 】

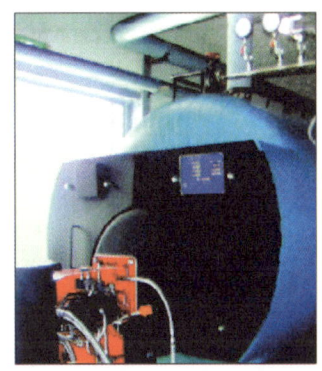

【 원통형 보일러 종류 】

제1편 보일러 취급 실기

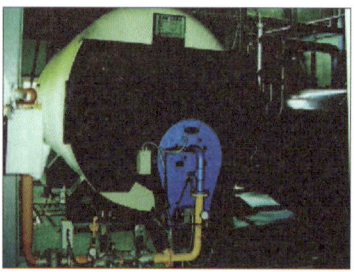

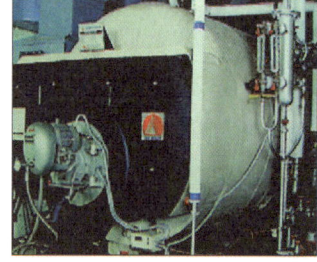

1.3 수관식 보일러

수관식 보일러란 비교적 큰 드럼이 아니고 동체의 직경이 작은 드럼과 가는 수관으로 이어 만들고 수관에서 증발하도록 한 고압 대용량 보일러이다. 물의 순환 상태에 따라서 자연순환식, 강제순환식, 관류식이 있으며 장·단점은 다음과 같다.

• 장점
① 드럼의 직경이 작으므로 고압에 잘 견딘다.
② 전열면적은 크나 보유수량이 적어서 증기발생 시간이 단축된다.
③ 보일러 용적이 같은 증발량이면 둥근 보일러에 비하여 적어도 된다.
④ 보일러 수의 순환이 빠르고 효율이 높다.
⑤ 전열면적이 커서 증발량이 극심하여 대용량에 적합하다.
⑥ 보일러 본체에 무리한 응력이 생기지 않는다.
⑦ 연소실의 크기가 자유롭고 수관의 설계가 용이하다.

• 단점
① 구조가 복잡하고 제작이 까다로워 가격이 비싸다.
② 보유 수량이 적어서 부하변동시 압력변화가 크다.
③ 스케일의 생성이 빨라서 양질의 급수가 필요하다.
④ 증발이 극심하여 습증기 발생이 심하다.
⑤ 구조가 복잡하여 청소가 곤란하다.
⑥ 열팽창으로 인하여 수관에 무리가 많이 발생한다.

> **참고** **수관**
>
> 수관은 관 외부에서 연소가스가 접촉하고 관내로 물이 흐르는 관을 말하며, 일반적으로 65mm 강관(저탄소강)이 널리 사용된다.
> ① 승수관 : 가열된 증기가 상부 기수 드럼으로 올라가는 관
> ② 강수관 : 상부 기수 드럼으로 공급된 찬물이 하부 물 드럼으로 내려오는 관

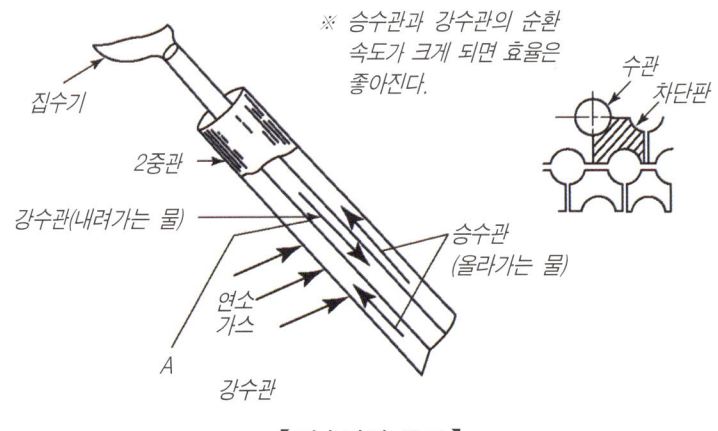

【 강수관의 구조 】

(1) 자연 순환식 보일러

보일러 수의 온도 상승에 따른 물의 비중차로 순환이 되어 증기를 발생시키는 보일러로서 종류로는 바브콕, 다쿠마, 2동D형, 스네기찌, 야로(3동A) 등이 있으며 자연 순환이 양호하게 하기 위해서는 다음과 같은 조건이 필요하다.

① 포화수와 포화증기 간의 비중차를 크게 한다.
② 수관의 경사도를 크게 한다.
③ 수관의 관경을 크게 한다.
④ 강수관의 가열을 피한다.

1) 바브콕크 보일러

2) 쓰네기찌 보일러

3) 다쿠마 보일러(Takumas Boiler)

4) 스털링 보일러(Stirling Boiler)

5) 야로 보일러(자연 순환식 Yarrow Boiler)

6) 가르베 보일러(Garbe Boiler)

7) 2동 D형-수관식 팩케이지 보일러

8) 방사(복사) 보일러(Radiation Type Boiler)

(2) 강제 순환식 보일러(Forced Circulation Boiler)

보일러가 내압이 임계압력에 가까이 도달하면 포화수 온도가 높아서 포화수와 증기의 비중량차가 적어지고 관수의 순환이 불량하여 수관군의 과열이 보일러 사고의 원인으로 확대된다. 이런 경우 물의 순환 펌프를 이용한 강제순환을 시킴으로써 수관군의 과열염려를 없애고 보일러 효율이 증진되는 장점을 살리는 보일러가 강제순환 보일러이며 장·단점은 다음과 같다.

- 장점
  ① 관경을 작게 하여도 무방하다.
  ② 관수의 순환이 좋다.
  ③ 수관의 배치가 자유로워서 보일러 설계가 용이하다.
  ④ 관의 두께가 얇아도 되므로 전열 효과가 높다.
  ⑤ 단위 시간당 전열면의 열부하가 매우 높다.
  ⑥ 증기의 생성속도가 빠르다.

- 단점
  ① 각 관에 흐르는 관수의 속도가 일정하게 유지되어야 한다.
  ② 관수의 농축속도가 빨라서 급수처리가 까다롭다.
  ③ 관수의 흐름이 일정치 못하면 관의 파열이 온다.
  ④ 노즐이나 순환 펌프가 있어야 한다.

1) 라몬트 보일러(La Mont Boiler)

2) 베록스 보일러

【 수관식 보일러의 종류 】

(3) 관류 보일러

하나의 긴 관을 구성되어 급수펌프에 의해 압입된 물이 가열 → 증발 → 과열 등의 순차적으로 통과하여 관 출구에서 소요증기가 취출될 수 있도록 제작된 강제순환식 보일러의 일종이다.

- **종류**

    ① 벤슨 보일러

    ② 슐처 보일러

    ③ 람진 보일러

    ④ 소형 가와사키 보일러

    ⑤ 엣모스 보일러

- **특징**

    ① 수면계가 필요없다.

    ② 드럼이 없다.(순환비가 1이다.)

    ③ 급수의 압력이 매우 높다.

    ④ 1개의 수관의 증발량은 15~20 ton/h이다.

- **장점**

    ① 임계압력 이상의 고압에 적당하다.

    ② 연소효율을 높일 수 있다.

    ③ 관 배치가 자유로이 할 수 있다.

    ④ 증기발생 속도가 매우 빠르다.

    ⑤ 증기드럼이 필요없다.

    ⑥ 증기의 가동 발생시간이 매우 짧다.

    ⑦ 보일러 효율이 95% 정도로 매우 높다.

- **단점**

    ① 철저한 급수처리가 필요하다.

    ② 스케일로 인한 피해가 크다.

    ③ 부하변동에 적응이 빠르므로 자동제어가 필요하다.

    ④ 농축된 염 등을 분리하기 위하여 염분리기(기수분리기)가 필요하다.

제1편 보일러 취급 실기

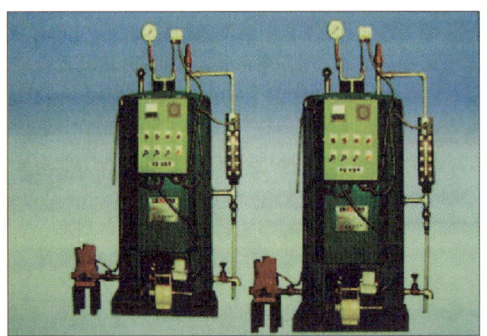
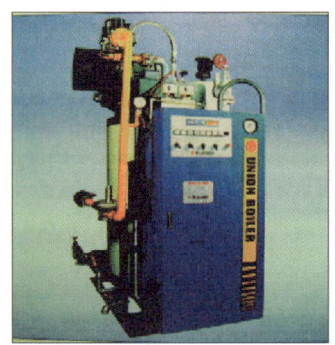
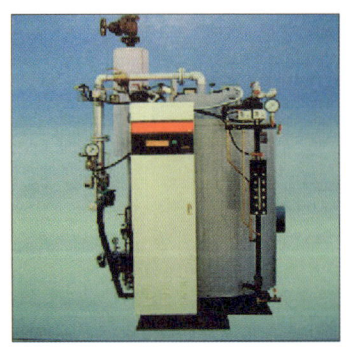

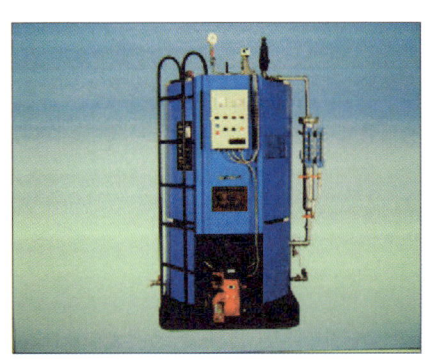
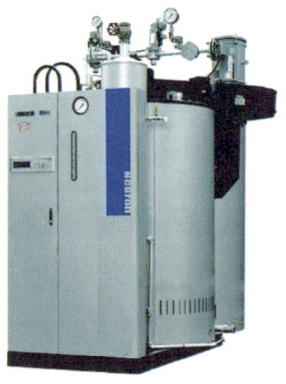

【 관류 보일러 종류 】

(4) 주철제 보일러

주철제 보일러는 주로 저압증기 난방용 보일러로 사용되고 있으며 같은 모양의 쪽(section)을 여러 개 조합하여 만들기 때문에 섹셔널 보일러라고도 하며 조합방법은 전후조합, 좌우조합, 맞세움조합으로 구분된다. 주철제 보일러에서 최고 사용압력이 $1kg/cm^2$ 이하의 증기 보일러와 사용수두압 50m 이하이면서 온수의 온도가 120℃ 이하인 주철제 온수 보일러가 있으며, 주철제 소용량 보일러의 수두압 35m 이하로서 전열면적 $14m^2$ 이하인 온수보일러는 주철제 보일러에서 제외된다.

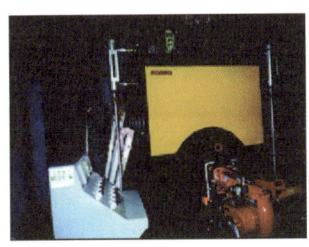 

- **발생열매에 따른 형식**
    ① 증기보일러
    ② 온수보일러

- **사용연료에 따른 형식**
    ① 유류용 ② 가스용 ③ 석탄용 ④ 겸용 ⑤ 혼소용
    ⑥ 기타(목재, 폐열, 폐가스, 폐유, 타르, 폐타이어 등)

- **장점**
    ① 쪽수의 증감에 따라 용량조절이 편리하다.
    ② 형체가 작아서 설치장소가 좁아도 된다.
    ③ 조립 및 분해나 운반이 편리하다.
    ④ 저압으로 운전되므로 파열시 재해가 적다.
    ⑤ 전열면적에 비하여 설치면적이 적다.
    ⑥ 내열성 및 내식성이 좋다.

• 단점
① 열에 의한 부동팽창으로 균열이 발생되기 쉽다.
② 내부청소와 검사가 곤란하다.
③ 고압 및 대용량에는 부적당하다.
④ 인장 및 충격에는 약하다.
⑤ 전열효율, 연소효율이 낮다.

◘ 표 1-3 증기보일러와 온수보일러 부속품 비교

온수보일러	증기보일러
일수장치	안전밸브
수고계	압력계
온도계(본체)	온도계(본체 밖)
팽창탱크	-
순환 펌프	순환 펌프(강제순환식에만 부착)
-	수면계

(5) 특수 보일러의 종류

1) 특수 열매체 보일러

비점이 낮은 물질인 수은, 다우섬, 카네크롤 등을 사용하여 낮은 압력에서도 고온의 증기를 발생시키는 형식의 보일러를 말하며, 겨울철에 동결할 우려가 없다는 것이 장점이며 특수 열매체의 종류로는 다우삼, 모빌섬, 수은, 세큐리터, 카네크롤, 바렐섬 등이 있다.

2) 특수 연료 보일러

화석 연료 이외의 버케스(사탕수수찌꺼기), 바크(나무껍질), 펄프폐액(흑액) 등을 이용하는 보일러이다.

3) 폐열 보일러

석탄이나 중유 등 연료로서 가치가 없는 산업 폐기물 등을 이용한 보일러이다.

4) 간접 가열(2중 증발) 보일러

급수중의 불순물로 인하여 스케일(관석) 등의 장애가 발생하지 않도록 연소가스가 접촉하는 수관에는 고온의 순수한 물이나 증기를 이용하여 드럼 내 물을 간접가열 증발시키는 보일러이다.

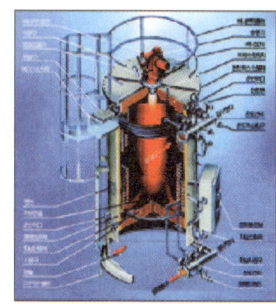 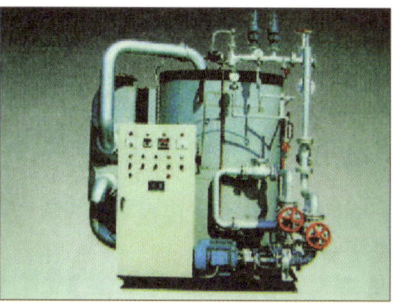 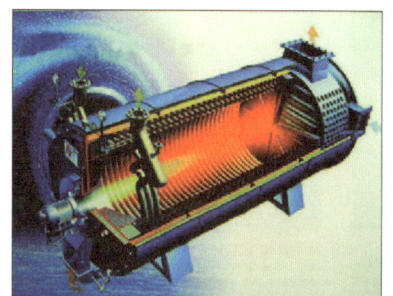

【 특수 보일러(열매체)의 종류 】

(6) 온수 보일러

1) 온수 보일러

- **장점**

  ① 보일러의 효율이 높다.
  ② 자동제어 사용이 용이하다.
  ③ 설치면적이 적고 취급이 용이하다.
  ④ 제작이 간편하다.
  ⑤ 경유나 등유 사용으로 공해나 부식이 적다.
  ⑥ 청소가 용이하다.

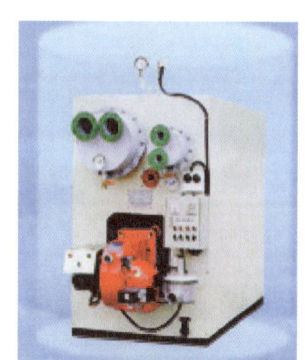

- 단점
    ① 고층건물에는 사용이 부적당하다.
    ② 순환 펌프 등의 부대장치가 필요하다.
    ③ 화재에 주의하여야 한다.
    ④ 감전사고 등을 방지하기 위하여 접지가 필요하다.

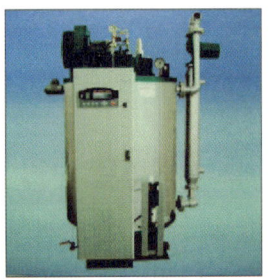  

 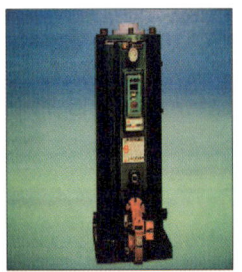 

【 보일러의 구조 】

제2장 보일러의 부속장치

보일러의 부속장치로는 안전장치, 송기장치, 급수장치, 분출장치, 여열회수장치, 수면측정장치, 매연취출장치 등이 있다.

2.1 안전장치

(1) 안전밸브(Safety Valve)

안전밸브는 보일러 내의 압력의 과도한 상승을 막아 보일러의 파열을 방지하기 위하여 설치한다.

1) 안전밸브의 종류

㉮ **지렛대식 안전밸브(레버식)**

추와 지렛대를 이용하며 추의 위치에 따라 분출압력을 조절하고 시트에 걸리는 전압력이 600kg을 초과하면 사용하지 못한다.

㉯ **중추식 안전밸브**

이동식 보일러에는 사용할 수 없으며 추의 중량에 의해 분출압력을 조절한다. 중추의 하중(W)의 계산은 다음과 같다.

$$W(kg) = 분출압력(kg/cm^2) \times 밸브\ 단면적(mm^2)$$

㉰ **복합식 안전밸브**

지렛대식과 스프링식을 조합한 것으로서 분출조정은 지렛대식이 먼저하고 그 다음에 스프링식으로 조정한다.

㉣ 스프링식 안전밸브
① 저양정식 : 밸브의 양정이 밸브 시트 구경의 1/40~1/15 미만인 것
② 고양정식 : 밸브의 양정이 밸브 시트 구경의 1/15~1/7 미만인 것
③ 전양정식 : 밸브의 양정이 밸브 시트 구경의 1/7 이상인 것
④ 전 양 식 : 밸브 시트 지름이 목부 지름의 1.15배 이상

2) 안전밸브의 개수

증기보일러에서는 2개 이상의 안전밸브를 설치하여야 한다. 다만 전열면적이 $50m^2$ 이하에서는 1개 이상이면 된다.

3) 설치위치

안전밸브는 쉽게 검사할 수 있는 개소에 설치하고, 보일러 몸체에 직접 부착시키며, 밸브 축을 수직으로 하여야 한다.(부착은 증기부 상단)

4) 안전밸브의 시험

안전밸브 작동시험은 1년에 2회 정도 행하며 표준압력과 조정한다. 점검은 분출압력의 75% 이상 되었을 때 1일 1회 이상 행한다.

(2) 방출밸브 및 방출관

1) 방출밸브

온수보일러의 안전장치 역할을 한다. 다만 온수의 온도가 120℃ 이상일 때는 방출 밸브보다는 안전밸브를 설치해야 하며, 이때 방출밸브의 크기는 20mm 이상으로 한 다. 방출밸브의 방출압력은 최고 사용압력의 10% 범위 내의 초과한 압력에서 방출 하여야 한다.

2) 방출관(안전관)

방출관에서는 정지밸브 및 체크밸브 등을 설치하지 않으며 방출관의 크기는 보일러의 전열면적에 비례하며 방출관의 지름은 다음과 같다.

① 전열면적 $10m^2$ 미만 : 25A 이상
② 전열면적 $10m^2$ 이상~$15m^2$ 미만 : 30A 이상
③ 전열면적 $15m^2$ 이상~$20m^2$ 미만 : 40A 이상
④ 전열면적 $20m^2$ 이상 : 50A 이상

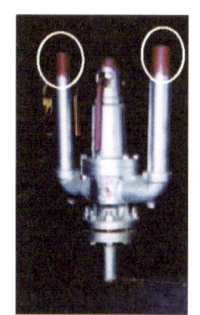

(3) 가용마개(용해 Plug, 가용전)

보일러의 수위가 안전저수위 이하로 감수 시 노통의 과열로 인해 압괴 또는 파열사고가 발생하는 것을 사전에 예방하고 노 내의 연소를 차단하여 수위감소 등으로부터 과열을 사전에 방지하는 장치로서 그 용해온도는 주석과 납의 합금비율에 따라 각기 다르다.

(4) 방폭문(폭발구)

연소실 내에 불완전 연소나 매화작업 등에 의해 미연가스가 충만한 경우 점화에 의한 가스폭발이나 역화 등에 의해 노 내의 가스압력이 상승하여 노통이나 내화벽돌 등에 악영향을 미칠 수 있기 때문에 폭발된 가스를 외부로 배기시켜 사고를 방지하는 안전기구이다. 부착위치는 연소실 후부나 좌우측에 설치하며 종류는 다음과 같다.

① 개방식(스윙식) : 자연통풍방식 노 내압이 낮은 곳에 사용한다.
② 밀폐식(스프링식) : 노 내압이 높은 압입통풍방식에 사용된다.

또 연소가스의 폭발원인은 다음과 같다.

① 연소실이나 연도에 미연가스가 충만할 경우
② 매화 등에 의해 미연가스가 충만할 경우
③ 점화 전에 노내 환기(프리퍼지)가 부족한 경우

④ 점화가 실패한 경우
⑤ 착화시간이 5초 이상 걸리는 경우
⑥ 보일러 운전 중 실화하여 연료가 노 내에 누설된 경우

(5) 압력계

보일러를 안전하게 운전하기 위하여 설치하여야 하며 탄성식 압력계 중 보일러에서는 일반적으로 부르동관식 압력계를 사용하며 탄성식 압력계 종류로는 부르동관식, 다이어프램식, 벨로즈식이 있다.

1) 압력계의 크기

① 압력계 최고 눈금은 보일러 최고 사용압력의 3배 이하 1.5배 이상으로 한다.
② 문자판 지름은 100mm 이상으로 한다. 또한 60mm로 하는 경우는 소용량 보일러일 경우에 적용한다.
③ 재질은 황동으로 내부온도를 80℃ 이하로 유지해야 한다.
④ 압력계 연결관은 동관 안지름 6.5mm, 강관 안지름 12.7mm 이상이며 증기온도가 210℃ 이상인 경우 황동관 또는 동관사용 금지한다.
⑤ 사이폰관의 안지름은 6.5mm 이상으로 한다.

2) 압력계 검사시기

① 2개가 설치된 경우 지시도가 다를 때
② 비수현상이 일어난 때
③ 신설 보일러의 경우 압력이 오르기 전
④ 부르동관이 높은 열을 받았을 때

(6) 수위 경보기

보일러 내의 수면이 너무 높으면 비수현상에 의해 공급증기의 건조도가 저하되고 너무 낮으면 최고 전열면에 과열 사고가 발생되므로 보일러 내의 수면과 최저 수면이 안전 저수위에 이르면 경보를 울리도록 되어 있으며 종류로는 전극식, 마그네틱, 맥도널드식(플로트식)이 있다.

(7) 증기압력 제한기 및 조절기

1) 압력 제한기

증기압력을 검출하여 설정된 압력에 이르면 연료공급을 차단하는 신호를 발생하는 발신기의 일종으로 ON/OFF 제어방식에서는 하한압력과 상한압력에서 연료공급 밸브를 ON/OFF 하는 연소제어장치로 사용될 수 있다.

2) 압력 조절기

압력조절기의 설정된 비례대 하한압력을 기준하여서 벨로즈의 신축에 따른 내부의 저항이 변화하여 연료량과 함께 공기량을 조절하는 컨트롤모터를 작동시키는 장치이다.

(8) 화염 검출기

1) 설치목적

보일러 운전 중 정전 시나 실화로 인하여 연료의 누설로 인한 가스폭발을 사전에 방지하기 위하여 설치하며, 연소실 내의 화염의 유무를 검출하여 갑자기 실화가 되면 전자밸브로 신호를 보내어 전자밸브가 닫혀 연료공급을 차단시키도록 한 안전장치이다.

◆ 표 2-1 화염 검출기와 연료의 적합성

검출기의 종류	연료의 종류		
	가스	등유~A중유	B, C 중유
CDS 셀	×	△	○
PBS 셀	○	○	○
정류관식 광전관	×	△	○
자외석 광전관	○	○	○
프레임로드	○	-	-

○ : 검출 가능, △ : 검출 불안정, × : 검출 불안정, - : 부적절

2) 종류

㉮ **프레임 로드(Frame Rod)** : 화염은 이온화 현상을 이용한 것으로 고온의 가스는 양이온과 자유전자로 전리되어 있다. 여기에 전극을 접촉시키면 전류가 흐르므로 전류의 유무에 의하여 화염을 검출한다.(화염의 전기전도성 이용)

㉯ **프레임 아이(Frame Eye)** : 화염의 발광체를 이용한 것으로 화염의 복사선을 광전관으로 잡아 화염을 검출한다. 적외선 광전관, 황화카드뮴 셀, 황화납 셀 등이 있으며, 가스 및 기름버너에 주로 사용한다.

㉰ **스택 스위치(Stack Switch)** : 연소가스의 발열체를 이용한 것으로 연소가스의 열에 의한 바이메탈의 신축작용으로 화염을 검출하며, 주로 소형 온수 보일러에 사용한다.

2.2 송기장치

(1) 비수방지관(Antipriming Pipe)

보일러 동체 또는 드럼 내부 증기 취출구에 부착하여 수면에서 발생하는 증기의 압력차 없이 증기관으로 취출시키는 관을 말하며 증기를 한 곳으로만 취출하면 그 부근에 압력이 저하하여 수면 동요와 동시 비수가 발생된다.

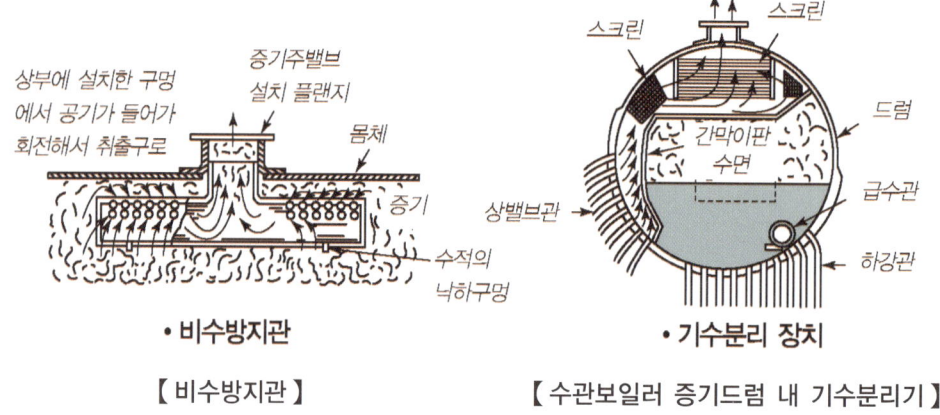

【 비수방지관 】　　　　　【 수관보일러 증기드럼 내 기수분리기 】

① 설치위치 : 둥근 보일러 동 내부 증기 취출구에 설치한다.
② 비수방지관의 면적 : 비수방지관에 뚫린 전체 구멍의 면적은 주증기 밸브의 면적보다 1.5배 이상이 되어야 증기의 배출에 지장이 없다.

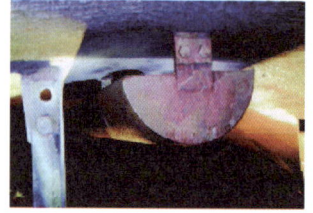

(2) 기수분리기(Steam Separator)

수관식 보일러 등에서 증기의 압력이 고압으로 되면 포화수와 포화온도가 높아져서 비중량의 차가 작아지면서 발생되는 증기 속에 많은 물방울이 함유하게 된다. 이 증기 속에 포함된 물방울을 제거한 후 건조증기를 만들기 위하여 증기드럼 내나 주증기 배관에 설치하여 증기와 수분을 분리시키는 장치가 기수분리기이다.

1) 기수분리기의 종류
　① 사이크론　　② 스크레버식　　③ 건조스크린식
　④ 배플식　　　⑤ 다공판식

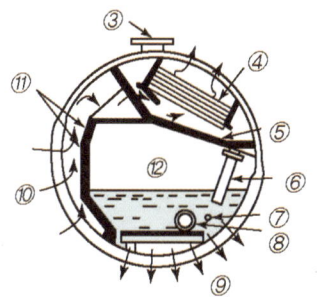

① 기수 혼합물　② 증기
③ 증기출구관　　④ 스크린
⑤ 사절판　　　　⑥ 유수관
⑦ 약액 주입관　⑧ 급수내관
⑨ 강수관　　　　⑩ 상승관
⑪ 사절판　　　　⑫ 사용수면

2) 기수분리기 설치 시의 이점
　① 건조도가 높은 포화증기를 얻는다.　② 증기의 손실을 막아준다.
　③ 기관의 엔탈피가 증가한다.　　　　④ 기관의 열효율이 높아진다.
　⑤ 배관 내에 수격작용(워터 햄머)이 방지된다.　⑥ 부식이 방지된다.
　⑦ 증기의 저항이 감소된다.

(3) 송기 시 장애요인
　① 프라이밍(비수)　　　　② 포밍(물거품)
　③ 케리 오버(기수공발)

• 프라이밍, 포밍 등의 발생원인
　① 주증기 밸브의 급개　　　② 부하의 급변
　③ 고수위의 보일러 운전　　④ 증기발생의 과대
　⑤ 증기발생부가 적을 때　　⑥ 관수의 농축
　⑦ 급수처리 등의 부적당　　⑧ 청관제 등의 약품처리의 부적합

• 프라이밍, 포밍의 장해
　① 수면의 동요가 심하여 수위의 판단이 곤란하다.
　② 압력계나 수면계의 연락관이 막히기 쉽다.
　③ 습증기 발생의 과다.　　　④ 증기 엔탈피의 감소
　⑤ 배관 내 응축수로 인한 수격작용(워터 햄머) 발생

⑥ 열설비 계통의 부식초래 ⑦ 보일러의 효율저하
⑧ 증기의 저항 증가

- **프라이밍, 포밍 발생시 조치사항**
  ① 연소량을 낮춘다.
  ② 증기밸브를 닫고 수위의 안정을 꾀한다.
  ③ 농축된 관수를 분출시킨 후 새로운 급수로서 신진대사를 꾀한다.
  ④ 수면계 등의 연락관을 조사한다.(안전밸브나 압력계도 함께)

(4) 주증기 밸브

증기를 개폐시킬 때 사용되는 밸브로서 앵글밸브가 사용된다.

① 주증기 밸브의 재질
  ㉠ 주철제 : 16kg/cm² 미만의 압력에 사용
  ㉡ 주강제 : 16kg/cm² 이상의 압력에 사용
② 부착위치 : 보일러 상부에 부착한다.

(5) 증기 헤더(Steam Header)

① 설치목적 : 보일러의 증기를 한 곳에 모아서 사용처로 배분시킨다.
② 특징
  ㉠ 증기의 공급량을 조절한다.
  ㉡ 불필요한 열손실을 방지한다.
  ㉢ 헤더 밑 부분에는 응결수 빼기가 되어 있다.
  ㉣ 제2종 압력용기에 속한다.

(6) 신축이음(Expansion Joint)

증기관 내로 고온의 증기나 온수가 통과하면 배관이 팽창을 하게 되는데 이를 조절하여 열설비 계통의 무리가 오는 것을 방지하기 위한 목적으로 설치된다.

1) 신축이음의 종류
  ① 루프형(Loop type)   ② 벨로즈형(Bellows Type)
  ③ 슬리브형(Sleeve Type)   ④ 스위블형(Swivel Type)

(7) 감압밸브(Pressure Reducing Valve)

1) 설치목적

① 고압의 증기를 저압으로 변화시킨다.
② 증기의 압력을 일정하게 유지시킨다.
③ 고압과 저압의 증기를 동시에 사용한다.

2) 작동방법에 따른 분류

① 벨로즈형
② 다이어프램식
③ 피스톤형

3) 설치 시 주의사항

주증기관에 감압밸브 설치 시에는 고압측은 압력계, 게이트 밸브, 여과기를 감압밸브 출구인 저압측에서는 게이트 밸브, 압력계, 안전밸브를 설치해야 되며, 바이패스 배관에는 증기량 제어를 위해 일반적으로 글로우브 밸브를 설치한다.

(8) 증기트랩(Steam Trap)

증기배관에서 응축수가 고이기 쉬운 곳에 설치하여 증기는 내보내지 않고 응축수만 배출하여 수격작용(Water Hammer) 등을 방지한다.

1) 증기트랩의 구비조건

① 유량, 압력이 변화해도 작동이 확실할 것
② 구조가 간단하고 내마모성이 클 것
③ 마찰저항이 적을 것
④ 공기빼기가 양호할 것
⑤ 봉수가 확실할 것
⑥ 사용정지 후에도 작동이 확실할 것(응축수를 배출할 수 있을 것)
⑦ 내식성 및 내구성이 있을 것

2) 증기트랩의 종류

① 기계식 트랩 : 응축수와 증기의 비중차(부력)를 이용한 것
  ㉠ 버킷 트랩 : 상향버킷 트랩, 하향버킷 트랩
  ㉡ 플로트 트랩 : 레버플로트식 트랩, 프리플로트식 트랩
② 온도조절식 트랩 : 응축수와 증기의 온도차를 이용한 것
  ㉠ 바이메탈 트랩
  ㉡ 벨로즈 트랩
③ 열역학적 트랩 : 응축수와 증기의 열역학적 특성을 이용한 것
  ㉠ 오리피스 트랩(충격식)
  ㉡ 디스크 트랩(써모다이나믹 트랩)

【 버킷 트랩 】

【 플로트 트랩 】

【 벨로즈식 트랩 】

【 디스크 트랩 】

3) 워터 햄머의 발생원인

① 증기관 내에 응축수가 고여 있을 때
② 증기밸브의 급개
③ 프라이밍, 포밍, 캐리오버의 발생
④ 증기트랩의 고장
⑤ 증기관의 보온이 원활하지 못하였을 때

4) 워터 햄머의 작용

증기배관의 응축수가 주증기 밸브의 급개 시에 증기의 유속에 날려 밸브나 배관에 무리를 주는 작용을 함으로써 다음과 같은 나쁜 작용이 생긴다.
① 증기관 및 배관장치 등에 손상을 입힌다.
② 증기관의 주위에 시공한 보온재가 파손된다.
③ 증기 및 응축수가 누설된다.(열손실 초래)

5) 증기 축열기(Steam Accumulator)

보일러 가동 중 저부하 시에 남은 잉여증기를 저장하였다가 과부하 시에 긴급히 사용하는 잉여증기의 저장고로서 과잉의 증기를 포화수와 같은 모양으로 저장 후 정압식과 변압식 방식으로 이용하는 장치이다.

① 정압식 : 잉여증기를 보일러 급수 중에 넣어 그 열을 저장하고 정압의 상태에서 필요에 따라 축열을 이용하며 급수라인에 설치한다.

② 변압식 : 잉여증기는 물이 저장된 탱크로 보낸 후 필요할 때 그 내부에 압력을 내려 압력을 변동시켜 자체에서 증기를 발생시켜 사용한다.

2.3 급수장치

급수장치란 보일러 운전 중 부하변동 시에 일정수위를 유지하기 위하여 거의 연속적으로 보일러 동 내부로 급수를 보충해 줄 수 있는 모든 장치가 급수장치이다.

(1) 급수장치의 종류

1) 급수탱크(Feed Water Tank)

보일러에서 사용되는 응축수(복수)가 부족할 때 이를 보충하기 위하여 지하수나 상수도수를 급수처리하여 저장하였다가 유사시 사용하는 탱크이다.

【급수탱크】

2) 응축수탱크(Drin Tank)

열사용처에서 사용된 증기가 물로 응축할 때 그 응축수가 회수된 후 보일러로 공급되는 탱크이다.

【응축수탱크】

3) 급수밸브

전열면적이 $10m^2$ 이하에서는 15A 이상이며 $10m^2$ 이상에서는 20A 이상의 밸브가 필요하다. 급수밸브에는 정지밸브와 체크밸브가 사용된다.

【급수밸브】

4) 급수펌프

보일러에서는 항상 단독으로 최대 증발량을 발생시키는 데 필요한 급수를 할 수 있는 2세트 이상의 급수펌프(인젝터 펌프 포함)를 갖추어야 한다.

【 급수펌프(부스터 펌프) 】

5) 기타 급수장치

① 급수관　　② 급수처리 약품주입 탱크
③ 수압계　　④ 급수량계
⑤ 급수내관

【 약주탱크 】

【 급수량계 】

(2) 급수장치와 급수펌프

1) 급수장치

급수장치는 보일러에서는 항상 2세트 이상의 장치가(급수펌프) 설치되어야 한다. (인젝터 포함)

2) 급수펌프의 구비조건

① 고온, 고압에도 충분히 견디어야 한다.
② 급격한 부하변동에도 대응할 수 있어야 한다.
③ 작동이 확실하고 조작이 간편하여야 한다.
④ 저부하시나 고부하시에도 효율이 좋아야 한다.
⑤ 병렬운전에도 지장이 없어야 한다.
⑥ 회전식은 고속회전에 지장이 없어야 한다.

3) 급수펌프의 종류

① 동력펌프
  ㉠ 회전식 펌프 : 벌류트 펌프, 터빈 펌프, 프로펠러 펌프
  ㉡ 왕복식 펌프 : 플런저 펌프(단작동 펌프)
② 비동력 급수장치
  ㉠ 왕복식 펌프 : 워싱턴 펌프, 웨어펌프
  ㉡ 인젝터 : 메트로폴리탄형, 그레샴형
  ㉢ 환원기 : 응축수 회수탱크(수압과 증기압 사용)
  ㉣ 급수탱크(수원이용)

㉮ 터빈 펌프(Turbine Pump)

고압 다단식 펌프로서 임펠러와 안내날개가 있고 양정이 20m 이상의 큰 급수펌프에 해당하는 펌프이다.

㉯ 볼류트 펌프(Volute Pump, 소용돌이 펌프)

터빈펌프와 형태는 같으나 안내날개가 없고 양정이 20m 미만에 사용된다.

㉰ 플런저 펌프(Plunger Pump)

전동기를 사용하여 플런저가 크랭크 축의 회전에 의해서 급수하는 펌프이다.

㉱ 워싱턴 펌프(Worthington Pump)

증기의 압력에너지를 이용하여 피스톤을 작동시켜 급수를 행하는 비동력 펌프이다.

㉲ 웨어 펌프(Wer Pump)

워싱턴 펌프와 동일한 구조이나 다만 피스톤이 1쌍밖에 없는 펌프이다.

4) 펌프의 이상현상

㉮ 캐비테이션(공동)현상

펌프의 운전 중 흡입압력이 부족하여 펌프실 내의 진동, 소음 급수불능, 부식 등이 발생하여 펌프의 성능이 저하된다.

① 캐비테이션 발생조건
  ㉠ 펌프와 흡수면 사이의 수직 거리가 부적당하게 너무 길 경우
  ㉡ 펌프에 물이 과속으로 인하여 유량이 증가할 경우
  ㉢ 관속을 유동하고 있는 물 속의 어느 부분이 고온일수록 포화 증기압에 비례해서 상승할 경우
② 캐비테이션 발생에 따르는 현상
  ㉠ 소음과 진동
  ㉡ 양정곡선과 효율곡선의 저하
  ㉢ 안내깃에 대한 침식
③ 캐비테이션 방지법
  ㉠ 펌프설치 높이를 낮추어 흡입양정을 짧게 한다.
  ㉡ 펌프회전수를 낮추어 흡입비교 회전도를 적게 한다.
  ㉢ 양 흡입펌프를 사용한다.
  ㉣ 2대 이상의 펌프를 사용한다.

⑭ 서징 현상(맥동 현상)

공동현상에 의해 발생된 기포가 흐름이 정상적으로 되돌아오면서 기포가 깨져 맥동을 일으키는 현상으로 발생원인은 다음과 같다.
① 배관 중에 물탱크나 공기탱크가 있을 경우
② 유량 조절밸브가 탱크 뒤쪽에 있을 경우
③ 펌프의 양정곡선이 산고곡선이고 곡선의 상승부에서 운전했을 경우

(3) 인젝터(Injector)

비동력 급수장치로서 중소형 보일러에 예비급수용으로 많이 사용된다.(보일러에서 발생된 증기를 사용한다.)
① 작동원리 : 증기의 열에너지 → 운동에너지로 변화 → 압력에너지로 변화 → 급수
② 종류
  ㉠ 메트로폴리탄형(Metropolitan) : 급수온도 65℃ 이하 사용
  ㉡ 그레샴형(Gresham) : 급수온도 50℃ 이하 사용

③ 인젝터의 작동순서(시동순서)
  ㉠ 출구정지밸브를 연다.
  ㉡ 급수밸브를 연다.(급수밸브)
  ㉢ 증기밸브를 연다.
  ㉣ 핸들을 연다.

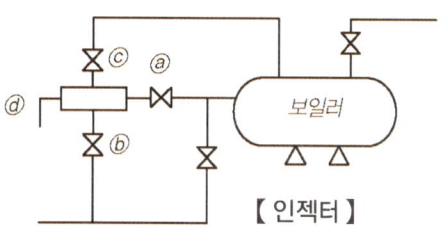
【 인젝터 】

④ 인젝터의 정지순서
  ㉠ 핸들을 닫는다.
  ㉡ 급수밸브를 닫는다.
  ㉢ 증기밸브를 닫는다.
  ㉣ 출구정지밸브를 닫는다.

⑤ 인젝터 사용상의 장점
  ㉠ 구조가 간단하고 소형이다.
  ㉡ 설치장소를 적게 차지한다.
  ㉢ 증기와 물이 혼합하여 급수가 예열된다.
  ㉣ 시동과 정지가 용이하다.
  ㉤ 별도의 소요동력이 필요 없다.

⑥ 인젝터 사용상의 단점
  ㉠ 급수용량이 부족하다.
  ㉡ 흡입양정이 낮다.
  ㉢ 급수량의 조절이 곤란하다.
  ㉣ 급수의 효율이 낮다.(40~50%)
  ㉤ 급수에 시간이 많이 걸린다.
  ㉥ 인젝터가 과열되면 급수가 곤란하다.

⑦ 인젝터 급수불능의 원인
  ㉠ 급수의 온도가 50~55℃ 이상이면 사용이 불가하다.(급수불능)
  ㉡ 증기압력이 $2kg/cm^2$ 이하 $10kg/cm^2$ 이상 높을 경우
  ㉢ 인젝터 자체의 과열
  ㉣ 노즐의 마모나 폐쇄
  ㉤ 체크 밸브의 고장
  ㉥ 흡입관에 공기가 새어들 때
  ㉦ 증기 속에 수분이 많을 경우

(4) 환원기(Return Tank)

응축수를 회수하여 보일러의 급수로 공급하는 급수펌프의 대용으로 소용량 보일러에서 사용

(5) 급수내관(Feed Water Injection Pipe)

보일러 급수내관의 길이 방향으로 관을 설치하여 양선단은 폐쇄된 상태로 관의 하부는 적당한 간격으로 작은 구멍을 뚫고 그 뚫은 구멍으로 급수를 분포시키는 관을 급수내관이라 한다.

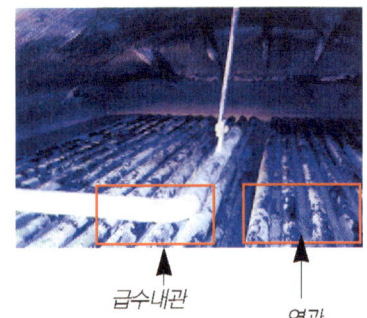

① 급수내관의 설치목적
  ㉠ 보일러 동판의 국부적 냉각으로 생기는 부동팽창 방지
  ㉡ 동 내부의 프라이밍(비수) 방지
② 급수내관의 설치위치 : 보일러의 안전저수위보다 50mm 낮게 설치한다.
  ㉠ 부착위치가 너무 높으면
    ⓐ 증기 속에 수분이 함유되기 쉽다.
    ⓑ 급수내관이 수면노출로 과열된다.
  ㉡ 부착위치가 너무 낮으면
    ⓐ 급수로 인한 동 저면의 냉각으로 열응력을 일으키기 쉽다.
    ⓑ 관이 노출되어 재질이 손상되기가 쉽다.
③ 급수량계 : 보일러에 공급되는 급수량을 측정한다.
  ㉠ 용적식 유량계
  ㉡ 임펠러식 유량계(유속식)

【급수량계】

(6) 급수밸브의 종류

① 앵글밸브(Angle Valve) : 유체의 흐름을 직각 방향으로 바꿀 때 사용되는 밸브이다.(주증기 밸브용)
② 글로브밸브(Glove Valve) : 스톱 밸브라고도 하며 특징은 다음과 같다.
  ㉠ 유체의 마찰저항이 크다.
  ㉡ 가볍고 가격이 싸다.

ⓒ 유량조절이 용이하다.

ⓔ 고압이나 기체 배관 등에 사용된다.

③ 슬루우스밸브(Sluice Valve) : 게이트밸브이며 특징은 다음과 같다.

ⓐ 주로 개폐용으로 사용한다.

ⓑ 유체의 마찰저항이 적다.

ⓒ 리프트(양정)가 커서 개폐에 시간이 걸린다.

ⓔ 절반만 개폐하면 밸브가 마모되기 쉽다.

④ 체크밸브(Check Valve) : 역정지밸브로서 유체의 역류를 방지하며 유체가 한쪽 방향으로만 흐르게 하는 밸브로서 그 종류는 스윙식과 리프트식이 있다.

⑤ 푸트밸브(Foot Valve)

ⓐ 펌프의 흡입관에 설치한다.

ⓑ 흡입관에 흡상된 물의 역류에 의한 유출 방지용

ⓒ 일종의 체크밸브의 역할을 한다.

⑥ 콕(Cock) : 구멍이 뚫린 원추를 90°나 180°로 회전시켜 유체의 흐름을 차단 또는 조절하는 것으로서 일명 플러그밸브라고도 한다.

【앵글밸브】　【글로브밸브】　【슬루우스밸브】　【체크밸브】　【푸트밸브】　【콕】

2.4 분출장치

(1) 분출장치의 필요성

급수중의 불순물과 처리약제의 반응에 의한 고형물질이 관 내에 농축되어 하부에 슬러지로 침전되거나 스케일로 부착되어 효율저하 및 캐리오버에 의한 이상장해가 유발된다. 따라서 이들의 장해를 예방하기 위한 수단으로 연속 블로다운은 반드시 필요하다.

(2) 분출장치의 종류

보일러 수의 농축을 방지하여 물의 순환을 양호하게 하기 위한 설비로 그 종류에는 수면분출과 수저분출 장치가 있고 분출방법에는 연속분출과 간헐분출이 있다.

㉮ 수면분출장치(연속 블로우)

보일러 상부수면에 떠 있는 유지분이나 불순물 등의 부유물질 등 배출을 목적으로 한다.

㉯ 수저분출장치(단속 블로우)

보일러 하부에 있는 슬러지나 침전물 농축된 관수를 밖으로 분출하여 관석의 부착을 방지하기 위하여 동 저부에 설치한다.(동 밑 부분에 부착)

【 수면분출장치(연속 블로우) 】

【 수저분출장치(단속 블로우) 】

(3) 분출장치의 설치목적

① 보일러 수의 농축을 방지한다.
② 전열면에 스케일 생성을 방지한다.
③ 관수의 순환을 좋게 한다.
④ 보일러 수의 pH 조절하기 위하여 설치한다.(가성취화를 방지)
⑤ 프라이밍이나 포밍의 생성을 방지한다.
⑥ 보일러 고수위 운전을 방지한다.

(4) 분출시기

① 보일러 점화 전에 실시한다.(1일 1회)
② 연속운전인 보일러에는 부하가 가장 가벼울 때 실시한다.

③ 프라이밍, 포밍 현상을 일으킬 경우
④ 고수위일 경우
⑤ 관수가 농축되어 있을 경우

(5) 분출할 때의 주의사항

① 분출작업은 반드시 2명 1개조로 분출한다.
② 동시에 여러 대의 보일러 분출을 하여서는 안 된다.
③ 분출이 끝나면 분출밸브나 콕이 확실하게 닫혀 있나 확인한다.
④ 분출관의 끝이 보이게 설치하면 더욱 좋다.
⑤ 저수위 이하로 분출하지 않는다.
⑥ 1일 1회 이상 분출한다.

(6) 분출방법(취출방법)

① 분출 시에는 콕이나 밸브를 신속하게 열어준다.
② 보일러 가까이에는 콕이 설치되고 밸브가 멀리 장착됨으로써 분출 시에는 콕을 먼저 열고 밸브는 나중에 연다.
③ 작업이 끝나면 닫을 때에는 밸브를 먼저 닫고 콕을 나중에 닫는다.

(7) 분출밸브와 분출콕

① 분출밸브 크기 : 지름 25~65mm 이하(전열면적 $10m^2$ 이하, 보일러는 20mm 이상)
② 보일러 가까이에는 콕 등의 급개형 밸브를 장착하고 그 다음에 서개형(게이트 밸브)를 설치한다.
③ 최소한 $7kg/cm^2$ 이상의 압력에 견디는 것이어야 한다.
④ 침전물이나 스케일이 퇴적되지 않는 구조이어야 한다.
⑤ 분출콕은 글랜드를 갖는 것이어야 한다.

2.5 폐열회수장치

보일러에서 배기되는 연소가스의 폐열을 이용하기 위하여 각종 부속기구를 연도에 설치한 후 보일러 열효율을 높이기 위하여 설치하는 것으로 종류로는 과열기, 재열기, 절탄기, 공기예열기 등을 총칭하여 폐열회수장치 또는 여열장치라고 한다.

(1) 과열기(Super Heater)

포화증기를 가열하여 압력은 일정하게 유지하면서 증기의 온도를 높여 과열증기를 만드는 장치이다.

1) 과열기의 특징

① 장점
  ㉠ 배관 및 장치의 부식방지
  ㉡ 증기관 내의 마찰저항을 감소
  ㉢ 적은 증기량으로 많은 일을 함
  ㉣ 증기기관의 이론적인 열효율 상승
  ㉤ 증기의 엔탈피가 증가
  ㉥ 연료의 절감효과
② 단점
  ㉠ 고온의 증기에 의해 배관 및 열설비 계통손실을 가져올 수 있다.
  ㉡ 증기의 열에너지가 많아 열손실이 많아진다.
  ㉢ 연소가스의 저항이 증가한다.
  ㉣ 고온부식이 발생한다.
  ㉤ 설비비가 고가이다.

2) 과열기의 전열방식에 의한 분류

① 복사과열기 : 과열기를 연소실 내에 설치하여 복사열을 이용한다.
② 대류과열기 : 연도에 설치하여 연소가스의 대류열을 이용한 것
③ 복사대류과열기 : 연소실 출구에 설치하여 복사열과 대류열을 이용한 것

3) 연소가스의 흐름상태에 의한 분류

① 병류형 : 증기와 연소가스가 같이 지나면서 열교환이 되며 관의 손상이 적고 온도차가 적다.
② 향류형 : 연소가스와 증기의 흐름이 반대 방향으로 지나면서 열교환이 된다.
③ 혼류형 : 향류와 대류형의 조합이다.

4) 과열증기의 온도조절 방법

① 과열증기를 통하는 열가스량을 댐퍼로 조절하는 방법
② 연소실 내의 화염의 위치를 바꾸는 방법
③ 저온의 가스를 연소실 내로 재순환시키는 방법
④ 과열증기에 습증기 일부를 혼합하는 방법
⑤ 과열저감기(표면냉각 분무기)의 사용하는 방법

(2) 재열기(Reheater)

과열기에서 발생한 과열증기가 고압터빈에서 팽창이 끝나고 응축하기 직전에 회수하여 재가열, 과열증기로 만들어 저압터빈에서 팽창하도록 하는 장치

1) 재열기의 종류

① 열가스를 이용한 재열기
  ㉠ 전열방식 이용
  ㉡ 연소방식 이용
② 증기를 이용한 재열기

2) 여열장치의 설치 순서

증발관 → 과열기 → 재열기 → 절탄기 → 공기예열기 → 연도

(3) 절탄기(Economizer)

보일러의 배기가스의 여열을 이용하여 급수를 예열하는 장치로서, 보일러에서 배기되는 열손실은 전체 발열량의 약 20% 정도이며 이 열을 회수하여 열효율을 높게 하고 연료를 절감시킨다.

① 장점
  ㉠ 일부의 불순물이 제거   ㉡ 열응력을 감소
  ㉢ 증발능력 상승   ㉣ 열효율 향상
  ㉤ 연료의 사용량을 절감
② 단점
  ㉠ 설비비가 많이 든다.

ⓒ 배기가스의 압력손실로 통풍력 감소
　　ⓒ 연소가스의 온도저하에 의한 통풍손실
　　ⓔ 저온부식 발생우려
③ 절탄기에서 급수온도를 10℃ 높일 때마다 보일러 효율은 약 1.5%가 증가하며 또한 절탄기의 출구온도는 170℃ 이상이어야 저온부식이 방지된다.

(4) 공기예열기(Air Preheater)

연소용 공기를 예열하는 장치로, 즉 보일러에서 굴뚝으로 나가는 가스의 온도(약 200~400℃)의 여열을 이용하여 화실에 보내는 연소용 공기를 가열하는 장치이다.

1) 공기예열기의 특징
① 장점
　ⓐ 보일러 효율이 5~10% 향상
　ⓑ 연소용 공기 예열로 연료의 착화열 감소
　ⓒ 노 내의 온도가 높아져서 열전도가 좋다.
　ⓓ 적은 공기비로 완전연소
　ⓔ 과잉공기가 적어도 된다.
② 단점
　ⓐ 설비비가 많이 든다.
　ⓑ 배기가스의 저항이 증가하여 강제통풍이 요구된다.
　ⓒ 배기가스 중의 황산화물에 의한 저온부식이 발생된다.

2) 구조에 의한 공기예열기의 분류

증기식 공기 예열기, 급수식 공기 예열기, 가스식 공기 예열기 등이 있으나 주로 가스식이 사용되며 다음은 가스식 공기 예열기의 종류이다.
① 전열식 공기예열기(전도식)
　ⓐ 강관형
　ⓑ 강판형
② 축열식(재생식) 공기예열기

3) 공기예열기 사용상의 주의사항

① 전열면의 저온 부식의 우려가 있다.
② 급작스럽게 연소가스를 보내면 공기예열기에서 열팽창의 우려가 있다.
③ 전열을 좋게 하기 위하여 수시로 그을음 등을 제거하여야 한다.
④ 과열을 방지(국부 과열방지)하여야 한다.
⑤ 회전식 공기예열기는 보일러 가동 전에 운전을 시켜야 한다.
⑥ 관형의 공기예열기에는 에어클리너형의 그을음 제거기를 사용한다.

(5) 수면 측정장치

1) 수면계(Water Gauge)

증기보일러에 부착하여 보일러 동 내부 수위의 고수위·저수위를 지시하여 수면의 높이가 측정되는 지시장치이다.

㉮ 수면계의 종류

① 원형 유리수면계 수면계
② 평형 반사식 수면계
③ 평형 투시식 수면계
④ 2색 수면계
⑤ 멀티포트식

㉯ 수면계의 설치위치

수면계의 하단부는 보일러의 안전저수위와 일치시킨다.

㉰ 수면계의 부착방법

강철제 보일러나 주철제 보일러는 수면계를 보호하기 위하여 수주관을 설치한 후 거기에다 수면계를 부착하는 것이 좋다.

① 수면계의 수위가 높은 현상
  ㉠ 증기부의 용적이 좁아져서 습증기 발생이 일어난다.
  ㉡ 프라이밍(비수)이 유발된다.

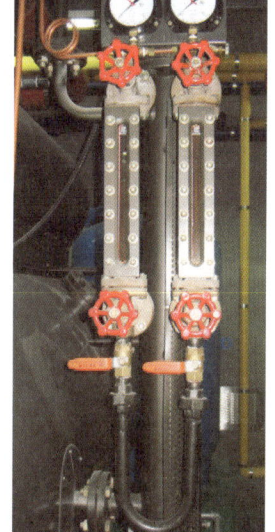

【 평형 반사식 수면계 】

② 수면계의 수위가 낮은 현상
  ㉠ 수위 감소의 원인이 된다.
  ㉡ 전열면 과열의 원인이 된다.

㉣ **수면계의 시험회수**

수면계는 1일 1회 이상 반드시 수면계를 시험하여서 고장이나 연락관의 폐쇄를 방지하여야 한다.

㉤ **수면계의 점검시기**

① 보일러의 점화전
② 증기의 압력이 올라갈 때
③ 두 개의 수면계의 수위가 다르게 나타날 때
④ 수위의 지시치가 의심이 날 때
⑤ 프라이밍(비수), 포오밍(물거품 솟음)의 발생 시에
⑥ 수면계를 새로운 것으로 교체한 후에

㉥ **수면계의 점검순서**

① 물콕, 증기콕을 닫는다.
② 드레인 콕을 열고 수면계 내부의 물을 통수한다.
③ 물콕을 열고 물을 분출한 후 다시 닫는다.
④ 증기콕을 열고 증기분출 여부를 확인한다.
⑤ 수면계의 드레인 밸브를 닫는다.
⑥ 물밸브를 천천히 연다.
⑦ 증기밸브를 연다.

㉦ **수면계 유리관의 파손원인**

수면계가 파손되면 제일 먼저 물의 누설을 방지하기 위하여 물콕을 닫은 후 증기콕을 닫는다.
① 외부에서 충격을 받았을 때
② 수면계의 너트를 너무 무리하게 조였을 때
③ 유리관이 장기간 사용으로 열화가 되었을 때
④ 유리관의 재질이 불량할 경우
⑤ 급열·급랭시

2) 수주관

㉮ 수주관의 설치목적

① 수면계의 연락관의 폐쇄를 방지한다.
② 수면계의 유리판을 보호한다.
③ 수면계의 교환이 편리하다.
④ 수면계의 점검 및 청소가 용이하다.

(6) 보염장치(착화와 화염안정장치)

1) 설치목적

① 연소용 공기의 흐름을 조절하여 준다.
② 확실한 착화가 되도록 한다.
③ 화염(불꽃)의 안정을 도모한다.
④ 화염의 형상을 조절한다.
⑤ 연료의 분무를 촉진시킴과 동시에 공기와의 혼합을 양호하게 한다.
⑥ 노 내의 온도 분포를 균일하게 하여 국부 과열방지를 한다.

2) 종류

㉮ 윈드박스(Wind Box : 바람상자)

바람상자가 사용되는 경우 내부는 다수의 안내날개가 경사지게 구비되어 있으며 압입통풍 방식에 의해서 들어오는 연소용 공기가 선회류를 형성하면서 연료와 공기의 혼합을 촉진시켜 안정된 공기를 노 내로 투입시킨다. 특히 압입 통풍방식에 유리한 것이 특징이다.

㉯ 스테빌라이저(보염기)

점화에 의하여 착화 화염이 버너 선단에서 공급공기에 의해 꺼지지 않도록 연속적으로 일정한 연소를 하게 하는 장치
① 선회기 방식 : 축류식, 반경류식, 혼류식
② 보염판 방식 : 보염판 사용

㉰ 버너 타일

노에 분사되는 연료와 공기의 속도분포와 흐름의 방향을 조정하여 유적과 공기와의 혼합을 양호한다.

㉱ 콤버스터

버너타일에 연소실의 한 부분을 겸하며 급속연소를 시켜 분출흐름의 모양을 다듬고 저온의 노에서 연소를 안정시키는 목적에 쓰이며 설치목적은 다음과 같다.
① 연료의 착화를 손쉽게 한다.
② 저온의 로에서 연소를 안정시킨다.
③ 완전연소를 촉진시킨다.

(7) 매연 취출장치

구조가 복잡한 보일러의 연소실에 부착하여 손으로는 쉽게 청소하지 못하는 곳의 그을음, 분진, 용융회(재) 등을 청소하는 장치로 증기로 증기분사, 공기분사, 물분사의 형식이 있으며 주로 수관식 보일러에 사용한다.
① 롱레트렉터블형(삽입형)
② 로터리형(회전형)
③ 쇼트레트렉터블 및 건타입(Gun Type)
④ 에어히터 클리너(Air Heater Cleaner)

제3장

보일러의 연소

3.1 연소의 개요

연소란 연료 중의 가연성 성분이 공기속의 산소와 급격한 산화반응으로 인하여 빛과 열을 동시에 수반하는 현상으로 연료가 연소할 때의 반응은 단순한 반응이 아니고 산화반응과 더불어 열분해가 생기는 매우 복잡한 반응을 나타낸다.

(1) 연소의 3대반응

① 산화반응(발열반응과 흡열반응)
② 환원반응
③ 열분해

(2) 산화반응

① 발열반응 : 산화반응을 할 때 열이 외부로 발산하는 반응이며 연소는 발열반응을 원칙으로 한다.
② 흡열반응 : 산화반응시에 열을 흡수하는 반응으로 주로 질소에 의해 반응된다.

(3) 연소의 속도(반응속도)

① 연소속도에 미치는 인자
  ㉠ 반응물질의 온도
  ㉡ 산소의 온도
  ㉢ 촉매물질
  ㉣ 연소압력
  ㉤ 연료입자

② 연소의 범위
  ㉠ 하한치 : 공기는 풍부하나 가연물은 부족
  ㉡ 상한치 : 연료는 풍족하나 연소용 공기는 부족

(4) 완전연소의 3대 조건

① 고온도 분위기 유지
② 충분한 연소공간
③ 충분한 공기공급

(5) 연소의 3대 요건

① 가연물(연소 시 빛과 열의 수반)
② 산소공급원(공기공급)
③ 점화원(인화와 발화)

(6) 연소온도에 영향을 미치는 인자

① 연료의 발열량 : 발열량이 클수록 연소온도는 높다.
② 공기비가 클수록 연소온도가 낮아진다.
③ 산소농도는 연소용 공기 중의 O_2 농도가 짙어지면 공급하는 공기량이 적어 연소 가스량이 적어지기 때문에 연소온도는 높아진다.

(7) 연소온도를 높게 하기 위한 조건

① 발열량이 높은 연료를 사용할 것
② 연료를 될 수 있는 대로 완전 연소시킬 것
③ 과잉공기량을 될 수 있는 한 적게 할 것
④ 연료 또는 공기를 예열해서 공급할 것
⑤ 복사에 의한 열의 방산을 적게 하기 위해 연소속도를 빨리 할 것

(8) 완전연소 구비조건

① 연료 및 연소용 공기를 적절히 예열한다.(인화점보다는 5℃ 이하)
② 공기의 양을 조절하여 연료와 완전혼합을 이룬다.
③ 공급공기는 될 수 있는 한 충분한 예열시킨 후 공급한다.

④ 연소실은 충분한 고온도를 유지한다.
⑤ 연소실의 용적은 연료의 연소에 필요한 충분한 용적으로 할 것

(9) 연료의 연소열

① $C + O_2 \rightarrow CO_2 + 97,200 kcal/kmol \ (8,100 kcal/kg)$

② $H_2 + \dfrac{1}{2}O_2 \rightarrow H_2O$ ┌ 물 + 68,000 kcal/kmol (물 + 34,000 kcal/kg)
└ 수증기 + 57,200 kcal/kmol (28,600 kcal/kg)

③ $S + O_2 \rightarrow SO_2 + 80,000 kcal/kmol \ (2,500 kcal/kg)$

(10) 연료의 발열량

① 고위 발열량 : $H_h = 8,100C + 34,000\left(H - \dfrac{O}{8}\right) + 2,500S$

② 저위 발열량 : $H_l = H_h - 600(9H + W)$ = 고위발열량 − 물의 증발잠열

(11) 연소의 종류

① 분해연소 : 연소 초기에 극심한 화염을 내면서 연소한다. 석탄이나 목재 중유 등의 연소가 이에 해당된다.
② 증발연소 : 액체 연료가 소정의 온도에서 증발하면서 연소된다. 등유, 경유 가솔린 등 경질유의 연소가 이에 속한다.
③ 확산연소 : 공기와 기체연료가 순간적으로 확산 혼합하면서 연소하며 일반적인 기체연료가 이에 속하고 액화 기체가스는 증발기화 연소한다.

(12) 가연물이 되기 쉬운 조건

① 산소와 친화력이 클 것
② 열전도율이 적을 것
③ 활성화 에너지가 적을 것
④ 발열량이 클 것
⑤ 수분이 적게 포함되어 있을 것

(13) 인화점과 착화점

① 인화점 : 가연성 액체 또는 고체가 증기나 분해가스를 발생할 경우 공기중에 농도가 연소범위 이내에 있으면 그 표면에 불꽃을 접근시켜 인화되는데 이 인화에 필요한 최저온도를 말한다.
② 착화점 : 발화점이라 하며 공기속에서 가연물을 가열하였을 때 이것이 불씨나 불꽃을 가까이 하지 않아도 발화하고 연소가 이루어지는 최저의 온도를 말한다.
③ 발화점의 조건
  ㉠ 발열량이 높을수록 착화온도가 낮아진다.
  ㉡ 반응 활성도가 클수록 착화온도가 낮아진다.
  ㉢ 분자구조가 복잡할수록 착화온도가 낮아진다.
  ㉣ 산소농도가 클수록 착화온도가 낮아진다.
  ㉤ 압력이 클수록 착화온도가 낮아진다.
  ㉥ 습도가 낮아지면 착화온도가 낮아진다.

3.2 연소장치

연소장치란 연료유를 완전히 연소시키는 데 필요한 기기 전반을 말한다. 오일버너 외에 연료 저장탱크, 급유탱크, 기름가열기, 유가열기, 급유펌프, 유압조정밸브 등이며 부속장치 및 배관계도 다소 연료 매체의 종류에 따라 다소 차이가 있다.

(1) 연소장치 종류

화격자, 버너, 연소실(노), 전연실, 후부연실, 연도, 연돌(굴뚝) 등이 이에 속한다.

1) 화격자(화상)

고체연료 등을 연소할 때 금속재의 받침재이다.

2) 버너

미분탄이나, 액체연료, 기체연료 등을 노 내로 분사시킨다.

3) 연소실(노)

연료를 연소시키는 장소로서 보일러에 따라 내분식 연소실과 외분실 연소실이 있다.

  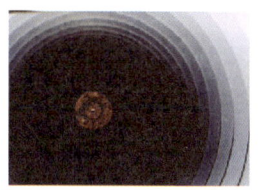

(2) 고체연료의 연소장치

고체연료의 연소방식과 종류는 다음과 같다.

① 화격자 연소방식 : 수분식과 기계식이 있다.(고체연료 사용)
② 미분탄 연소방식 : 미분탄의 연소 시에 사용한다.
③ 유동층 연소방식 : 화격자와 미분탄의 절충식(상압유동층, 가압유동층)

(3) 액체연료의 연소장치

액체연료인 경질유(휘발유, 등유, 경유)와 중질유(B-A, B-B, B-C)의 연소에 필요한 연소장치가 액체연료의 연소장치이다.

1) 연소방식

① 기화연소방식
② 무화연소방식

2) 액체연료의 연소용 공기의 공급방식

① 1차공기 : 연료의 무화와 산화반응에 필요한 공기로서 버너에서 직접 공급된다.
② 2차공기 : 1차공기로는 부족한 공기를 보충하기 위하여 화실로 직접 공급되는 완전연소 시키기 위한 공기로서 송풍기를 이용하여 연소실로 공급되는 공기

3) 버너의 종류

㉮ 회전식 버너(rotary burner)

회전식 버너는 회전컵으로 기름을 미립화시켜 무화 연소시키는 형식이다.
공기(바람)에 의하여 분무가 된다.

① 부속설비가 거의 없고 화염의 형상은 비교적 넓고 안정한 연소를 시킬 수 있다.
② 연료의 압력은 $0.3~0.5 kg/cm^2$ 정도 가압하여 공급한다.
③ 분무각도 $40~80°$이며 자동제어가 편리하다.
④ 유량조절 범위는 1 : 5 정도로 비교적 넓다.

㉯ 유압분무식 버너

유압펌프로 기름에 고압력($5~20 kg/cm^2$)을 주어서 버너팁에서 노 내로 분출하여 무화시키는 형식이고 환류식과 비환류식이 있으며 부하변동이 적은 발전용, 선박용 대형 보일러에 많이 사용한다.

- **장점**
  ① 구조가 비교적 간단하다.
  ② 무화매체인 증기나 공기가 필요하지 않다.
  ③ 분무각도는 $40~90°$이다.
  ④ 소음발생이 없다.
  ⑤ 대용량 버너의 제작이 가능하다.
  ⑥ 보일러 가동 중 버너교환이 용이하다.

- **단점**
  ① 유량 조절범위가 좁다.
  ② 무화특성이 별로 좋지 않다.
  ③ 중질유인 점도가 크면 무화가 곤란하다.
  ④ 유압이 $5 kg/cm^2$ 이하가 되면 무화가 곤란하고 10,000rpm 정도이며, 컵 안에 송입된 기름은 엷은 유막을 형성하고 선단을 떠남과 동시에 불로워에서의 공기(바람)에 의하여 분무가 된다.
  ⑤ 연소의 제어범위가 비교적 좁다.

  - 버너의 종류 ① 환류식 ② 비환류식
  - 유량조절 방법
    ① 버너수의 가감
    ② 환류식은 버너팁을 교환한다.
    ③ 리턴식(환류식) 압력분사식 버너 사용
    ④ 플랜저식 압력분무식 버너 사용

㉓ 기류식 버너
① 고압기류식 버너
중유를 분무하는 데는 2~7kg/cm² 정도의 고압공기 및 증기의 고속류에 의하여 중유를 무화시키는 형식이다.
② 저압기류식 버너
매체로서는 비교적 저압인 0.05~0.25kg/cm² 정도인 공기를 사용하여 무화 연소시키는 형식
③ 건타입 버너(Gun Type)
버너는 유압분무식과 기류식을 병합한 송풍기를 이용하여 사용하는 버너이다.

㉔ 초음파 버너
음파 에너지로 오일을 무화시키는 버너의 형식이며 고속기류를 음파 발진체에 충돌시켜 음파를 발생시키는 진동무화식 버너이다.

(4) 기체연료의 연소장치

연료자체가 연소성이 우수하여 안정된 화염을 얻을 수 있고 연속제어가 용이하므로 자동화설비에도 적합하며 연소용 공기의 공급방식에 따라 확산연소방식과 예혼합 방식이 있다.

(5) 급유장치

연료를 연소시키기 위해서 중유저장 탱크로부터 버너까지 이송되는 장치를 말하며 이송순서는 다음과 같다.

중유 저장탱크(메인 탱크) ⇒ 여과기 ⇒ 기어펌프(이송펌프) ⇒ 서비스탱크 ⇒ 여과기 ⇒ 유예열기(오일프리히터) ⇒ 유수분리기 ⇒ 여과기 ⇒ 분연펌프(메타링펌프) ⇒ 유량계 ⇒ 유전자변 ⇒ 유조절변 ⇒ 버너

① 메인탱크(스토리지 탱크 : Storage tank)
저장탱크의 부피표준은 사용량의 1~3주간이나 운반이 편리한 지역은 2~3일분도 저장하며 지상에 설치하거나 지하에 설치할 수 있다.

② 서비스 탱크(Service tank)

서비스 탱크는 스토리지 탱크에서 연료유를 적당량만 수용하고 분연버너에 공급하는 탱크이며 그 용량은 분연버너 소비량의 2시간~1일분 정도의 크기로 선정한다.

㉠ 설치위치 : 보일러로부터 2m 이상 떨어져야 한다.
㉡ 설치높이 : 버너선단에서 1.5m
㉢ 탱크내 온도 : 60℃
㉣ 압송펌프가 없는 경우, 자연유하인 경우는 버너로부터 수직 3m 이상

1) 연료 예열기(Oil Preheater)

버너에서 점도가 높은 액체연료(C중유 등)의 연소 시 분무상태를 좋게 하기 위하여 적정온도로 기름을 가열시키기 위한 장치로서 종류는 3가지가 있다.

㉮ 사용상의 특징

① 기름의 점도를 낮추어 준다.
② 기름의 유동성을 도와준다.
③ 분무상태를 양호하게 한다.
④ 완전연소에 도움을 준다.
⑤ 전기나 증기 등의 매체가 소용된다.
⑥ 설치장소를 차지하게 된다.
⑦ 전기식은 동력비가 추가된다.

㉯ 중유 예열기의 종류

① 증기식 예열기
② 온수식 예열기
③ 전기식 예열기(가장 많이 사용함)

2) 여과기

연료유 및 배관 속에 들어가는 협잡물의 제거에 사용한다.

① 사용재료 : 철망 또는 다공금속판
② 종류 : 단식여과기, 복식여과기
③ 설치위치 : 오일펌프 입구측

3) 전자밸브(Solenoid Valve)

보일러 가동 중 연소의 소화, 압력초과 시 긴급히 연료를 차단하여 보일러의 사고를 사전에 방지하는 일종의 제어밸브이다.

4) 유량계

보일러가 가동되고 있는 동안 연료 소비량을 알기 위해서 설치하는 계기로서 주로 용적식 유량계인 오벌 유량계가 많이 사용되고 있으며 유량계의 앞에는 여과기를 반드시 설치하는 것을 원칙으로 한다.

(6) 연소점화장치

1) 수동점화

길이 1m 정도의 점화봉에(10mm 직경) 석면이나 천을 끝부분에 감아서 만든 후 경유에 적신 후 화구에 밀어 넣어서 5초 이내에 주버너에 착화시키며 특징은 다음과 같다.
① 점화 실패가 많다.
② 사용이 불편하다.
③ 연소용 공기의 압력이 높아서 점화봉의 불꽃이 꺼지지 않게 하여야 한다.

2) 전기 스파크식(자동 점화식)

버너에 플러그를 두고 변압기에서 고전압으로 플러그에 보내면 강한 스파크(불꽃)가 발생하여 가스연료나 경유에 순간적으로 점화가 일어난다.
① 특징
  ㉠ 착화가 수동식에 비해 손쉽다.
  ㉡ 불꽃의 안정을 형성하는 노즐이 있다.
  ㉢ 불이 잘 꺼지지 않는다.
② 착화에 필요한 전압

㉠  ㉡

㉠ 가스연료 착화버너 : 5,000~6,000V
㉡ 경유연료 착화버너 : 10,000~15,000V

③ 가스착화 버너의 분류
  ㉠ 내부혼합식 : 불꽃이 날카롭고 안정성이 크며 노내 압력에 사용
  ㉡ 외부혼합식 : 버너 노즐 끝에 연소용 공기와 접촉 혼합되어 연소되는 방법
  ㉢ 반혼합식 : 불꽃이 부드럽고 길며 저 고압일 때나 주버너 점화 후 끄는 경우에 사용

(7) 도시가스와 연소장치

도시가스의 주성분은 통상 CH_4, H_2로 하고 있으나 LPG, 석탄 코크스, 납사, 중유 등 도시가스 원료로 광범위하게 이용되고 있고 도시가스의 원료로는 다음과 같다.
① 기체연료 : 오프가스, 천연가스
② 액체연료 : LPG(CH_4 : 메탄), LPG(C_3H_8 : 프로판), 중유

1) 도시가스 공급방법

㉮ 배관 및 압력의 정의
① 배관의 구분
  ㉠ 본 관 : 도시가스제조 사업소의 부지경계에서 정압기까지의 배관을 말한다.
  ㉡ 공급관 : 정압기에서 가스사용자가 소유하는 토지경계까지 배관
  ㉢ 내 관 : 가스 사용자가 소유하는 토지경계에서 연소기까지 배관
② 압력상 구분
  ㉠ 저 압 : $1kg/cm^2$ 미만 압력
  ㉡ 중 압 : $1kg/cm^2$ 이상 $10kg/cm^2$ 미만 압력
  ㉢ 고 압 : $10kg/cm^2$ 이상

2) 도시가스 부대설비

㉮ 정압기(Governer)

가스의 공급압력을 고압에서 중압으로 중압에서 저압으로 감압하여 사용기구에 맞는 적당한 압력으로 공급하기 위하여 사용되는 것이 정압기이며 정압기는 가스가 통과하는 배관의 적정한 위치에 설치하여 1차 압력 및 부하유량의 변동과 관계없이 2차 압력을 일정하게 유지하는 기능을 가진다.

ⓕ 가스미터

① 측정방식
　㉠ 실측식 : 일정량의 부피가 몇 회 측정되었는가를 적산하는 방식
　㉡ 추량식 : 유량과 일정한 관계가 있는 다른 양, 즉 날개의 회전수 등을 측정하여 간접적으로 구하는 방식

【 가스미터 】

ⓖ 긴급차단장치

① 가스 긴급차단 장치 구성
　㉠ 긴급차단밸브　　　　㉡ 조작반
　㉢ 신호선
② 원리 : 긴급시에 조작반의 스위치를 누르면 원격조정에 이해 긴급 차단밸브가 닫혀 가스공급을 순간적으로 차단시켜 사고의 원인을 막는다.(주배관에 설치)
③ 종류
　㉠ 스프링식(직동형, 마그네트형)　㉡ 탄산가스식(봄베식)

ⓗ 가스누설경보기

가스의 누설을 검지하여 그 농도를 지시함과 동시에 미리 설정된 가스 농도치에서 경보를 울린다.

ⓘ 가스누설 자동차단장치

가스사용시설에 가스누설 경보기로 누설되는 가스를 검지하여 자동으로 가스의 공급을 차단한다(가정용은 제외). 가스메타를 지난 후 가스사용기구(연소기구)에 연결하기 위한 배관의 말단 밸브이다.

ⓙ 수용가용 차단밸브

도로에 평행하게 매설되어 있는 중압 또는 저압본관에서 가스사용자가 소유하거나

점유하고 있는 토지로 인입한 배관에서 긴급한 경우 수동으로 가스의 공급을 신속히 차단할 수 있도록 수용가 부지 내에 설치하는 밸브이다.

(8) 가스 연소장치

1) 버너 종류

① 분젠 버너(유도혼합식 버너)
② 브라스터 버너(강제혼합식 버너, Blast Burner)
  ㉠ 원혼합식 버너(프리믹서식, Pre-Mix)
  ㉡ 선혼합식 버너(노즐믹서식, Nozzle-mix)
③ 적화식 버너
④ 가정용 버너(소형 버너) : GX 버너가 있으며 소형관류 보일러로서 소형 온수보일러에 사용
⑤ 가스, 기름 혼소용 버너

2) 연소 시 발생하는 현상

㉮ 불안전 연소의 원인

① 가스량의 비와 공기비가 맞지 않을 때
② 배기가스 배출이 불량할 때
③ 연소기구 후레임(염공)의 냉각 시

㉯ 역화(Back fire)의 원인

① 염공의 확대로 분출가스압의 저하 시
② 버너의 노즐 부근에서 과열로 연소속도 증대 시
③ 1차 공기압이 과대할 때

㉰ 선화(Lift)의 원인

① 조정기의 고장으로 인한 버너에 과대한 가스압이 발생되는 경우
② 배기가스 배출 불량으로 인한 2차 공기 공급량 부족 시
③ 버너의 노즐 구경이 맞지 않는 경우

㉱ 적황색(Yellow chip)

1차공기 부족으로 염공의 불꽃이 적황색을 띠면서 연소하는 현상을 말하며 적황색 불꽃 연소 시에는 불완전 연소가 발생한다.

제4장 통풍장치 및 집진장치

4.1 통풍

보일러에서 연소에 필요한 공기를 공급하고 노 내에서 연소 이후 발생된 연소가스를 보일러 전열면에 접촉시킨 다음 외부로 배출시켜 연료의 연속적인 연소를 행하게 한다. 이와 같이 연도 및 연돌 내에서 공기와 열가스의 연속적인 흐름을 통풍이라 하며 이 통풍을 일으키는 힘을 통풍력이라 한다.

(1) 통풍의 방식

통풍에는 열가스와 외기와의 순수한 비중차를 이용해서 연돌만으로 통풍을 하는 자연통풍과 송풍기를 이용하여 연소용 공기를 노 내에 밀어 넣거나 연소가스를 빨아내는 강제통풍방식으로 대별한다.

(2) 통풍의 종류

1) 자연통풍(Natural Draft)

연도에서 연소가스와 외부공기의 밀도차에 의해서 생기는 압력차를 이용하는 방식으로 송풍기는 없이 연돌만을 설치하여 통풍한다. 배기가스의 유속은 3~4m/s 정도이며 통풍력은 15~30mmAq 정도이다.

㉮ 이론 통풍력 계산

① $Z = H(\gamma_a - \gamma_g)$

② $Z = 273H\left(\dfrac{\gamma_a}{T_a} - \dfrac{\gamma_g}{T_g}\right)$

여기서, Z : 통풍력(mmAq)
H : 연돌높이(m)
γ_a : 외기공기의 비중량(kgf/m³)
γ_g : 배기가스의 비중량(kgf/m³)
T_a : 외기공기의 절대온도(K)
T_g : 배기가스의 절대온도(K)

③ $$Z = 355H\left(\frac{1}{T_a} - \frac{1}{T_g}\right) = H\left(\frac{353}{T_a} - \frac{367}{T_g}\right)$$

※ STP에서의 공기 비중량 $\gamma_a = 1.29 kgf/m^3$, 연소가스 비중량 $\gamma_g = 1.34 kgf/m^3$

㉯ 실제 통풍력 = 이론 통풍력 × 0.8

㉰ 자연 통풍력을 증가시키는 방법

① 연돌이 높을수록 증가한다.
② 배기가스의 온도가 높을수록 증가한다.
③ 연돌의 단면적이 클수록 증가한다.
④ 외기의 온도가 낮을수록 증가한다.
⑤ 공기의 습도가 낮을수록 증가한다.
⑥ 연도의 길이가 짧을수록, 굴곡수가 적을수록 증가된다.

2) 강제통풍

인위적인 장치에 의하여 통풍력을 얻는 방법으로서 그 종류로는 다음과 같다.

㉮ 압입통풍(Forced Draft)

가압통풍이라고도 하는데 노 앞에 설치된 송풍기에 의해 연소용 공기를 노 안으로 압입하는 방식으로 노 내의 압력이 대기압보다는 높으므로 그 구조가 가스의 기밀을 유지하여야 하며 배기가스의 유속은 8m/s 정도이다.

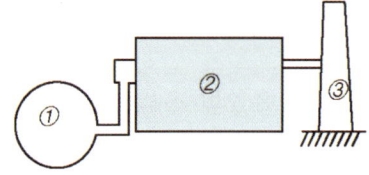

① 압입 송풍기
② 보일러
③ 연돌

【 압입통풍방식 】

㉯ **흡입통풍(Indused Draft)**

유인통풍이라고도 하며 연소가스를 송풍기로 빨아들여 연도 끝에서 배출하도록 하는 방식으로 노 내의 압력은 대기압보다 낮고 고온의 열 가스가 송풍기가 송풍기에 접촉하는 경우가 많으므로 내열성, 내식성이 풍부한 재료를 사용하여 관리에 충분한 주의를 기울여야 하며 배기가스 유속은 10m/s 정도이다.

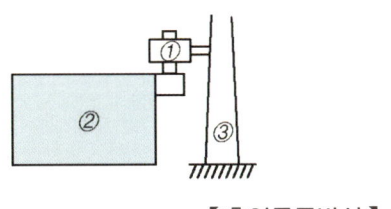

① 흡출 송풍기
② 보일러
③ 연돌

【 흡인통풍방식 】

㉰ **평형통풍(Balanced Draft)**

노 앞과 연돌 하부에 송풍기를 설치하여 대기압 이상의 공기를 압입 송풍기로 노에 밀어 넣으나 노의 압력은 흡인 송풍기로 항상 대기압보다 약간 낮은 압력으로 유지시킨다. 또한 항상 안전한 연소를 할 수 있으나 설비비가 많이 든다. 압입통풍과 흡인 송풍기를 겸한 형식이며 배기가스의 유속은 10m/s 이상이다.

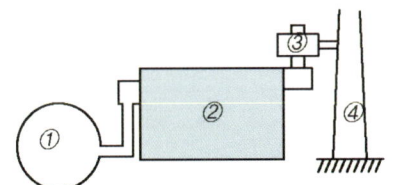

① 압입 송풍기
② 보일러
③ 흡인 송풍기
④ 연돌

【 평형통풍방식 】

◐ 표 4-1 통풍방식과 노 내압

자연통풍	강제(인공)통풍		
	압입(가압)통풍	흡입(유인, 흡인)통풍	평형통풍
연돌에 의한 통풍	압입송풍기에 의한 통풍	흡입송풍기에 의한 통풍	압입과 흡입 송풍기에 의한 통풍
노내압 : 부압	노내압 : 정압	노내압 : 부압	노내압 : 대기압 연도 내의 압 : 부압
배기가스 유속 : 3~4m/s	배기가스 유속 : 8m/s	배기가스 유속 : 10m/s	배기가스 유속 : 10m/s 이상

(3) 통풍장치

적정한 통풍력을 유지히기 위하여 사용되는 전반적인 장치로서 송풍기, 덕트, 댐퍼, 연도, 연돌, 통풍계 등이 있다.

1) 통풍력을 유지하기 위한 통풍장치

① 송풍기(송풍기와 배풍기)　② 덕트(Duct)
③ 댐퍼　　　　　　　　　　④ 연도
⑤ 연돌(스택)　　　　　　　⑥ 통풍압력계

2) 송풍기의 종류

① 원심식 송풍기
　㉠ 다익형(흡인형)
　㉡ 플레이트형(흡인형)
　㉢ 터보형(압입형) – 가장 많이 사용한다.
② 축류식 송풍기
　㉠ 프로펠러형(배기, 환기용)
　㉡ 디스크형(배기, 환기용)

3) 덕트(Duct)

덕트란 공기, 가스 등을 보내는 통로를 말한다.

4) 댐퍼(Damper)

기체가 흐르는 통로 내에 설치하는 것으로 유량을 차단, 조절 또는 흐름의 방향을 교체하기 위해 사용하는 셔터문으로 생각하면 된다.

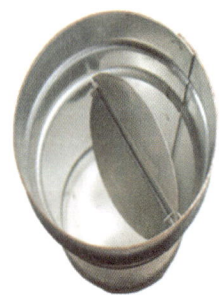

　㉮ 댐퍼의 설치목적
① 통풍력을 조절한다.
② 가스의 흐름을 차단한다.
③ 주연도와 부연도가 있을 경우 가스의 흐름을 전환한다.

⑷ 댐퍼의 종류
 ① 승강식 댐퍼 : 중·대형 보일러용
 ② 회전식 댐퍼 : 소형 보일러용

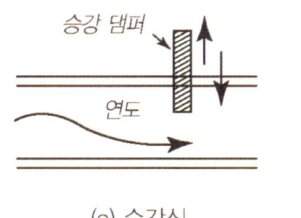 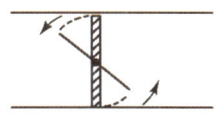

(a) 승강식   (b) 회전식

【 댐퍼의 종류 】

5) 연도

연도란 배기가스를 연소실에서 굴뚝까지 수평으로 연결되어 배기가스를 운반하여 주는 일종의 덕트이며 연도의 종류에는 주연도와 부연도가 있다.

㉮ 부연도(바이패스 연도)

주연도 내에 폐열 회수장치가 내장되어 있을 때 버너 연소 초기에 상태가 나쁜 배기가스를 보내면 내장된 장치에 그을음이 부착되기 쉬우므로 배기가스 상태가 양호해질 때까지 부연도로 배기가스를 배출한다.

㉯ 연돌, 굴뚝(Smoke stack)

① 연돌의 설치목적
 ㉠ 배기가스의 배출을 신속히 한다.
 ㉡ 역풍을 일부 막아준다.
 ㉢ 유효한 통풍력을 얻기 위하여 설치한다.(자연통풍)
 ㉣ 매연에 의한 대기 오염(강제통풍, 자연통풍) 방지를 위하여 설치한다.

② 연돌의 유효높이를 높게 하는 방법
 ㉠ 배기가스 온도를 높게 한다.
 ㉡ 연돌 상부 단면적을 좁게 한다.
 ㉢ 배기가스 유량을 증가시킨다.
 ㉣ 배기가스 유속을 빠르게 한다.
 ㉤ 연돌의 높이는 주위건물의 2.5배 이상이면 이상적이다.

(4) 매연

매연이란 연료 연소의 한 탄화수소물질(검댕)이 분해연소하는 과정에서 미연의 탄소 입자가 모여 응집한 무리이며, 매진이란 연료속의 회분, 생성물질 등이고 이것이 합쳐져서 배기가스와 함께 연돌로 배출되는 대기오염의 인자를 총칭하여 매연이라 한다.

◎ 표 4-2 매연

매연발생의 원인	매연의 발생 방지대책
① 공기량 부족할 때	① 적절한 공기비를 유지
② 통풍력이 너무 지나친 경우	② 무리한 연소 금지
③ 연소실의 온도가 낮을 때	③ 연료가 연소하는 데 충분한 시간을 준다.
④ 연소실의 용적이 작을 때	④ 연료의 질이 좋은 연료를 연소
⑤ 연료중에 수분, 슬러지분이 혼입될 때	⑤ 연소실과 연소장치를 개선
⑥ 무리하게 연소한 경우	⑥ 연소기술을 향상
⑦ 연료와 연소장치가 맞지 않을 때	⑦ 연료속의 유황분을 전처리한 후 연소
⑧ 기름의 압력과 기름의 예열온도가 부적당한 경우	⑧ 연소실의 온도를 알맞게 유지

1) 매연농도 측정장치

매연 측정장치에는 빛의 투과율 측정에 의한 기기는 링겔만 농도계, 광학적 농도계, 로버트 농도표, 매연포집 중량계, 돈 농도계 등이 있으며 농도측정은 절대량(중량농도)을 측정하는 방법과 상대량(상대농도)을 측정하는 방법이 있다.

㉮ 매연측정 방법 시 주의사항

① 매연농도 측정 시 태양을 정면으로 받지 않는다.
② 연돌 출구의 배경에서 건물이나 산, 숲, 나무 등의 장애물을 피한다.
③ 개인차가 있으므로 여러 사람이 반복 측정한다.
④ 연기의 흐름이 직각에서 역광선이 아닌 위치에 선다.
⑤ 10초의 간격으로 몇 회 반복 실시한다.

㉯ 매연농도 측정의 종류

① 링겔만 농도표(링겔만 비교표)

링겔만 농도표는 가로 세로 10mm의 흑선으로 되어 있다.

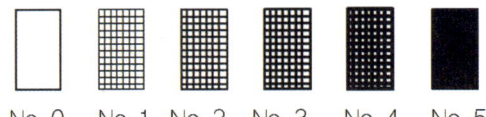

【 링겔만 매연 농도표 】

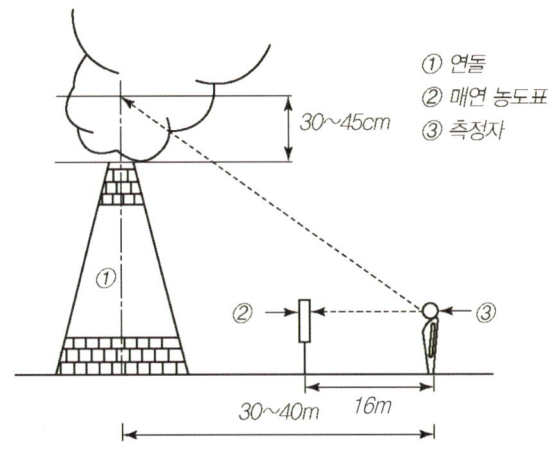

【 링겔만식 매연 농도표 이용 측정방법 】

4.2 집진장치

배기가스 중에 대기오염의 원인이 되는 매연, 분진 기타 유해 물질이 대기중으로 배출되기 전에 제거하기 위한 장치를 집진장치라 한다. 즉 카본, 검댕, 플래쉬(Fly Ash : 비산회) 등을 제거하기 위하여 설치하며 공해 방지 설비로 많이 설치되고 있다.

(1) 집진장치의 종류

1) 건식 집진장치

① 중력 집진장치(중력침강식, 다단침강식)
② 관성력 집진장치(충돌식, 반전식)
③ 원심력 집진장치(사이클론형, 멀티사이클론형, 블로우다운형)

2) 습식 집진장치

① 저유수식 : 전류형 스크레버식, 로터리 스크레버식, 피보디 스크레버식
② 가압수식 : 벤투리 스크레버식, 충진탑, 분무탑, 포종탑, 사이클론 스크레버식, 제트 스크레버식
③ 회 전 식 : 임펄스 스크레버식, 타이젠 와셔식

3) 전기식 집진장치(코트렐 집진장치)
① 건식 집진기
② 습식 집진기

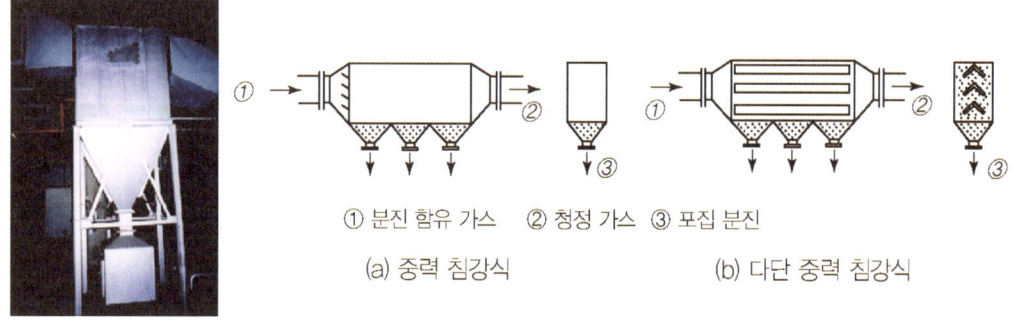

① 분진 함유 가스 ② 청정 가스 ③ 포집 분진
(a) 중력 침강식   (b) 다단 중력 침강식

【 중력식 집진장치 】

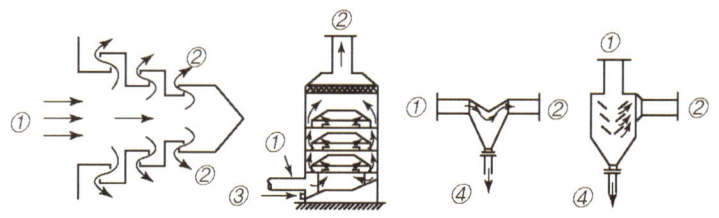

① 분진 함유 가스 ② 청정 가스 ③ 포집액 ④ 포집 분진
(a) 곡관형   (b) 루버형   (c) 포켓형   (d) 배플형

【 관성식 집진장치 】

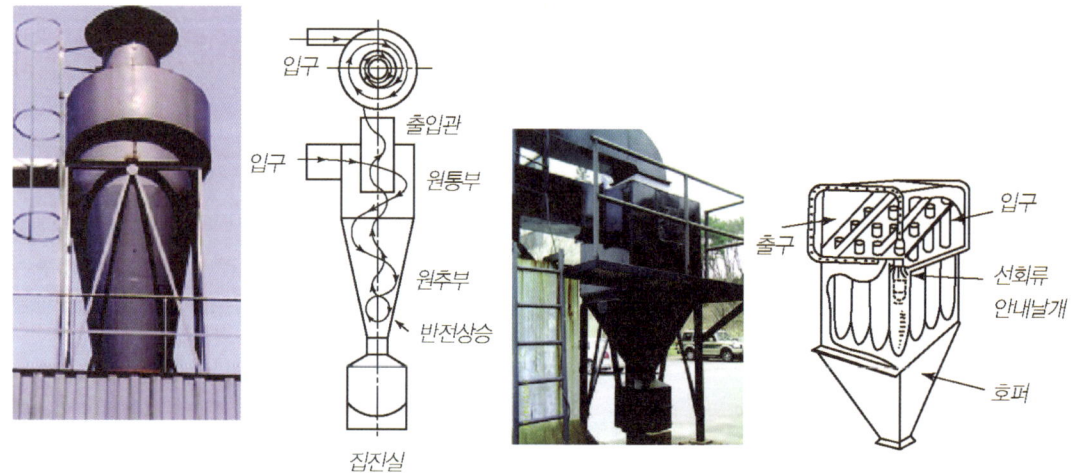

【 사이클론 집진장치 원리 】   【 멀티사이클론 구조 】

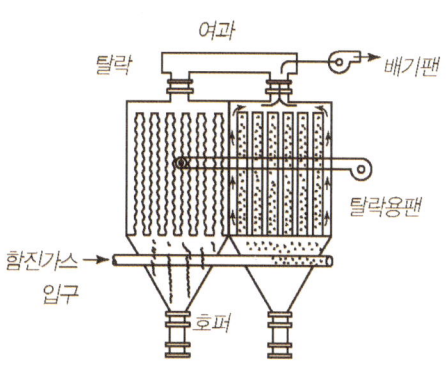

【 여과식 집진장치 】

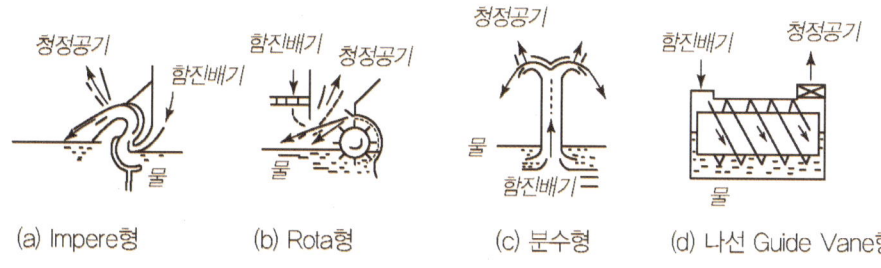

(a) Impere형　　(b) Rota형　　(c) 분수형　　(d) 나선 Guide Vane형

【 유수식 세정 제진장치의 예 】

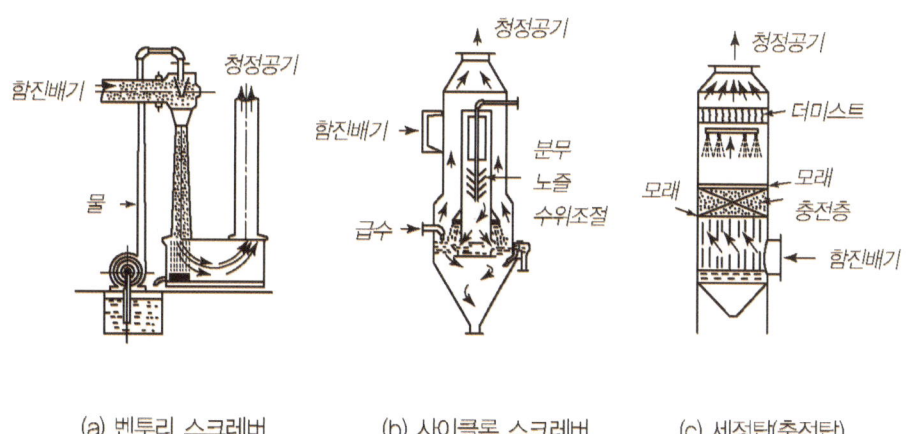

(a) 벤투리 스크레버　　(b) 사이클론 스크레버　　(c) 세정탑(충전탑)

【 가압수식 집진장치 】

제5장

보일러 자동제어

5.1 자동제어

제어(Control)란 어느 목적에 따라 조작이나 동작 등에 의해 양의 증감 또는 상태를 변화시키거나 일정하게 유지하는 것이다.

(1) 자동제어의 목적

① 보일러의 운전을 안전하게 할 수 있다.
② 경제적 운용과 효율적인 운전으로 보일러의 수명과 연료의 절감을 한다.
③ 자동제어로 인한 인원절감 효과와 인건비 절약이 된다.
④ 경제적인 열매체를 얻을 수 있다.
⑤ 작업능률 향상

(2) 자동제어의 구분

① 수동제어 : 사람이 직접 행하는 제어이다.
② 자동제어 : 기계장치가 자동적으로 행하는 제어이다.

(3) 자동제어의 종류

1) 시퀀스 제어(Sequence Control)

미리 정해진 순서에 따라 순차적으로 제어의 각 단계를 진행하는 자동제어로서 대표적인 것으로서는 연소제어가 있다.

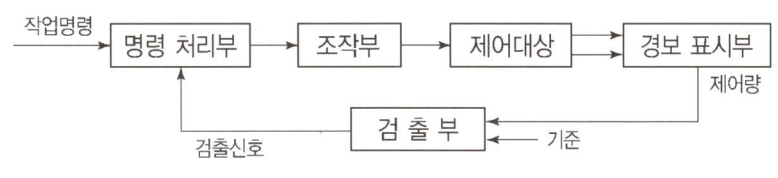

【 시퀀스 제어의 블록선도 】

2) 피드백 제어(Feed Back Control)

제어신호의 궤환(Feedback)에 의해 온도, 습도, 압력 등과 같은 제어량을 설정치와 비교하고 제어량과 설정치가 일치하도록 그 제어량에 대한 수정동작을 행하는 제어를 말한다.

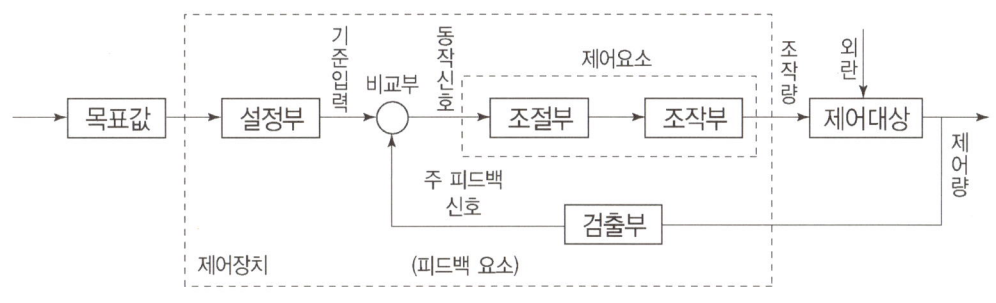

【 피드백 제어계의 기본구성 】

3) 블록선도를 구성하는 요소의 용어해설

① 목표치(desired variable) : 목표치(Set Point)를 어떠한 제어장치에서 제어량의 목표값으로 정치제어의 경우에는 설정값이라고도 한다.
② 제어대상(controlled system) : 조작량 만큼의 제어결과, 즉 제어량을 발생한다. 이 제어량은 외란에 의해 변화된다.
③ 기준입력(reference input) 비교부 : 목표치로부터 기준입력에의 변환은 설정부에 의하여 이루어진다.
④ 주 피드백량(Main Feed Back) : 제어량의 값을 목표치(기준입력)와 비교하기 위한 주 피드백 신호로 검출에서 발생시킨다.
⑤ 동작신호(actuating signal) : 기준입력과 제어량과의 차이로 제어동작을 일으키는 신호로 편차라고도 한다.
⑥ 제어편차 : 목표치에서 제어량을 뺀 값이다.
⑦ 조작량(Manipulated Variable) : 제어량을 조정하기 위해 제어장치가 제어대상으로 주는 양을 말한다.

⑧ 제어량(Controlled Variable) : 제어대상에 속하는 양 중에서 그것을 제어하는 것이 목적으로 되어 있는 양을 말한다.
⑨ 외란(Disturbance) : 제어계의 상태를 혼란시키는 잡음과 같은 것이다.
⑩ 검출부(Primary Means) : 압력이나 온도 유량 등의 제어량을 측정하고 그 값을 신호로 만들어서 주피드백 신호로 하여 비교부로 만드는 부분이다.
⑪ 조절부(Controlling Means) : 동작신호에 의하여 이에 대응하는 연산출력을 만드는 곳으로 조작신호를 조작부에 내보내는 부분이다.
⑫ 조작부(Final Control Element) : 조절부로부터의 신호를 조작량으로 바꾸어서 제어대상으로 작용시키는 부분이다.
⑬ 비교부(Comparison Element)
  ㉠ 기준입력 신호와 주피드백 신호가 합류하여 생기는 제어편차량의 산출하는 부분이다.
  ㉡ 비교부는 독립기구가 아니고 조절기의 한 부분이다.

5.2 신호전달 방식

(1) 공기압 신호전송

① 사용 조작압력 신호는 $0.2~1.0 kg/cm^2$의 공기압에 사용한다.
② 내열성이 우수하나 압축성이므로 신호전달에 지연이 된다.
③ 신호 전달거리는 100~150m 정도이다.
④ 신호공기원은 충분히 제습, 제진된 공기압을 기기에 공급하는 것이 중요하다.
⑤ 온도제어에 적합하며 자동제어에 용이하다.(PID)

(2) 유압식 신호전송

① 조작속도와 응답속도가 빠르다.
② 인화성이 높아 화재의 위험성이 있다.
③ 사용 유압은($0.2~1.0 kg/cm^2$)을 높임으로써 매우 큰 조작력을 얻을 수가 있다.
④ 비압축성 유체이므로 전송거리 300m 정도로 비교적 적다.
⑤ 관로저항이 크고 주위온도에 많은 영향을 받는다.

(3) 전기식 신호전송

① 사용전류는 4~20mA 또는 10~50mA DC의 전류를 통일신호로 하고 있다.
② 전송거리 0.3~10km까지 전송거리가 길다.
③ 조작력이 요구되는 경우에는 그의 대책에 주의할 필요가 있다.
④ 고온·다습한 곳은 곤란하고 가격이 비싸다.

5.3 보일러의 자동제어

대용량 보일러 및 고압보일러에서는 증기발생량에 대하여 보일러 내의 보유수량에 관한 제어가 반드시 필요하기 때문에 보일러의 안전운전을 위하여 자동 보일러제어가 설치된다.

- **보일러 자동제어(A.B.C Automatic Boiler Control))**
  ① 급수제어(F.W.C. Feed Water Control)
  ② 증기온도제어(S.T.C. Steam Temperature Control)
  ③ 연소제어(A.C.C. Automatic Combustion Control)

◎ 표 5-1 보일러 자동제어의 제어량과 조작량

자동제어	제 어 량	조 작 량
급수제어(FWC)	보일러수위	급수량
증기온도제어(STC)	과열증기온도	전열량
자동연소제어(ACC)	증기압력제어	연료량, 공기량
	노내압력제어	연소가스량, 송풍량

(1) 보일러 수위제어(Feed Water Control)

1) 급수제어의 설치목적

보일러의 연속운전이 되는 동안에 증기의 부하변동이 생기면서 수위변동이 일어난다. 이 수위변동이 생길 때 일정수위가 되도록 급수를 조절해 주어야 운전이 유지되기 때문에 수위제어(F.W.C)가 설치된다.

제1편 보일러 취급 실기

㉮ 수위제어 검출방식
  ① 플로트식(맥도널식, 자석식)
  ② 전극식
  ③ 차압식
  ④ 열팽창식(코프식)

㉯ 수위제어 방식
  ① 단요소식(1요소식) : 수위만 검출
  ② 2요소식 : 수위검출 및 증기유량까지 검출
  ③ 3요소식 : 수위, 증기유량, 급수유량을 동시 검출

2) 수위제어 방식해설
  ㉮ 단요소식
   ① 수위만 검출한다.
   ② 중·소형 보일러에서 수위제어 방식으로 이용되고 있다.

  ㉯ 2요소식
   ① 수위와 증기유량을 동시에 검출한다.
   ② 보일러의 용량이 크고 수위변동이 심한 보일러에 사용된다.

  ㉰ 3요소식
   ① 수위와 증기유량, 급수유량을 동시에 검출한다.
   ② 증기 부하변동이 매우 심한 대형 수관식 보일러에서 많이 사용된다.

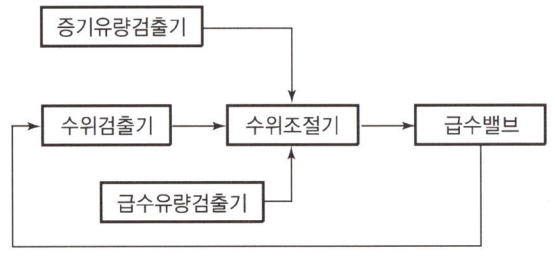

【 3요소 수위제어 】

(2) 증기온도제어

과열증기 온도를 일정온도로 자동 조절하게 하기 위한 제어방식으로 다음의 종류가 있다.

① 증기압력제어
  ㉠ 증기압력제한기 : 증기압력을 검출하여 설정 상용압력에서 전체 연소정지 또는 기동시키는 것
  ㉡ 증기압력조절기 : 증기압력을 검출하면 조절기 내의 벨로즈가 신축하여 핀의 움직임에 따라 고·저연소로 자동전환 콘트롤하는 기능
② 온수온도제어
③ 노 내압제어

【 증기압력제한기 】 【 증기압력조절기 】

(3) 연소제어(ACC)

증기의 압력 및 온수의 온도가 일정한 값이 되도록 연소의 양을 자동으로 제어하는 방식이다.

(4) 인터록(Interlock)

인터록이란 어느 조건이 불충분하다거나 다음 진행에 이루어 불합리한 동작으로 변환하게 될 때 기관동작을 다음 단계에 도달되기 전에 기관을 정기시키는 제어방식으로 보일러에서 점화시나 운전 중에 어느 조건이 충족되지 않을 때 전자밸브를 닫을 수 있는 저수위 안전장치, 압력제한스위치, 화염검출기, 저연소, 프리퍼지 등의 인터록이 필요하게 된다.

① 저수위 인터록 : 수위가 소정의 수위 이하일 때에는 전자밸브를 닫아서 연소를 저지한다.
② 압력초과 인터록 : 증기압력이 소정 압력을 초과할 때에는 전자밸브를 닫아서 연소를 저지시킨다.
③ 불착화 인터록 : 버너에서 연료를 분사한 후 소정의 시간이 경과하여도 착화를 볼 수 없을 때나 또는 어떠한 원인으로 화염이 소멸한 상태로 된 때에는 전자밸브를 닫아서 연소를 저지한다.
④ 저연소 인터록 : 유량조절밸브가 저연소 상태로 되지 않으면 전자밸브를 열지 않아서 점화를 저지한다.
⑤ 프리퍼지 인터록 : 대형 보일러인 경우에 송풍기가 작동하지 않으면 전자밸브가 열리지 않고 점화가 저지된다.

(5) 온수보일러의 제어장치

1) 프로텍터 릴레이(Protector Relay)

버너에 부착하여 사용하며 오일버너의 주안전 제어장치로 난방, 급탕 등의 전용 제어회로에 이용된다. 그러나 아쿠아스태트(리미트)를 별도로 설치해야 한다.

2) 콤비네이션 릴레이(Combination Relay)

보일러 본체에 설치하여 사용하고 그 특징은 프로텍터 릴레이와 아쿠아스태트의 기능을 합한 것으로서, 버너 주안전 제어장치로 고온차단, 저온점화, 순환펌프회로가 한 개의 제어기로 만들어진 것으로 내부에 Hi(high), Lo(low) 설정기가 장치되어 있다. Hi 온도에서는 버너 정지, Lo 온도에서는 순환펌프가 작동한다. [Hi(최고온도) : 버너정지온도, Lo(순환시작온도) : 순환펌프작동온도]

3) 스텍 릴레이(Stack Relay)

보일러 연소가스 배출구의 300mm 상단의 연도에 부착하여 연소가스열에 의하여 연도 내부로 삽입되는 바이메탈의 수축팽창으로 접점을 연결 차단하여 버너의 작동이나 정지를 하게 된다.

① 종류
  ㉠ 계속 점화식
  ㉡ 순간 점화식

② 특징
  ㉠ 바이메탈이 손상되기 쉽다.
  ㉡ 280℃ 이상의 온도에는 사용이 불가능하다.
  ㉢ 연료소비량이 10ℓ/h 이하에서만 사용이 가능하다.
  ㉣ 광전관은 별도로 설치하지 않는다.

4) 아쿠아스태트(Aquastat)

현장에서 하이리미트 콘트롤이라고도 부르며, 자동온도조절기이다. 스텍릴레이나 프로텍터 릴레이와 함께 사용되며 주로 사용용도는 고온차단용, 저온차단용, 순환펌프 작동용으로 사용된다.

제6장 계측기기

6.1 개요

(1) 계측제어의 목적
① 조업조건의 안전화 ② 열설비의 고효율화
③ 안전위생 관리 ④ 작업인원 절감

(2) 계측기기의 요건
① 내구성이 있을 것 ② 견고하고 신뢰성이 있을 것
③ 경제적일 것 ④ 구조가 간단, 취급이 용이, 보수가 용이할 것
⑤ 원격지시나 기록이 연속적일 것

(3) 온도계의 종류 및 특징

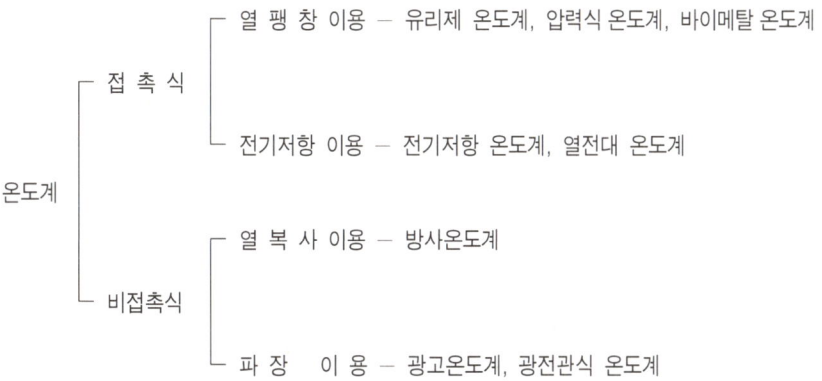

1) 접촉식 온도계

㉮ 유리 온도계

봉입액은 알코올, 수은, 톨루엔, 펜탄 등이 사용된다.

① 알코올 온도계 : 감도는 양호하나 정도는 수은온도계에 비해서 떨어지며 유리온도계 중에서 가장 저온 측정용이다.
② 수은 온도계 : 알코올 온도계보다 감도는 떨어지지만 정도가 양호하고 유리제 온도계 중 가장 고온 측정용이다.
③ 베크만 온도계 : 유리제 온도계 중 가장 정도가 양호하여 실험용으로 사용한다.
④ 바이메탈 온도계 : 열팽창계수가 서로 다른 2종의 금속 열팽창력을 이용한 온도계로, 측정범위는 $-50 \sim 500℃$ 이다.

㉯ 압력식 온도계

봉입액의 팽창으로 인한 압력변화를 이용한 온도계이며 구성은 감온부, 지시부, 도압부로 되어 있으며 도압부는 최고 50m까지 사용이 가능하다.

㉰ 전기저항 온도계

금속이나 반도체의 온도 변화에 따른 전지저항이 변하는 원리를 이용한 것이다.

① 백금 저항 온도계
② 니켈 저항 온도계
③ 동 저항 온도계
④ 써미스터 온도계

㉱ 열전대 온도계

2개의 서로 다른 금속선에 온도변화를 주어 열기전력이 발생되는 원리를 이용한 것이다.

2) 비접촉식 온도계

① 이동물체 측정이 가능하다.
② 측정시간이 빠르다.
③ 고온 측정용이다.
④ 접촉식 온도계에 비해 정도가 나쁘다.

㉮ 광고온도계

고온의 물체에서 방사되는 에너지 중 특정파장(0.65μ의 적색)의 방사에너지 휘도와 표준전구의 필라멘트 휘도를 비교측정하여 온도를 측정한다.

㉯ 광전관식 온도계

측정원리는 광전관식을 자동화를 시킨 것으로 2개의 광전관을 이용하여 온도를 측정한다.

㉰ 방사 온도계

고온의 물체로부터 방사되는 모든 파장의 전방사 에너지를 측정하여 온도를 구하는 방식이다.

㉱ 색 온도계

6.2 압력 계측

측정범위는 최고 사용압력의 1.5배~3배 정도를 사용하고 압력계 파손방지를 위해서 싸이펀관을 설치하며 증기관의 크기는 동관은 6.5mm, 강관의 경우는 12.7mm 이상을 사용한다.

(1) 압력계의 종류

1) 탄성식 압력계

압력에 의한 탄성체의 변화량을 이용하여 압력을 측정하는 것으로 종류는 브르돈관식, 벨로즈식, 다이어프램식, 캡슐식 등이 있다.

① 브르돈관식
측정압력은 0~300kg/cm² 으로 가장 넓고 정도는 ±0.5~3%로 가장 낮다.

【 탄성식 압력계 】

② 벨로즈식

원통으로 생긴 주름통의 탄성변위를 이용하여 압력을 측정한다.
- 재료 : 베릴륨 합금, 인청동, 스테인리스

③ 다이어프램식

탄성체의 막판을 격막으로 사용하여 압력에 대한 탄성변화를 이용하여 압력을 측정한다. 재료는 고무, 테프론, 스테인리스 등을 사용한다.

2) 액주식 압력계

U자관식, 단관식, 경사관식 등이 있으며 정도가 높고 미압 측정용이다.

① U자관식, 단관식은 측정범위는 약 0~2,000mmH$_2$O이다.
② 경사관식은 측정범위는 약 0~50mmH$_2$O이고 정도는 0.001mmH$_2$O로 정밀 측정용이며 공업 측정용 표준기로 사용한다.

3) 침종식 압력계

단식과 복식이 있으며 종 모양의 용기를 액 중에 거꾸로 달아 놓고 용기 내에 압력이 가해지면 용기가 위로 올라오면서 압력을 측정한다. 측정범위는 0~2,500mmH$_2$O 정도이다.

4) 환상 천평식 압력계

부식성이나 충격이 없고 습기가 적은 곳에 주로 사용되며 저압기체 및 배기가스 압력측정에 적합하다.

6.3 유량 계측

(1) 차압식 유량계

교축기구 전후의 압력차를 이용하여 유량을 산출한다.(베르누이 정리 이용)

1) 오리피스

① 제작 용이, 가격이 저렴하다.
② 교환이 용이하고 좁은 장소에 설치가 가능하다.

③ 압력 손실이 크다.
④ 침전물의 생성우려와 강도에 약하다.

2) 플로우 노즐

오리피스식과 벤투리식의 중간 정도이다.

3) 벤튜리

① 압력손실이 가장 적다.
② 정밀도가 좋고 내구성이다.
③ 침전물이 생성우려가 적다.
④ 구조가 복잡하다.
⑤ 가격이 비싸다.
⑥ 교환이 어렵다.

(2) 용적식 유량계

일정 용기 속에 유체를 유입시켜 치차(기어)의 회전수를 적산하여 유량을 산출하는 방식의 종류로는 오벌식, 푸투식, 로터리 피스톤식, 가스미터(습식, 건식)이며 특징은 다음과 같다.
① 고점도 유체측정에 유리하다.
② 정도가 높아 계측용으로 많이 사용한다.
③ 고형물질을 막기 위해 입구측에 여과기를 설치한다.
④ 맥동현상이 적다.

(3) 면적식 유량계

교축기구의 전후의 압력을 일정히 유지시키고 플로트의 변위를 이용하여 유량을 측정한다.

(4) 유속식 유량계

피토관식은 관내에 흐르는 유체의 유속와 동압(전압과 정압의 차)을 이용하여 유량을 산출한다.

(5) 전자식 유량계

전도성 유체의 흐름과 직각방향으로 작용되는 기전력을 이용하여 유량을 측정하는 형식으로 페러데이 법칙을 이용하였다.

(6) 열선 유량계

유체내부에 전류를 흐르게 하여 열을 발생시킨 후 유체의 유속에 의한 온도변화로 유량을 측정하는 형식이다.

(7) 임펠러식 유량계

관로 중에 프로펠러나 터빈 등을 넣어 유체 흐름에 의한 날개 회전수를 측정, 적산하여 유량을 산출한다.(수도미터, 터빈미터)

6.4 액면 계측

(1) 직접식

1) 유리관식

① 원형 유리관식은 유리관의 안지름은 모세관 형상방지를 위하여 10mm 이상으로 하고 사용압은 10kg/cm^2 이하이다.
② 평형 반사식 : 사용압력은 15~25kg/cm^2
③ 평형 투사식 : 사용압력은 45~75kg/cm^2
④ 2색 액면계 : 사용압력은 45~75kg/cm^2
⑤ 원방유리관식(멀티포트식) : 사용압력은 210kg/cm^2

2) 검척식

액면의 높이를 직접 자로 또는 검척봉을 넣어 측정한다.

3) 부자식(플로트식) 액면계

액면에 띄운 부자의 위치를 측정하는 것이다.

4) 편위식 액면계

아르키메데스의 법칙을 이용하여 부력에 의한 토크판(torque tube)의 회전각 변화에 따라 측정하며 측정범위는 0.35~4.5m 정도이다.

(2) 간접식

① 차압식　　　　　　② 기포식(퍼지식)
③ 전기저항식　　　　④ 초음파식
⑤ 방사선식　　　　　⑥ 압력식

6.5 가스 분석계

(1) 배기가스의 분석목적

① 연소상태 양호, 불량 파악　　② 공기비 산출
③ 열정산 자료 이용　　　　　　④ 연소가스 조성 파악

배기가스는 연도의 중심수(1/3 지점)에서 채취하고 배관은 경사로 하고 최저부에는 드레인 빼기를 설치 또한 600℃ 이상이 되는 곳은 철관 사용을 금한다. 필터는 내열용(1차필터 : 아란담, 카보랜덤)을 설치하고 일반용(2차필터 : 유리솜, 석면, 면)이 있다.

1) 화학적 가스분석계

오르잣트(Orsat) 가스 분석계, 헴펠식 가스 분석계, 연소식 O_2계 등이 있다.

2) 물리적 가스분석계

① 가스크로마토그래피
② 세라믹식(지르코니아식) O_2계
③ 밀도식 CO_2계
④ 기타로는 열전도율형 CO_2계, 자기식 CO_2계, 적외선 가스 분석계 등이 있다.

제 7장

보일러 취급 실기 예상문제

01 다음 열의 3대이동(전달방식)에 대해 기술한 것이다. 무슨 전달방식인가?

(1) 열선에 의하여 열이 전달되는 방식
(2) 고체에서의 열의 이동방식
(3) 유체에서의 열의 이동방식

해답 (1) 복사   (2) 전도   (3) 대류

02 보일러 장치를 구성하는 3대 요소는 무엇인가?

해답 ① 보일러 본체 ② 연소 장치 ③ 부속 장치

03 기수분리기는 (①)가 높은 (②)을(를) 얻기 위한 장치이다. ( ) 안에 적당한 용어를 써 넣으시오.

해답 ① 건조도(건도) ② 증기

04 다음은 수관식 보일러 결점에 관한 것이다. 아래 [보기]를 보고 ( ) 속에 알맞은 말을 써넣으시오.

> [보기] ① 수면계 이상 여부 ② 보일러수 ③ 증발 ④ 압력계 ⑤ 급수
> ⑥ 전열면적 ⑦ 예열 ⑧ 감소

"수관 보일러를 원통보일러와 비교할 때 그 결점은 (1)에 비해서 보일러 내의 수량이 적으며, 또 (2)이 활발하므로 (3)의 (4)가 현저하며, 언제나 (5)에 주의하고, 항상 (6)에 주의하지 않으면 과열 현상이 발생하기 쉽다."

해답 (1) ⑥ (2) ③ (3) ② (4) ⑧ (5) ① (6) ⑤

05

유류 보일러의 자동장치 점화는 전원스위치를 넣고 전환스위치를 모두 자동으로 설정한 후 기동 스위치를 넣으면, 송풍기의 기동 → (가) → (나) → (다) → 주버너 착화의 순으로 시퀀스가 진행되고 자동적으로 착화한다. 보기에서 골라 그 번호를 순서에 맞게 쓰시오.

> 보기 ① 프리퍼지   ② 점화용 버너 착화   ③ 연료펌프 기동

해답 (가) ①   (나) ②   (다) ③

06

다음 용어에 대한 단위를 SI단위로 쓰시오.

(1) 비열
(2) 열전도율
(3) 열통과율
(4) 전열저항계수

해답 ① kJ/kg·K   ② W/m·K   ③ W/m²·K   ④ m²·K/W

07

15℃kcal란 표준 대기압에서 (①)℃ 물 1kg을 (②)℃로 온도 1℃ 높이는데 소요되는 열량으로 (③)kJ에 해당한다. ( ) 안에 알맞은 답을 쓰시오.

해답 ① 14.5   ② 15.5   ③ 4.2

08

보일러 용량을 표시할 때 보일러 마력을 사용하는 데 1보일러 마력이란 (①)시간에 (②)℃의 물 (③)kg을 전부 증기로 만드는 능력을 말한다. ( ) 안에 알맞은 답을 쓰시오.

해답 ① 1   ② 100   ③ 15.65

09

1kgf/cm²·abs에서의 증기 엔탈피가 639kcal/kg이다. 건조도가 0.8일 때의 이 증기의 전열량(kacl/kg)은 얼마인가?

해답 습증기의 엔탈피=포화액의 엔탈피+(증발잠열×건조도)
h=100+(639×0.8)=611.2kcal/kg

10 다음 설명에 해당하는 보일러 여열장치의 명칭을 쓰시오.

(1) 수분을 포함하는 증기를 과열증기로 만드는 장치
(2) 연소가스의 여열을 이용하여 급수를 예열하는 장치
(3) 한 번 팽창한 증기를 다시 가열하는 장치

해답 (1) 과열기
(2) 절탄기(급수예열기, 이코노마이저)
(3) 재열기

---

11 증기배관 내 수분 존재시 발생할 수 있는 현상을 3가지를 쓰시오.

해답 ① 관내 부식발생
② 수격작용 발생
③ 열효율 저하

---

12 연료의 연소 시 연소온도를 높게 하기 위한 조건을 3가지를 쓰시오.

해답 ① 발열량이 높은 연료를 사용한다.
② 연료를 완전 연소 시킨다.
③ 적절한 공기비를 유지한다.
④ 연료 및 공기를 예열한다.

---

13 다음 각 원리에 해당하는 스팀트랩의 종류를 각각 2가지씩 쓰시오.

(1) 증기와 물의 비중차 이용 :
(2) 증기와 드레인의 온도차 이용 :
(3) 증기와 드레인의 열역학적 특성 이용 :

해답 (1) 버킷트랩, 플로우트 트랩
(2) 바이메탈 트랩, 벨로우즈 트랩
(3) 오리피스 트랩, 디스크 트랩

14 급수량 2000kg/h, 발생된 증기의 엔탈피 646kcal/kg, 급수의 온도가 45℃일 때 상당증발량은 몇 ton/h인가? (단, 물의 기화열은 539kcal/kg이다.)

해답: $G_e = \dfrac{G_a(h_2 - h_1)}{539} = \dfrac{2000 \times (646 - 45)}{539} = 2230.06 \text{kg/h} = 2.23 \text{ton/h}$

15 다음 그림은 2회로식 온수보일러의 단면도이다. 각 화살표(가~마)가 지시하는 부위의 명칭을 쓰시오.

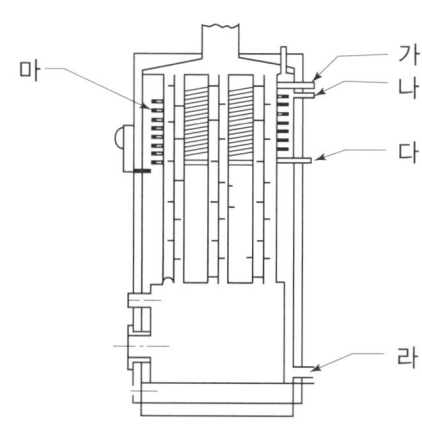

해답:
가. 급탕수 출구   나. 난방수 출구
다. 급탕수 입구   라. 난방수 환수구
마. 간접가열 코일(2회로 코일)

16 안전밸브의 종류 3가지는?

해답: 스프링식, 지렛대식, 중추식

17 효율 80%인 보일러의 부하가 256000kcal/h일 때 시간당 연료소비량(kg/h)을 계산하시오. (단, 연료의 발열량은 10000kcal/kg이다.)

해답: $G_f = \dfrac{Q}{H_l \times \eta} = \dfrac{256000}{10000 \times 0.8} = 32 \text{kg/h}$

18
공기비란 $\dfrac{(1)}{(2)}$ 이다. ( ) 안에 올바른 내용을 써 넣으시오.

해답 (1) 실제 공기량
(2) 이론 공기량

19
다음 ( ) 안에 알맞은 말을 써 넣으시오.

"실제 공기량이란 (①) 공기량 + (②) 공기량을 말한다."

해답 (1) 이론 (2) 과잉

20
캐리오버(carry over)란 어떤 현상인지 간단히 설명하시오.

해답 송기되는 증기 중에 물방울이 포함되어 나가는 현상

21
연료성분 중 가연성분 3가지를 쓰시오.

해답 탄소(C), 수소(H), 황(S)

22
석유의 비중을 측정할 때 4℃의 물에 대한 몇 ℃의 석유 무게비인가?

해답 15℃

23
다음 보기 중 발열량이 큰 순서로 나열하시오.

보기 무연탄, 중유, 목재, 프로판

해답 프로판 > 중유 > 무연탄 > 목재

제7장_보일러 취급 실기 예상문제

24 연료의 저위 발열량이 9750kcal/kg인 연료의 고위 발열량을 구하시오. (단, 연료중의 성분이 수소(H)는 10%, 수분(W)는 0.5%이다.)

해답 $H_h = H_l + 600(9H+W)$
$= 9750 + [600 \times \{(9 \times 0.1) + 0.005\}]$
$= 10293 kcal/kg$

25 프로판(C_3H_8) 1kmol 연소 시 (1) 이론산소량(O_O)과 (2) 탄산가스(CO_2) 발생량은 몇 Nm^3인지 계산 하시오. (단, $C_3H_8 + 5O_2 \rightarrow 3CO_2 + 4H_2O + 24370 kcal/Nm^3$)

해답 (1) 이론 산소량(O_O)=$5 \times 22.4 = 112 Nm^3$

$C_3H_8 \ + \ 5O_2 \ \rightarrow \ 3CO_2 \ + \ 4H_2O$
$1 \times 22.4 \ \ 5 \times 22.4 \ \ \ 3 \times 22.4 \ \ \ 4 \times 22.4$
$5 \times 22.4 = 112 \ \ \ \ \ 3 \times 22.4 = 67.2$

(2) 탄산가스(CO_2)량=$3 \times 22.4 = 67.2 \, 2Nm^3$

26 연소gas 분석결과 CO_2=12.6%, O_2=6.4%, CO=0%일 때 $CO_2 max$을 구하시오.

해답 $CO_2 max = \dfrac{21 CO_2}{21 - O_2} = \dfrac{21 \times 12.6}{21 - 6.4} = 18.12\%$

27 보일러에서 버너 전에 설치하여 연료의 온도를 상승하여 연소효율을 높이는 장치는?

해답 유예열기(오일 프리히터)

28 기름가열기(오일프리히터)는 (①)를 낮추어 (②)를 좋게 하기 위한 장치이다. ( ) 안에 들어갈 적당한 용어를 쓰시오.

해답 ① 점도 ② 무화

29 노내 화염으로부터의 발광체로서 가스폭발을 방지 하는 화염 검출기의 종류는?

해답 플레임 아이(광전관)

30
다음은 화염검출기에 대한 사항이다. 설명에 해당하는 명칭을 쓰시오.

(1) 광전관을 통하여 화염의 적외선을 검출
(2) 화염의 이온화 현상을 이용하여 전기전도성을 검출
(3) 보일러 연도 등에 설치하여 배기가스의 온도를 바이메탈 온도계를 이용한 것

해답
(1) 플레임 아이
(2) 플레임 로드
(3) 스택 스위치

31
자연 통풍력을 증가시키는 방법을 3가지 쓰시오.

해답
① 연돌 높이를 높게 한다.
② 배기가스 온도를 높게 한다.
③ 연돌 단면적을 크게 한다.
④ 연돌을 단열처리 한다.

32
다음은 콤비네이션 릴레이(combination relay)에 대한 설명이다. (   ) 안에 알맞은 용어를 쓰시오.

"콤비네이션 릴레이는 버너의 주 안전 제어장치로서 고온차단 (①), 순환 펌프회로가 한 개의 제어기로 만들어진 것으로 내부에 Hi, Lo 설정기가 설치되어 있다. Hi 온도에서는 (②), Lo 온도에서는 (③)가 작동한다."

해답 ① 저온점화   ② 버너 정지   ③ 순환 펌프

33
벽의 열관류율이 1kcal/m²·h·℃이고, 내측, 외측의 표면 열전달률이 각각 8kcal/m²·h·℃, 20kcal/m²·h·℃이다. 벽체의 열저항은 몇 m²h℃/kcal인가?

해답 $K = \dfrac{1}{\dfrac{1}{\alpha_1} + R + \dfrac{1}{\alpha_2}}$ 에서 $1 = \dfrac{1}{0.125 + R + 0.05}$

$x = 1 - (0.125 + 0.05) = 0.825 = 0.83 \text{m}^2\text{h}℃/\text{kcal}$

34
강제 통풍방식의 종류를 3가지 쓰시오.

해답 ① 압입통풍 ② 유인(흡입)통풍 ③ 평형통풍

35
강제 통풍방법 중 유속이 빠른 통풍방법부터 차례로 쓰시오.

해답 ① 평형통풍 ② 유인(흡입)통풍 ③ 압입통풍

참고
① 평형통풍 : 10m/s 이상
② 흡입통풍 : 8~10m/s
③ 압입통풍 : 8m/s 이하

36
다음은 보일러 통풍방식에 대한 설명이다. ( )를 채우시오.

> 연소실 입구에서 강제로 밀어넣는 (1) 송풍방식과 연도 중심부에 통풍력을 유인하는 (2) 방식이 있다. 또한 통풍력을 높이고 조절이 용이한 (3)이 있다.

해답
(1) 압입통풍
(2) 흡입통풍
(3) 평형통풍

37
보일러의 통풍방법을 크게 나누면 (1)에 의한 자연통풍이 부족할 때 임의적으로 통풍시키는 것을 (2)통풍이라 하며 종류에는 (3)통풍, (4)통풍, (5)통풍 방식이 있다. ( ) 안에 알맞은 말을 써 넣으시오.

해답 (1) 연돌   (2) 강제   (3) 압입   (4) 흡입   (5) 평형

38
보일러 통풍방식 중 평형통풍 방식을 간단히 설명하시오.

해답 연소실 입구측과 연도측에 송풍기를 설치하는 방식

39. 강제통풍방식 중 평형통풍의 특징 3가지를 쓰시오.

해답
① 배기가스의 유속이 10m/s 이상이다.
② 대형보일러나 통풍력의 손실이 큰 보일러에 채택된다.
③ 노 내압을 대기압보다 높게 또는 낮게 조정이 가능하다.
④ 소요동력이 크게 증가한다.
⑤ 노내 압력의 조절이 가능하고 강한 통풍력을 얻는다.
⑥ 압입, 흡인통풍의 겸용이다.

40. 급수처리의 목적 5가지를 쓰시오?

해답
① 스케일 생성 및 부착방지   ② 캐리오버 방지
③ 프라이밍 및 포밍 방지   ④ 부식 방지
⑤ 관수의 농축 방지   ⑥ 슬러지 생성 방지

41. 보일러 급수처리 중 청관제를 이용한 보일러 내부처리의 종류를 청관제의 사용 목적에 따라 5가지를 쓰시오.

해답 pH조정제, 관수연화제, 탈산소제, 슬러지조정제, 가성취화방지제

42. 보일러 급수의 외처리중 다음과 같은 물질이 급수중에 있는 경우, 처리 또는 제거 방법을 1가지씩 쓰시오.

(1) 현탁질 고형물 :
(2) 용존(용해) 고형물 :
(3) 용존가스 :

해답
(1) 침전법, 응집법, 여과법
(2) 약품첨가법, 이온교환법, 증류법
(3) 탈기법, 기폭법

43. 댐퍼(damper)의 주된 설치목적은 (①)의 열배기가스량을 (②)하여 일정한 (③)을 유지하기 위함이다. ( ) 속에 알맞은 것을 쓰시오.

해답 ① 연도 ② 조절 ③ 통풍력

44
연도 입구에 댐퍼를 설치하는 목적 2가지만 쓰시오.

해답
① 연소가스의 흐름 차단
② 통풍력 조절

45
보일러 부식에 있어 외부부식과 내부부식을 2가지씩 쓰시오.

(1) 외부부식 :
(2) 내부부식 :

해답
(1) 외부부식 : 고온부식, 저온부식
(2) 내부부식 : 점식, 그루빙, 국부부식, 전면부식

46
보일러 산세관에서 사용되는 산의 종류를 3가지만 쓰시오.

해답 ① 염산   ② 황산   ③ 인산   ④ 질산

47
직경 650mm인 원통형 덕트(duct)를 통과하는 가스의 속도가 4m/sec일 때, 단위시간당 통과하는 가스의 부피(m³/h)는 얼마인가? (단, π는 3.14로 계산할 것)

해답
$$Q = A \cdot V = \frac{\pi D^2}{4} \cdot V = \frac{3.14 \times 0.65^2}{4} \times 4 \times 3600 = 4775.94 \, m^3/h$$

48
내경 20cm의 관속을 물이 흐르고 있다. 유속이 5m/sec라면 이 유체 중량 유량은 몇 kgf/sec인가? (단, 물의 비중량=995kgf/m³, π=3.14로 계산할 것)

해답
$$Q = A \cdot V = \frac{\pi D^2}{4} \cdot V = \frac{3.14 \times 0.2^2}{4} \times 5 \times 995 = 156.22 \, kgf/sec$$

49
배관속에 흐르는 물의 유량이 1.2m³/min이고, 유속이 1.5m/s이라면 이 배관의 지름(mm)은 얼마인가?

해답
$$Q = A \cdot V = \frac{\pi}{4} D^2 \cdot V \text{에서 } D = \sqrt{\frac{4Q}{\pi V}} = \sqrt{\frac{4 \times 1.2}{\pi \times 1.5 \times 60}} = 0.130327 = 130.33 \, mm$$

50 보일러 배관 중에 여과기를 설치하여야 하는 장소를 3가지 이상 쓰시오.

해답 ① 유량계입구   ② 오일펌프 흡입측
      ③ 유예열기 입구 ④ 급수량계 입구

51 보일러의 분출 목적을 4가지만 쓰시오.

해답 ① 관수의 PH조절
      ② 관수의 농축방지
      ③ 보일러 부식방지
      ④ 슬러지 배출
      ⑤ 고수위 방지
      ⑥ 포밍, 프라이밍의 발생방지

52 보일러의 증발량이 1일 50m³, 급수중의 전 고형물농도 150ppm, 보일러수의 허용농도를 2000ppm이라면 하루에 분출량은 몇 m³인가? (단, 응축수 회수는 없다.)

해답 1일 분출량 = $\dfrac{50 \times 150}{2000 - 150} = 4.05 \text{m}^3/\text{일}$

53 다음 각 ( ) 안에 알맞은 용어를 쓰시오.

원심력에 의하여 양수되는 원심식 펌프로서 안내날개가 없는 것을 (①)펌프라고 하며, 안내날개가 있는 것을 (②)펌프라고 한다.

해답 ① 볼류트   ② 터빈

54 유량 1500m³/h, 양정이 12m인 펌프의 축동력(kW)은 얼마인가? (단, 물의 비중량 1000kgf/m³, 펌프의 효율 $\eta = 0.7$이다.)

해답 $\text{kW} = \dfrac{\gamma QH}{102 \times 60 \times \eta} = \dfrac{1000 \times \left(\dfrac{1500}{60}\right) \times 12}{102 \times 60 \times 0.7} = 70\text{kW}$

55 매초당 20L의 물을 송출 시킬 수 있는 급수펌프에서 양정이 7.5m, 펌프효율이 75%일 경우 펌프의 소요동력은 몇 (kW)이어야 하는가?

해답
$$kW = \frac{\gamma QH}{102 \times \eta} = \frac{1,000 \times 0.02 \times 7.5}{102 \times 0.75} = 1.96 kW$$

56 소요전력 52kW, 펌프효율 75%, 전양정을 36m로 하고 양수한다면 송수량은 몇 m³/sec인가?

해답
$$kW = \frac{\gamma QH}{102 \times \eta} 에서$$
$$Q = \frac{kW \times 102 \times \eta}{\gamma \times H} = \frac{52 \times 102 \times 0.75}{1000 \times 36} = 0.11 m^3/sec$$

57 다음 물음에 답하시오.

(1) 급수펌프의 송출유량이 6000ℓ/min, 양정이 45m이고, 펌프의 효율이 60%라면 펌프의 소요동력은 몇 kW인가?

(2) (1)의 경우 회전수가 1000rpm이었다. 회전수를 1200rpm으로 20% 증가시킨다면 송출유량(ℓ/min)과 양정은 몇 m인가?

해답
(1) $kW = \frac{\gamma QH}{102 \times 60 \times \eta} = \frac{1000 \times 6 \times 45}{102 \times 60 \times 0.6} = 73.53 kW$

(2) ① 송출유량, $Q_2 = Q_1 \times \left(\frac{N_2}{N_1}\right) = 6000 \times \left(\frac{1200}{1000}\right) = 7200 \ell/min$

② 양정, $H_2 = H_1 \times \left(\frac{N_2}{N_1}\right)^2 = 45 \times \left(\frac{1200}{1000}\right)^2 = 64.8 m$

58 다음은 2회로식 온수 보일러의 단면도이다. ①~⑥의 명칭을 쓰시오.

해답 ① 급탕출구 ② 난방출구 ③ 급수 입구
④ 난방 환수구 ⑤ 간접가열코일 ⑥ 버너

59 온수 난방으로 방의 실내온도를 18℃로 유지하는 데 소요하는 열량이 시간당 20000kcal 소요된다. 송수주관의 온도를 측정하니 85℃이고 환수온도는 18℃였다. 온수 순환량은? (단, 비열 0.998kcal/kg·℃)

해답 $G = \dfrac{Q}{C \cdot \Delta t} = \dfrac{20000}{0.998 \times (85-18)} = 299.11 \text{kg/h}$

60 10℃의 물을 80℃로 가열하여 시간당 400L씩 공급할 때 가스 소비량(Nm^3/h)을 계산 하시오.(단, 가스 발열량은 10000kcal/Nm^3, 열효율은 70%이다.)

해답 $G_f = \dfrac{Q}{H_l \cdot \eta} = \dfrac{400 \times 1 \times (80-10)}{10000 \times 0.7} = 4 \text{Nm}^3/\text{h}$

61 8℃의 강관 6m가 있다. 이 강관 속을 온수가 순환되어 강관이 80℃가 되었다면 열팽창에 의해서 관의 길이는 몇 mm 늘어나는지 계산 하시오.(단, 강관의 평균 선팽창계수 $\alpha = 0.000012 \text{m/m}℃$라 한다.)

해답 $\Delta \ell = \alpha \cdot \ell \cdot \Delta t = 0.000012 \times 6 \times (80-8) \times 1000 = 5.18 \text{mm}$

62 배관의 길이가 6m, 관의 선팽창계수가 0.0002m/m·℃이며 8℃의 물을 80℃의 온수로 가열하는 배관의 신축길이는 몇 mm인가?

해답 $\Delta l = \alpha \cdot l \cdot \Delta t = 0.0002 \times 6 \times (80-8) = 0.0864\text{m} = 86.4\text{mm}$

63 용기 내의 어떤 가스의 압력이 6kgf/cm², 체적 50L, 온도 5℃였는데 이 가스가 단열상태로 상태변화를 일으킨 후 압력이 6kgf/cm², 온도가 35℃로 되었다면 체적은 몇 리터(L)인지 구하시오.

해답 $\dfrac{V_1}{T_1} = \dfrac{V_2}{T_2}$ 에서

$V_2 = \dfrac{V_1 T_2}{T_1} = \dfrac{50 \times (5+273)}{(35+273)} = 45.13\text{L}$

64 프로텍트릴레이와 아쿠아스텟의 기능을 합한 자동제어장치는?

해답 콤비네이션 릴레이

65 다음은 보일러에서 화염의 유무를 검출하는 화염 검출기에 대한 설명이다. 각각의 설명에 해당되는 화염 검출기의 종류를 1가지씩 쓰시오.

① 플레임 아이   ㉮ 이온화를 이용하여 화염을 검출
② 플레임 로드   ㉯ 발광체를 이용하여 화염을 검출
③ 스택 스위치   ㉰ 연도에 설치하여 열을 이용하여 화염을 검출

해답 ① → ㉯, ② → ㉮, ③ → ㉰

66 연돌의 높이가 10m, 연소가스의 평균온도가 200℃, 외기온도가 27℃, 공기의 비중량이 1.29kgf/m³, 배기가스의 비중량이 1.31kgf/m³일 때 통풍력은 얼마인가?

해답 $Z = 273H \cdot \left(\dfrac{\gamma_a}{T_a} - \dfrac{\gamma_g}{T_g} \right)$

$= 273 \times 10 \times \left(\dfrac{1.29}{300} - \dfrac{1.31}{473} \right) = 4.18\text{mmH}_2\text{O}$

67 이론공기량이 2.1Nm³/h, 연소공기비가 1.2일 때 실제공기량(Nm³/h)은?

해답 실제공기량 = 공기비×이론공기량
$A = m \times A_o = 1.2 \times 2.1 = 2.52 Nm^3/h$

68 다음 (   ) 안에 들어갈 내용을 쓰시오.

> 열전도율은 단위 체적당 기공의 숫자가 (①) 때, 재료의 온도가 (②) 때, 재질 내 수분이 (③) 때, 재질의 비중이 (④) 때, 재질의 두께가 (⑤) 때 작아진다.

해답 ① 클   ② 낮을   ③ 적을   ④ 작을   ⑤ 클

69 다음 (   ) 안에 '증가' 또는 '감소'를 쓰시오.

(1) 각종 재료의 열전도율은 기공이 많을수록 (   ) 한다.
(2) 각종 재료의 열전도율은 습도가 높을수록 (   ) 한다.
(3) 각종 재료의 열전도율은 밀도가 크면 (   ) 한다.
(4) 각종 재료의 열전도율은 온도가 상승하면 (   ) 한다.

해답 (1) 감소   (2) 증가   (3) 증가   (4) 증가

70 다음은 중유첨가제를 나열한 것이다. 이들 첨가제의 기능을 간단히 설명 하시오.

(1) 연소촉진제 :
(2) 안정제 :
(3) 탈수제 :
(4) 회분개질제 :

해답 (1) 연료의 분무를 양호하게
(2) 슬러지 생성 방지
(3) 연료 중 수분분리
(4) 재의 용융점 높여 고온부식 방지

71 다음은 유류보일러의 연소방식을 설명한 것이다. 각 설명에 해당하는 연소장치를 [보기]에서 고르시오.

> [보기] 건타입식, 압력무화식, 기류분무식, 로터리식

① 연료의 자체 압력으로 분무시키는 방식
② 공기(증기)의 압력을 이용하여 분무시키는 방식
③ 고속으로 회전하는 분무컵의 원심력을 이용하여 분무시키는 방식
④ 연료와 공기의 압력을 이용하여 분무시키는 방식으로 총모양의 버너이다.

해답 ① 압력무화식 ② 기류분무식 ③ 로터리식 ④ 건타입식

72 액체연료의 무화 연소방법에 있어서 연료를 무화시키는 목적을 3가지만 쓰시오.

해답
① 표면적을 넓게 하기 위하여
② 공기와의 혼합을 좋게하기 위하여
③ 적은 공기로 완전 연소시키기 위하여

73 다음 ( ) 안에 적당한 용어를 쓰시오.

"연료가 외부로부터 열을 필요로 하지 않고 스스로 발생하는 열로서 연소를 계속할 수 있는 최저온도를 (①)온도라 하며, 점화원에 의해서 불이 붙는 최저온도를 (②)온도라 한다."

해답 ① 착화 ② 인화

74 보일러용 연료에서 액체연료의 (1)장점과 (2)단점을 각각 2가지 이상 쓰시오.

해답
(1) 장점
① 발열량이 크고 품질이 균일하다.
② 연소조절이 쉽다.
③ 연소효율이 높고, 완전연소가 가능하다.
④ 기체연료보다 운반 및 저장 취급이 쉽다.
(2) 단점
① 화재 역화 등의 위험성이 크다
② 버너에 따라 소음이 발생한다.
③ 국부 과열이 되기 쉽다.
④ 가격이 비싸다.

75
기체 연료의 연소장치 중 버너의 종류를 3가지만 쓰시오.

해답 ① 포트형 ② 버너형(선회형, 방사형) ③ 저압버너
④ 고압버너 ⑤ 송풍버너

76
LNG에 대하여 다음 물음에 답하시오.

(1) LNG의 주성분은 무엇인가?
(2) 냉동장치를 사용하여 상압하에서 몇 ℃로 냉각, 액화시킨 것인가?

해답 (1) 메탄(CH_4)   (2) −162

77
시간당 2kg의 경유를 1일 5시간 사용하는 보일러에서 30일 동안 사용할 때 연료 사용량은 몇 L인가? (단, 경유의 비중은 0.84이다.)

해답 $2\text{kg} \times \dfrac{1}{0.84\text{kg/L}} \times 5\text{시간} \times 30\text{일} = 357.14\text{L}$

78
연료의 저위 발열량이 난방부하가 50000kcal/h이고, 효율이 80%, 저위발열량이 10000kcal/kg일 때 연료소비량(kg/h)은?

해답 연료소비량 = $\dfrac{\text{난방부하}}{\text{저위발열량} \times \text{효율}}$ 에서

$G_f = \dfrac{Q}{H_l \times \eta} = \dfrac{50000}{0.8 \times 10000} = 6.25\text{kg/h}$

79
난방부하가 30000kcal/h이고 사용하는 연료의 비중이 0.92인 발열량 10500kcal/kg 연료를 사용할 때 효율이 85%인 보일러의 연료소비량(l/h)을 구하시오.

해답 연료소비량 = $\dfrac{\text{난방부하}}{\text{효율} \times \text{발열량}} = \dfrac{30000}{(0.85 \times 10500) \times 0.92} = 3.65 l/h$

80 액체연료의 연소장치에서 공기조절장치(또는 보염장치)의 종류 3가지를 쓰시오.

> 해답　① 윈드박스　② 버너타일
> 　　　③ 스테빌라이져　④ 콤버스터

81 자동제어 회로에서 피드백 제어의 구성요소 4가지를 쓰시오.

> 해답　① 설정부　② 조절부　③ 조작부　④ 검출부

82 다음은 자동제어에 대한 설명이다. 해당하는 자동제어 명칭을 쓰시오.

(1) 미리 정해진 제어동작의 순서에 따라 순차적으로 다음 동작이 이루어지도록 되어 있는 자동제어의 명칭을 쓰시오.

(2) 제어결과에 따라 현재 진행 중인 제어동작을 다음 단계로 옮겨가지 못하도록 하고 입력과 출력과의 편차를 계속 수정시키는 자동제어의 명칭을 쓰시오.

> 해답　(1) 시퀀스 제어
> 　　　(2) 피드백 제어

83 다음 (　) 속에 알맞은 말을 쓰시오.

"보일러 자동제어의 기본 제어방식은 출력측의 신호를 입력측으로 되돌려 제어량의 값을 (①)와 비교하여 일치시키는 (②)제어와 미리 정해진 제어동작의 순서에 따라 순차적으로 다음 동작이 이루어지도록 되어 있는 (③)제어이다. 또한 제어결과에 따라 현재 진행 중인 제어동작을 다음 단계로 옮겨가지 못하도록 차단하는 장치를(④)이라 한다."

> 해답　① 기준입력요소　② 피드백
> 　　　③ 시퀀스　④ 인터록

84

다음은 피드백 자동제어의 블록선도이다. 피드백제어의 기본 구성요소를 써넣으시오.

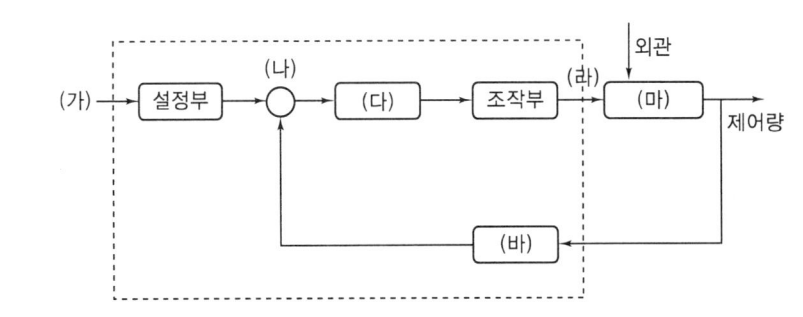

해답 (1) 조절부   (2) 조작부   (3) 제어대상   (4) 검출부

85

다음은 피드백 제어에 대한 블록선도를 나타낸 것이다. ( ) 안에 적합한 용어를 보기에서 골라 쓰시오.

보기 기준치, 목표치, 비교부, 검출부, 조절부, 제어부, 제어대상, 제어량, 설정신호, 제어편차, 조작량

해답 (가) 목표치   (나) 비교부   (다) 조절부   (라) 조작량   (마) 제어대상   (바) 검출부

86

고저수위 경보의 종류 3가지를 쓰시오.

해답 부자식(플로우트식), 전극식, 자석식

87 자동제어의 신호전달 방식 3가지를 쓰시오.

해답
① 공기압식
② 유압식
③ 전기식

88 자동제어 신호전달 방식에서 전기식의 특징을 3가지만 쓰시오.

해답
① 신호전달이 빠르다.
② 배선 설비가 용이하다.
③ 전송 거리가 가장 길다.
④ 복잡한 신호에 용이하다.

89 보일러의 자동제어 중 인터록 종류 3가지만 쓰시오.

해답
① 압력초과 인터록
② 저수위 인터록
③ 프리퍼지 인터록
④ 저연소 인터록
⑤ 불착화 인터록

90 자동제어의 신호전송방법을 원거리 순서대로 쓰시오.

해답   전기식, 유압식, 공기식

91 버너 입구의 가장 인접한 위치에 설치하여 전기식에 의해 밸브가 개폐되는 솔레노이드 밸브(전자밸브 : soleniod valve)는 어떤 경우에 연료공급 차단 동작을 하는지 3가지 쓰시오.

해답
① 저수위 시
② 불착화 시
③ 압력초과 시
④ 프리퍼지 부족 시

92. 다음은 보일러 제어에 대한 약호로서 간단히 설명하시오.

(1) A.B.C :
(2) F.W.C :
(3) S.T.C :
(4) A.C.C :

해답
(1) A.B.C : 보일러 자동제어
(2) F.W.C : 급수제어
(3) S.T.C : 증기온도제어
(4) A.C.C : 자동연소제어

93. 보일러 자동제어에서 증기압력 노내압력을 제어할 수 있는 조작량 2가지를 기재하시오.

해답 공기량(송풍량), 연소(배기)가스량

94. 보일러 자동제어의 종류들이다. 다음 각 제어의 제어량은 무엇인지 1가지씩 쓰시오.

(1) 자동연소제어(ACC) :
(2) 급수제어(FWC) :
(3) 증기온도제어(STC) :

해답
(1) 자동연소제어(ACC) : 증기압력제어, 노내압력제어
(2) 급수제어(FWC) : 보일러 수위
(3) 증기온도제어(STC) : 과열증기온도

참고 보일러제어에 따른 제어량과 조작량

자동제어	제어량	조작량
급수제어(FWC)	보일러수위	급수량
증기온도제어(STC)	과열증기온도	전열량
자동연소제어(ACC)	증기압력제어	연료량, 공기량
	노내압력제어	연소가스량, 송풍량

95
보일러를 연속 운전할 때 증기부하가 변하면 수위변동이 일어난다. 이때 일정수위를 유지하기 위한 수위검출 제어방식의 종류 3가지를 쓰시오.

해답
① 단요소식(수위 검출)
② 2요소식(수위, 증기량 검출)
③ 3요소식(수위, 증기량, 급수량 검출)

96
자동급수조정장치의 구조에 대한 문제이다. ( ) 속에 알맞은 말을 써 넣으시오.

"이 장치에는 3종류가 사용되고 있다. 즉 드럼내의 (①)에 따라서 조정하는 것을 1요소식, (②)와 (③)에 따라서 조정하는 것을 2요소식, (④)와 (⑤)과 (⑥)에 따라서 조정하는 것을 3요소식이라 부른다."

해답 ① 수위 ② 수위 ③ 증기량 ④ 수위 ⑤ 증기량 ⑥ 급수량

97
관속을 흐르는 유체온도와 관벽에 접하는 외부온도와의 변화에 따라 관의 접합부나 기기의 파손을 우려하여 배관의 도중에 사용하는 이음쇠 4가지를 쓰시오.

해답 루프형, 슬리브형, 벨로우즈형, 스위블형

98
연돌의 높이 5m, 연소가스의 평균온도 150℃, 외기온도 -5℃ 이때 이론 통풍력(mmAq)은? (단, 공기의 비중량 $1.29 kgf/m^3$, 배기가스비중량 $1.31 kgf/m^3$이다.)

해답
$$Z = 273H\left(\frac{\gamma_a}{T_a} - \frac{\gamma_g}{T_g}\right)$$
$$= 273 \times 5 \times \left(\frac{1.29}{-5+273} - \frac{1.31}{150+273}\right) = 2.34 mmAq$$

99
효율이 80%인 보일러의 부하가 256000kcal/h일 때 시간당 연료소비량(kg/h)을 계산하시오. (단, 연료의 발열량은 10000kcal/kg이다.)

해답
$$G_f = \frac{Q}{H_l \times \eta} = \frac{256000}{10000 \times 0.8} = 32 kg/h$$

100

두께 300mm인 벽돌벽의 내벽의 온도가 350℃, 외벽의 온도가 50℃일 때, 매 시간당 단위 면적당 손실열량(kcal/h·m²)을 계산하시오. (단, 벽돌벽의 열전도율은 0.84kcal/h·m·℃이다.)

해답
$$Q = \frac{\lambda \cdot A \cdot \Delta t}{l} = \frac{0.84 \times 1 \times (350-50)}{0.3} = 840\,\text{kcal/m}^2 \cdot \text{h}$$

101

어떤 보일러 외부 표면으로부터 보일러실 내로 열전달이 되고 있다. 보일러 외부의 표면적이 40m²이고, 온도가 80℃이며, 실내 온도가 20℃이면 열전달량은 몇 kcal/h인지 구하시오. (단, 보일러 외면과 실내 공기와의 열전달계수는 0.25kcal/m²·h·℃이다.)

해답
$$Q = \alpha \cdot A \cdot \Delta t = 0.25 \times 40 \times (80-20) = 600\,\text{kcal/h}$$

102

보일러 본체의 열관류율을 0.4kcal/m²·h·℃ 이하로 하려고 한다. 열전도율이 0.02kcal/m·h·℃인 보온재를 사용한다면 두께는 몇 mm 이상으로 해야 하는가?

해답 열저항은 열관류율의 역수이므로
$$R = \frac{1}{K} = \frac{l}{\lambda} \text{에서 } l = \frac{\lambda}{K} = \frac{0.02}{0.4} = 0.05\,\text{m} = 50\,\text{mm}$$

103

이론 통풍력이 10mmAq, 연소가스의 평균온도 150℃, 배기가스 비중량 1.34kgf/m³, 외기의 온도는 20℃, 외기의 비중량이 1.29kgf/m³일 때 굴뚝의 높이(m)를 구하시오.

해답 이론통풍력, $Z_o = 273H\left(\dfrac{\gamma_a}{T_a} - \dfrac{\gamma_g}{T_g}\right)$ 에서

굴뚝의 높이, $H = \dfrac{Z}{273 \times \left(\dfrac{\gamma_a}{T_a} - \dfrac{\gamma_g}{T_g}\right)} = \dfrac{10}{273 \times \left(\dfrac{1.29}{20+273} - \dfrac{1.34}{150+273}\right)} = 29.66\,\text{m}$

104

연돌의 높이 50m 연소가스의 평균온도가 200℃, 외기온도가 25℃이다. 이 굴뚝의 실제 통풍능력은 몇 mmAq인가?

해답
$$Z = H\left(\frac{353}{T_a} - \frac{367}{T_g}\right) \times 0.8 = 50 \times \left(\frac{353}{25+273} - \frac{367}{200+273}\right) \times 0.8 = 16.35\,\text{mmAq}$$

105

연돌 출구에서의 평균온도가 200℃인 연소가스가 시간당 300Nm³가 흐르고 있다. 이 연돌의 연소가스 유속을 4m/s로 유지하기 위해서는 연돌의 상부 단면적은 얼마이어야 하는가?

해답
$$A = \frac{G(1+0.0037t)}{3600\,V}$$
$$= \frac{300 \times \{1+(0.0037 \times 200)\}}{3600 \times 4} = 0.04 \text{m}^2$$

106

다음 서로가 연관되는 항목이다. 이중 맞는 것을 연결하시오.

① 팽창탱크   ⓐ 여과장치
② 스트레이너   ⓑ 압력방출
③ 순환수두   ⓒ 화염검출
④ 프레임로드   ⓓ 버너작동중지
⑤ 실내온도조절기   ⓔ 비중량차

해답 ①-ⓑ, ②-ⓐ, ③-ⓔ, ④-ⓒ, ⑤-ⓓ

107

다음은 가정용 온수보일러(유류 연소용)의 자동제어 장치 부품들이다. 이들이 부착되는 위치를 각각 쓰시오.

(1) 콤비네이션 릴레이
(2) 프로텍터 릴레이
(3) 스택 릴레이

해답
(1) 보일러 본체
(2) 버너
(3) 연도

108

보일러에서 연료의 저위발열량을 H_ℓ, 실제 발생열량을 Q_r, 유효열을 Q_e라 할 때 다음 각 효율을 식으로 표시하시오.

(1) 연소효율(%)
(2) 전열효율(%)
(3) 보일러효율(%)

해답

(1) 연소효율(%) = $\dfrac{Qr}{H_\ell} \times 100\%$

(2) 전열효율(%) = $\dfrac{Qe}{Qr} \times 100\%$

(3) 보일러효율(%) = $\dfrac{Qe}{H\ell} \times 100\%$

109 난방부하가 6000kcal/h, 급탕 공급량이 2.5t/h인 유류용 온수 보일러에서 경유의 소모량이 18kg/h이었다. 다음의 조건을 참고하여 이 보일러의 효율(%)을 계산하시오.

- 급탕수의 입구온도 : 20℃
- 난방 송수온도 : 60℃
- 경유의 저위발열량 : 10300kcal/kg
- 급탕 공급온도 : 60℃
- 난방 환수온도 : 40℃
- 물의 평균비열 : 1kcal/kg · ℃

해답

$$\eta = \dfrac{Q_1 + Q_2}{G_f \cdot H_l} \times 100$$

$$= \dfrac{6000 + \{2.5 \times 1000 \times 1 \times (60-20)\}}{18 \times 10300} \times 100 = 57.17\%$$

110 어떤 보일러의 연소효율이 90%, 전열효율이 85%, 배기가스 손실열이 8.5%, 방산 열손실이 15%이다. 열효율(%)을 구하시오.

해답 $\eta = \eta_c \times \eta_f \times 100\% = 0.9 \times 0.85 \times 100 = 76.5\%$

111 온수 보일러에서 연료 소비량이 150kg/h이고 저위 발열량이 8000kcal/h이며 급수량이 15000kcal/h이다. 다음 효율을 구하시오.(단, 급수의 온도는 20℃이고, 온수출구 온도는 90℃이다.)

해답 $\eta = \dfrac{G \times C \times \Delta t}{G_f \times H_l} \times 100 = \dfrac{15000 \times 1 \times (90-20)}{150 \times 8000} \times 100 = 87.5\%$

112

다음의 [보기]를 보고 중유 사용 보일러에서 전기식 오일프리히터(kWh)의 용량을 계산하시오.

[보기]
- 보일러 시간당 연료 소비량 $420 l/h$
- 입구온도 $60℃$
- 연료의 비중 0.96
- 예열온도 $85℃$
- 연료의 비열 $0.45 kcal/kg℃$
- 히터효율 73%

해답

$$kW = \frac{420 \times 0.96 \times 0.45 \times (85-60)}{860 \times 0.73} = 7.23 kWh$$

113

다음 내용에서 맞는 말에 ○표 하시오.

열전도율은 밀도가 (클수록, 작을수록), 온도가 (낮을수록, 높을수록), 재질의 비중이 (클수록, 작을수록), 수분이 (많을수록, 적을수록). 기포가 (많을수록, 적을수록) 두께가 (두꺼울수록, 얇을수록) 커진다.

해답 클수록, 높을수록, 클수록, 많을수록, 적을수록, 얇을수록

114

연료소비량이 150kg/h인 보일러에서 보일러 효율이 80% 연료의 저위발열량이 9750 kcal/kg일 때 환산증발량은?

해답

$$\eta = \frac{G_e \times 539}{G_f \times H_l} \text{에서}$$

$$G_e = \frac{\eta \times G_f \times H_l}{539} = \frac{0.8 \times 150 \times 9750}{539} = 2170.68 kg/h$$

115

보일러의 실제 증기 발생량이 5ton/h이고 가동시간이 5시간이며 전열면적이 $20m^2$일 때 증발률을 구하시오.

해답

$$\text{전열면증발율} = \frac{G_a}{A} = \frac{5000}{20 \times 5} = 50 kg/m^2 \cdot h$$

제1편 보일러 취급 실기

116 다음의 [보기]를 보고 보일러 효율을 구하시오.

> [보기]
> • 연료 사용량 300kg/h
> • 상당 증발량 4000kg/h
> • 연료의 저위 발열량 9000kcal/kg

해답

$$\eta = \frac{G_e \times 539}{G_f \times H_l} \times 100 = \frac{4000 \times 539}{300 \times 9000} \times 100 = 79.85\%$$

117 효율이 90%인 보일러에 발열량이 11000kcal/kg인 연료를 시간당 60kg를 사용한다면 이 보일러의 유효 열량(kcal/h)을 계산하시오.

해답 유효열 $= (G_f \times H_l) \times \eta = (60 \times 11000) \times 0.9 = 594000 \text{kcal/h}$

118 보일러의 성능시험을 위하여 보일러를 3시간 가동한 결과 아래와 같았다. 다음 물음에 답하시오.

> • 실제증발량 7500kg/h
> • 전열면적 50m²
> • 연료의 저위발열량 9700kcal/kg
> • 증기압력 0.6MPa
> • 연료사용량 630kg/h
> • 급수 온도 18℃
> • 정격용량 4TON/h
> • 발생증기엔탈피 664.8kcal/kg

(1) 보일러 효율(%)
(2) 상당 증발량(kg/h)
(3) 보일러 마력(B-HP)
(4) 전열면 열부하(kcal/m²h)

해답

(1) 보일러 효율, $\eta = \dfrac{7500 \times (664.8 - 18)}{630 \times 9700} \times 100 = 79.38\%$

(2) 상당증발량, $G_e = \dfrac{G_a(h_2 - h_1)}{539} = \dfrac{7500 \times (664.8 - 18)}{539} = 9000 \text{kg/h}$

(3) 보일러 마력, $\text{B-HP} = \dfrac{G_a(h_2 - h_1)}{539 \times 15.65} = \dfrac{7500 \times (664.8 - 18)}{539 \times 15.65} = 574.71 \text{HP}$

(4) 전열면열부하 $= \dfrac{G_a(h_2 - h_1)}{A} = \dfrac{7500 \times (664.8 - 18)}{50} = 97020 \text{kcal/m}^2 \cdot \text{h}$

119 보일러 압력 0.8MPa, 발생증기 엔탈피가 642.1kcal/kg, 급수의 온도가 60℃, 급수의 비열이 1kcal/kg℃ 실제 시간당 증기발생량은 2000kg일 때 다음을 구하시오.

(1) 증발계수
(2) 환산 증발량

해답
(1) 증발계수 = $\dfrac{(642.1-60)}{539} = 1.08$

(2) 환산 증발량, $G_e = \dfrac{G_a(h_2-h_1)}{539} = \dfrac{2000 \times (642.1-60)}{539} = 2159.93 \text{kg/h}$

120 열진단 결과 열설비의 표면적 100m²의 평균온도가 80℃이었다. 이 온도가 40℃가 되도록 단열처리 하였을 때 연간 절약 가능한 연료량은 몇 ℓ/년인가? (단, 연료의 발열량 10000kcal/ℓ, 연간 가동시간 8000시간, 단열재 열관류율(K) 10kcal/m²h℃이다.)

해답 연간 절약 가능한 연료량 = $\dfrac{10 \times 100 \times 8000 \times (80-40)}{10000} = 32000 \text{ℓ/년}$

121 효율이 63%인 보일러를 90%인 보일러로 교체하였을 때 연간 절약되는 연료량(ℓ/년) 및 연간 절감금액(원/년)을 각각 구하시오.(단, 사용연료량은 연간 124900ℓ/년, 연료단가는 170원/ℓ이다.)

해답
연간 절약 연료량 = $\dfrac{90-63}{90} \times 124900 = 37470 \text{ℓ/년}$

연간 절감 금액 = $37470 \times 170 = 6369900$ 원/년

122 감압밸브의 설치 목적을 3가지를 쓰시오.

해답
① 고압의 증기를 저압의 증기로 만든다.
② 고압과 저압의 증기를 함께 사용할 수 있다.
③ 부하측(2차측)의 압력을 항상 일정하게 유지

123 밸브 작동방법으로 분류한 증기감압밸브의 종류 3가지 쓰시오.

해답 벨로우즈, 다이어프램, 피스톤식

124 급수내관의 설치 목적과 설치 위치를 간단히 서술 하시오.

해답 ① 목적 : 보일러와 급수의 온도차로 인한 동체의 부동팽창방지
② 위치 : 안전 저수위의 50mm 하부

125 보일러의 급수장치 중 인젝터의 작동불량 요인 5가지를 쓰시오.

해답 ① 급수온도가 너무 높을 때(50℃ 이상 시)
② 증기압력이 너무 낮거나($2kg/cm^2$ 이하) 너무 높을 때($10kg/cm^2$ 초과)
③ 증기중에 수분 혼입 시
④ 흡입측으로부터 공기 누입 시
⑤ 인젝터 노즐 불량 시(막힘 시)

126 비동력 급수장치인 인젝터에 대한 작동 설명이다. 인젝터의 각 밸브 및 핸들을 작동 순서대로 번호를 쓰시오.

[보 기]	
① 급수밸브를 연다. ② 증기밸브를 연다. ③ 출구정지밸브를 연다. ④ 핸들을 연다.	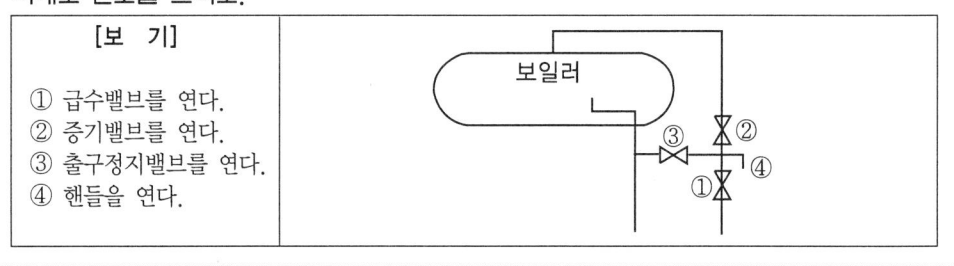

해답 ③-①-②-④

참고 인젝터 작동순서
① 출구 정지밸브를 연다.
② 급수(흡수)밸브를 연다.
③ 증기밸브를 연다.
④ 핸들을 연다.(처음에는 오버플로우로부터 물이 유출되지만, 잠시 후 뜨거운 물과 증기가 유출되고 차차로 혼합노즐 내의 진공도가 올라가고 급수작동이 시작되어 오버플로우로부터 유출이 멎는다.)
⑤ 정지할 때에는 기동할 때의 역순서로 한다.

127 증기사용 설비 중에서 고인 복수를 자동적으로 배출하는 종류를 5가지 이상 쓰시오.

해답 ① 열동식 트랩   ② 버킷 트랩   ③ 플로우트 트랩
④ 바이메탈 트랩   ⑤ 충격식 트랩

128
다음 ( ) 안에 알맞은 숫자를 넣으세요.

> 증기보일러의 압력계 부착 시 압력계로 가는 증기관은 황동관 또는 동관을 사용하면 안 지름 (①)mm 이상, 강관을 사용할 때는 (②)mm 이상이어야 하며, 사이폰관의 안 지름은 (③)mm 이상이어야 한다.

해답 ① 6.5 ② 12.7 ③ 6.5

129
연료가 연소할 때 발생하는 그을음이 전열외면에 부착하면 이로 하여금 그을음이나 재 등을 불어 제거하는 장치로서 수관식 보일러에 사용되는 부속장치는 무엇이며, 이 장치의 종류 3가지를 기술하시오.

해답
① 수트 블로어
② 튜브클리너, 와이어 브러쉬, 스케일 햄머

130
보일러에 사용하는 원심송풍기의 종류를 3가지 쓰시오.

해답 다익형(실로코), 터보형, 플레이트형. 리밋로드형, 익형 등

131
원심형 송풍기의 풍량을 조절하는 방법 3가지를 쓰시오?

해답
① 흡입댐퍼에 조절 방법
② 토출댐퍼에 조절 방법
③ 전동기 회전수 조절 방법
④ 흡입베인의 각도 조절 방법
⑤ 가변피치 조절 방법
⑥ 바이패스에 의한 조절 방법 중 3가지

132
다음은 송풍기 상사법칙에 대한 내용이다. ( ) 안에 알맞은 내용을 쓰시오.

> (①)은 회전수에 비례하고, (②)은 회전수 제곱에 비례하고, (③)은 회전수 세제곱에 비례한다.

해답 ① 풍량 ② 풍압 ③ 동력

133

시로코형 송풍기의 출구압력이 42mmAq, 효율 65%, 풍량 850m³/min일 때 이 송풍기의 소요동력(kW)은 얼마인가?

해답
$$kW = \frac{Q \times P}{102 \times 60 \times \eta} = \frac{850 \times 42}{102 \times 60 \times 0.65} = 5.49 kW$$

134

풍량 600m³/min, 정압 60mmAq, 회전수 500rpm의 특성을 갖는 송풍기의 회전수를 600rpm으로 하면 동력은 약 몇 kW가 되는가? (단, 정압효율은 50%이다.)

해답
$$kW_1 = \frac{600 \times 60}{102 \times 60 \times 0.5} = 11.76 kW_1$$
$$kW_2 = kW_1 \left(\frac{N_2}{N_1}\right)^3 = 11.76 \times \left(\frac{600}{500}\right)^3 = 20.32 kW$$

135

열교환기의 성능을 향상시키는 방법 3가지를 열거 하시오.

해답
① 관내 스케일 생성 방지
② 전열면적을 크게 한다.
③ 유속을 빠르게 한다.
④ 대수평균온도차를 크게 한다.

136

보일러 열정산시 출열 중 열손실에 해당하는 것 3가지를 쓰시오.

해답
① 배기가스 열손실
② 불완전 연소가스에 의한 열손실
③ 미연소분에 의한 열손실
④ 노벽을 통한 방산 손실열
⑤ 노내 분입증기에 의한 열손실

137

열정산 결과 다음의 결과값을 얻었다. 이때 단위 연료당 공기의 현열(kcal/kg·연료)를 계산하시오. (연소용 공기온도 60℃, 외기온도 20℃, 공기비 1.3, 공기의 비열 0.31kcal/Nm³℃, 연료 1kg당 이론공기량 10.4Nm³/kg이다.)

해답 Q=10.4×1.3×0.31×(60−20)=167.65kcal/kg

138 연료사용량 20kg/h, 배기 가스량 13.6Nm³/kg, 배기가스 비열 0.33kcal/Nm³, 배기가스온도 290℃일 때 배기가스 온도를 150℃로 저하시킬 경우 배기가스에 의해 회수되는 열량(kcal/h)은?

해답 $Q = 20 \times 13.6 \times 0.33 \times (290-150) = 12566.4$ kcal/h

139 급수량 50000kg/h의 물을 절탄기를 통해 60℃에서 90℃까지 높였다고 한다. 절탄기 입구 가스온도가 340℃이면 출구가스 온도는 몇 ℃인가? (단, 배기가스량은 75000kg/h이고, 배기가스 비열은 0.25kcal/kg℃이다.)

해답 $t = 340 - \dfrac{50000 \times 1 \times (90-60)}{75000 \times 0.25} = 260$℃

140 액체 연료의 연소장치에서 다음 설명에 해당하는 중유버너 명칭을 쓰시오.

(1) 고압의 증기 및 공기 또는 저압의 공기를 이용하여 무화시키는 버너
(2) 연료유를 가압하여 노즐을 이용 분출 무화시키는 버너
(3) 분무컵을 고속회전 시켜 무화시키는 버너

해답
(1) 이류체 분무식
(2) 유압 분무식
(3) 회전 분무식

141 기체 연료의 단점을 3가지 쓰시오.

해답
① 설비비가 많이 든다.
② 수송 및 저장이 곤란하다.
③ 취급에 위험이 크다.
④ 값이 비싸다.

142 보일러가 고압으로 될수록 물 순환은 둔화된다. 그 이유를 간단히 설명 하시오.

해답 포화수와 포화증기의 비중(량)차가 작기 때문에

143. 증기관에서 수격작용(Water Hammaring)을 방지하기 위한 조치를 3가지 쓰시오.

해답
① 주증기밸브를 서서히 연다.
② 증기트랩 등을 설치하여 응축수를 분리한다.
③ 증기관을 보온한다.
④ 증기관의 굴곡을 피한다.
⑤ 과부하를 피한다.
⑥ 증기관을 난관한다.

144. 급수펌프에서 흡입의 양정이 너무 클 경우 또는 관내 유체의 이상흐름에 의해 기포가 분리, 진동, 소음을 발행하는 현상을 무엇이라고 하는가?

해답 캐비테이션(공동현상)

145. 펌프의 운전 중에 한숨을 쉬는 것과 같은 상태가 되어 입구와 출구의 진공계, 압력계의 지침이 흔들이고 동시에 송출유량이 변화하는, 즉 송출압력과, 송출유량 사이에 주기적인 변동이 일어나는 현상을 무엇이라 하는가?

해답 맥동현상(서징현상)

146. 관류 보일러에서 [보기]의 각 부분을 연소가스가 통과하는 순서대로 번호를 나열하시오.

보기 ① 절탄기 ② 집진기 ③ 증발관 ④ 버너선단
       ⑤ 과열기 ⑥ 공기예열기 ⑦ 연돌

해답 ④-③-⑤-①-⑥-②-⑦

147. 연소가스중의 산소는 6%였다. 이 경우의 공기비(m)를 계산하면 얼마인가?

해답 $m = \dfrac{21}{21 - O_2} = \dfrac{21}{21 - 6} = 1.4$

148 공기량이 과다할 경우 노 내 온도는 (①)게, CO_2%는 (②)하고 O_2% (③)한다. 다음 ( ) 안에 용어는?

해답 ① 낮 ② 감소 ③ 증가

149 과열증기 사용 시의 단점 2가지를 쓰시오.

해답 ① 고온부식의 우려가 있다.
② 열응력이 생긴다.
③ 증기의 열에너지가 크므로 열손실이 많다.

150 보일러에서 고온부식의 발생이 심하게 일어날 수 있는 폐열회수장치의 명칭을 쓰시오.

해답 과열기

151 미연가스에 의한 가스폭발에 대비하여 보일러에 설치하는 부속장치의 명칭을 쓰시오.

해답 방폭문(폭발구)

152 보일러의 내면에 발생하는 부식을 방지하는 방법 3가지를 쓰시오

해답 ① 용존 가스를 제거한다.
② PH를 조절한다.
③ 아연판을 매단다.
④ 수처리를 철저히 한다.

153

다음 각 항의 ( ) 안에 적당한 용어로 보기에서 골라 기입하시오.

> **보기** 황, 과열기, 산화, 환원, 오산화 바나듐, SO$_2$, SO$_3$, H$_2$O, 황산, 질산, 고온부식, 저온부식, 염산, 질산

"증유연소에 있어서 (①)이란 증유중에 포함되어 있는 바나듐(V)이 연소에 의하여 (②)하여 (③)으로 되어 (④) 등에 융착하여 그 부분을 부식시키는 것을 말한다. 또한, (⑤)이란 연료중의 (⑥)이 연소해서 (⑦)가 되고 그 일부는 다시 산화하여 (⑧)로 된다. 이들이 가스 중의 (⑨)와 화합하여 황산이 되어 보일러의 저온 전열면, 연도, 굴뚝 등에 접촉하면 응축해서 부식을 일으키는 현상을 말한다."

해답
① 고온부식 ② 산화 ③ 오산화바나듐
④ 과열기 ⑤ 저온부식 ⑥ 황
⑦ SO$_2$ ⑧ SO$_3$ ⑨ H$_2$O

154

보일러 점검에서는 계통에 따라 각 라인별 중요 부품과 계측기의 눈금 등을 점검 기록하여야 한다. 각 라인별을 크게 4가지로 분류하시오.

해답 급수라인, 급유라인, 송기라인, 통풍라인

155

온도계에 대하여 다음 ( ) 속에 알맞은 말을 쓰시오.

(1) 온도계의 구성부분을 크게 세 부분으로 나누면 (①)부, (②)부, (③)부이다.
(2) 온도계의 3종류를 크게 2가지로 나누면 (①)식 온도계와 (②)식 온도계로 나눌 수 있다.

해답
(1) ① 감온부 ② 도입부 ③ 감압부
(2) ① 접촉 ② 비접촉

156

다음 [보기]에 주어진 온도계를 접촉식과 비접촉식으로 구분하여 3가지씩 쓰시오.

> **보기** 광고온도계, 열전온도계, 저항온도계, 색온도계, 압력식온도계, 방사온도계

(1) 접촉식 온도계 :
(2) 비접촉식 온도계 :

해답
(1) 열전 온도계, 저항 온도계, 압력식 온도계
(2) 광고 온도계, 색 온도계, 방사 온도계

157 온도계에 대하여 다음 물음에 답하시오.

(1) 유리제 온도계를 제외한 접촉식 온도계의 종류 4가지 쓰시오.
(2) 가장 높은 온도를 측정할 수 있는 접촉식 온도계의 종류를 쓰시오.(단, 온도계의 종류 명칭은 크게 나누어 적을 것, 예 : 수은 온도계, 알코올 온도계 등은 유리제 온도계로)

해답
(1) 압력식, 바이메탈식, 열전대식, 저항식
(2) 열전대 온도계

158 다음은 온도를 측정하는 원리를 설명한 것이다. 각 설명에 해당하는 온도계의 종류를 쓰시오.

(1) 열팽창계수가 상이한 2개의 금속판을 서로 붙여 온도의 변화에 따른 구부러짐의 변화를 이용한 온도계
(2) 금속의 전기저항 값이 온도에 따라 변화하는 성질을 이용한 온도계
(3) 열전대를 직렬로 여러개 접촉시킨 열전퇴를 이용하여 물체로부터 나오는 복사열을 측정, 온도를 계측하는 온도계

해답
(1) 바이메탈 온도계
(2) 전기저항식 온도계
(3) 방사 온도계

159 다음 설명에 해당하는 유량계의 명칭을 [보기]에서 골라 번호를 쓰시오.

보기
① 전자식 유량계   ② 임펠러식 유량계   ③ 피토우관
④ 면적식 유량계   ⑤ 열선식 유량계

(1) 유체속에 전열선을 넣어 이것을 가열할 때의 온도상승으로 유량측정
(2) 유체가 흐르는 단면적을 변화시켜 유량측정
(3) 총압과 정압의 차이로서 유량측정
(4) 날개의 회전수로 유량측정
(5) 관로에 유체가 흐르는 직각방향으로 전극을 붙이면서 유량을 측정

해답
(1) ⑤
(2) ④
(3) ③
(4) ②
(5) ①

160 다음 ( ) 안에 알맞은 말을 써 넣으시오.

> 차압식 유량계에서 유량은 차압의 (①)에 비례하며, 피토관식 유량계는 관로 내를 흐르는 유체의 (②)을 측정하고 그 값에 관로의 (③)을 곱하여 유량을 측정한다.

해답 ① 제곱근 ② 유속 ③ 단면적

161 오르자트식 가스분석기로 연소가스 분석기를 분석할 수 있는 가스 3가지를 써라.

해답 ① CO_2 ② O_2 ③ CO

162 오르자트(orsat) 가스 분석기로 연소가스를 분석할 때 가스 분석 (1)순서와 각 (2)흡수액 3가지의 명칭을 쓰시오.

해답
(1) $CO_2 \rightarrow O_2 \rightarrow CO$
(2) ① CO_2 : KOH 33% 수용액
    ② O_2 : 알카리성 피롤카롤 용액
    ③ CO : 암모니아성 염화 제1구리용액

163 물리적 가스분석기의 종류 3가지를 써라.

해답
① 밀도식 CO_2계
② 자기식 O_2계
③ 열전도율식 CO_2계

164 물리적 가스 분석계에 대한 종류 중 O_2량을 분석 측정하는 가스 분석계의 종류 3가지를 쓰시오.

해답 자기식, 지르코니아식, 가스크로마토그래프

165 다음의 화염 검출기 중 기체연료에 사용할 수 있는 검출기를 3가지 골라 쓰시오.

> 보기 ① CDS 셀   ② PBS 셀   ③ 적외선 광전관
>   ④ 자외선 광전관 ⑤ 플레임로드

해답 ②, ④, ⑤

참고 화염 검출기에 따른 연료의 적합성

검출기의 종류	연료의 종류		
	가스	등유~A중유	B, C 중유
CDS 셀	×	△	○
PBS 셀	○	○	○
정류관식 광전관	×	△	○
자외석 광전관	○	○	○
프레임로드	○	-	-

○ : 검출 가능, △ : 검출 불안정, × : 검출 불안정, - : 부적절

제2편

보일러 시공 실기

제1장. 배관일반

제2장. 난방방식

제3장. 난방설비

제4장. 난방부하

배관일반

배관재료는 철금속관, 비철금속관, 비금속관 등이 있다.

◆ 표 1-1 관의 재질과 종류

관의 재질	종 류
강 관	탄소강 강관, 스테인리스 강관, 합금 강관
주 철 관	수도용 주철관, 배수용 주철관
비철금속관	동관, 황동관, 납관, 알루미늄관
비 금 속 관	경질염화 비닐관, 폴리에틸렌관, 석면 시멘트관, 철근 콘크리트관, 도관

▷ 스케줄 번호(Schedule No)
관의 두께를 나타내는 번호로 두께가 두꺼울수록 내압성능이 우수하다.
$$\text{Sch-No} = \frac{P}{S} \times 10$$
여기서, P : 최고사용압력(kg/cm²), S : 허용응력(kg/mm²)

허용응력 $S = \dfrac{\text{인장강도}}{\text{안전율}(4)}$

1.1 배관재료

1) 강관(steel pipe)

재질은 탄소강이며 제조 방법에 따라 가스 단접관, 전기저항 용접관, 이음매 없는 관, 아크 용접관, 부식을 방지하기 위한 아연도금 강관 등이 있다. 강관은 인장강도가 크고 내충격성이나 굴요성이 크고 가격이 저렴하며 연관이나 주철관에 비해 중량이 가볍다.

○ 표 1-2 제조방법의 표시

제조표시	관의 명칭	제조표시	관의 명칭
E	전기 저항 용접관	E—C	냉간 가공 전기 저항 용접관
B	단접관	B—C	냉간 가공 단접관
A	아크 용접관	A—C	냉간가공 아크 용접관
S—H	열간 가공 이음매 없는 관	S—C	냉간 가공 이음매 없는 관

○ 표 1-3 KS 규격 강관의 종류 및 용도

종류	KS명칭	KS규격	사용온도	사용압력	용도 및 기타사항
배관용	(일반)배관용 탄소강관	SPP	350℃ 이하	10kg/cm² 이하	사용압력이 낮은 증기, 물 기름, 가스 및 공기 등의 배관용으로 일명 가스관이라 한다. 아연(Zn)도금 여부에 따라 흑강관과 백강관(400 g/m²)로 구분되며, 25kg/cm²의 수압시험에 결함이 없어야 하고 인장강도는 30kg/mm² 이상이어야 한다. 1본(本)의 길이는 6m이며 호칭지름 6~500A까지 24종이 있다.
	압력배관용 탄소강관	SPPS	350℃ 이하	10~100 kg/cm² 이하	증기관, 유압관, 수압관 등의 압력배관에 사용, 호칭은 관두께(스케줄번호)에 의하며, 호칭지름 6~500A (25종)
	고압배관용 탄소강관	SPPH	350℃ 이하	100kg/cm² 이상	화학공업등의 고압배관용으로 사용, 호칭은 관두께(스케줄번호)에 의하며, 호칭지름 6~500A (25종)
	고온배관용 탄소강관	SPHT	350℃ 이상	–	과열증기를 사용하는 고온배관용으로 호칭은 호칭지름과 관두께(스케줄번호)에 의함
	저온배관용 탄소강관	SPLT	0℃ 이하	–	물의 빙정 이하의 석유화학공업 및 LPG, LNG, 저장탱크배관 등 저온배관용으로 두께는 스케줄번호에 의함
	배관용 아크용접 탄소강관	SPW	350℃ 이하	10kg/cm² 이하	SPP와 같이 사용압력이 비교적 낮은 증기, 물, 기름, 가스 및 공기 등의 대구경 배관용으로 호칭지름 350~2,400A(22종), 외경×두께
	배관용 스테인리스강관	STS	-350~ 350℃	–	내식성, 내열성 및 고온배관용, 저온배관용에 사용하며, 두께는 스케줄번호에 의하며, 호칭지름 6~300A
	배관용 합금강관	SPA	350℃ 이상	–	주로 고온의 배관용으로 두께는 스케줄번호에 의하며 호칭지름 6~500A
수도용	수도용 아연도금강관	SPPW	–	정수두 100m 이하	SPP에 아연도금(550g/m²)를 한 것으로 급수용으로 사용하나 음용수배관에는 부적당하며 호칭지름 6~500A
	수도용 도복장강관	STPW	–	정수두 100m 이하	SPP 또는 아크용접 탄소강관에 아스팔트나 콜타르, 에나멜을 피복한 것으로 수동용으로 사용하며 호칭지름 80~1,500A(20종)

종류	KS명칭	KS규격	사용온도	사용압력	용도 및 기타사항
열전달용	보일러 열교환기용 탄소강관	STH	-	-	관의 내외에서 열교환을 목적으로 보일러의 수관, 연관, 과열관, 공기 예열관, 화학공업이나 석유공업의 열교환기, 콘덴서관, 촉매관, 가열로관 등에 사용, 두께 1.2~12.5mm, 관지름 15.9~139.8mm
	보일러 열교환기용 합금강 강관	STHB(A)	-	-	
	보일러 열교환기용 스테인리스강관	STS×TB	-	-	
	저온 열교환기용 강관	STLT	0℃ 이하	15.9~ 139.8mm	빙점 이하의 특히 낮은 온도에 있어서 관의 내외에서 열교환을 목적으로 열교환기관, 콘덴서관에 사용
구조용	일반구조용 탄소강관	SPS	-	21.7~ 1,016mm	토목, 건축, 철탑, 발판, 지주, 비계, 말뚝, 기타의 구조물에 사용, 관두께 1.9~16.0mm
	기계구조용 탄소강관	SM	-	-	기계, 항공기, 자동차, 자전거, 가구, 기구 등의 기계부품에 사용
	구조용 합금강 강관	STA	-	-	자동차, 항공기, 기타의 구조물에 사용

2) 동관 및 동합금관

동은 전기 및 열전도율이 좋고 내식성이 뛰어나며 전성 및 연성이 우수하여 관봉, 관 등으로 가공이 용이하다. 순도가 높은 동은 너무 연해서 가공경화하여 경질, 반경질로 사용한다. 동의 기계적 성질을 높이기 위해 아연, 주석, 규소, 니켈 등을 첨가해서 동합금관을 만든다.(내열 내식성 증가)

㉮ 동관의 특징

① 전기 및 열전도율이 좋고 전연성이 좋아 가공이 용이하다.
② 담수에는 내식성이 강하고 연수에는 약하다.
③ 경수에서는 보호막이 생겨 용해를 방지한다.
④ 탄산가스가 포함된 공기 속에서 푸른 녹이 발생한다.
⑤ 가성소다, 가성칼리 등 알카리에 강하다.

㉯ 동관의 종류

① 터프피치 이음매 없는 동관
  ㉠ 1종, 2종이 있다.

ⓒ 전기 및 열전도율이 높고 내구성, 내식성이 강하다.
ⓒ 전기부품, 열교환기, 급수관, 급유관, 압력계, 화공배관 등에 사용한다.
② 인탈산동 이음매 없는 동관
  ㉠ 용접 가공이 용이하다.
  ㉡ 수도용, 냉난방 기기, 열교환기, 급수·급탕관, 급유관으로 사용한다.
③ 이음매 없는 황동관(동+아연)
  ㉠ 황동관에 니켈, 크롬 도금한 관 : 구조용 재료, 열교환기, 카메라부품, 기기부품 등에 사용한다.
  ㉡ 황동관에 주석 도금한 관 : 극연수에 침수되는 것을 방지하고 증류수, 멸균수의 송수관으로 사용한다.

◯ 표 1-4 동관의 분류

구 분	종 류	비 고
사용된 소재에 따른 분류	인탈산 동관	일반 배관재로 사용
	터프피치 동관	순도 99.9% 이상으로 전기기기 재료
	무산소 동관	순도 99.96% 이상
	동합금관	용도 다양
질별 분류	연 질(O)	가장 연하다.
	반연질(OL)	연질에 약간의 경도 강도 부여
	반경질(1/2H)	경질에 약간의 연성 부여
	경 질(H)	가장 강하다.
두께별 분류	K 형	가장 두껍다.
	L 형	두껍다.
	M 형	보통 두께
	N 형	얇은 두께(KS 규격은 없음)
용도별 분류	워터 튜브(순동제품)	물에 사용, 일반적인 배관용
	ACR 튜브(순동제품)	열교환용 코일(에어컨, 냉동기)
	콘덴서 튜브(동합금제품)	열교환기류의 열교환용 코일
형태별 분류	직관(15~150A=6m, 200A 이상=3m) 코일(L/W:300m, B/C:50, 70, 100m, P/C=15.30m)	일반 배관용 상수도, 가스 등 장거리배관
	PMC - 808	온돌난방 전용

3) 주철관

급수 · 배수 통기관 등에 사용되며 내구력이 크고 부식이 적으며 강도가 강하다. 종류에는 수도용 수직형 주철관, 수도용 원심력 사형 주철관, 원심력 모르타르 라이닝 주철관 등이 있다.

4) 연관

수도관, 가스배관, 화학공업 등에 사용되며 부식에 잘 견디며 신축성이 좋으나 중량이 무겁고 알칼리에 약하다. 종류에는 수도용 연관, 공업용 연관, 배수용 연관, 경질 연관 등이 있다.

5) 알루미늄관

열교환기, 선박, 차량 등에 사용되며 열전도율과 전연성은 좋으나 비중이 가볍다.

6) 스테인리스관

온수 온돌용으로 사용되며 내식성과 내열성이 있고 배관 작업 시간이 단축되는 장점이 있으나 굽힘 가공이 곤란하고 열전도율이 낮다.

7) 경질염화비닐관(P.V.C)

물, 기름, 공기 등의 배관에 사용되며 가격이 싸고 마찰 손실이 적으며 내식성이 있으나 저온이나 고온에서 강도가 저하된다.

8) 철근 콘크리트관

관의 길이가 1m, 구경이 600mm 또는 소켓이 붙어 있는 형상으로 짧은 거리의 하수관 또는 옥외 배수관에 사용된다.

9) 원심력 철근 콘크리트관(흄관)

철망을 원통형으로 엮어서 형틀에 넣고 회전기로 수평 회전시키면서 콘크리트를 주입한 다음 고속 회전시켜 균일한 두께의 관으로 제조한 관이다.

10) 시멘트관(에터니트관)

수도용, 가스관, 배수관, 공업용수관 등으로 사용되며 내식성과 내알칼리성이 좋으나 산성의 유체에는 침식된다.

11) 도관

점토를 주원료로 하여 성형한 관으로 보통관, 후관, 특후관 등이 있다.

1.2 관 이음 방법

(1) 강관의 이음방식

1) 나사 이음

나사접합 시 유체의 누설을 방지하기 위하여 패킹재를 사용한다.

2) 용접 이음

① 가스용접 이음

지름이 작은 관의 용접에 사용되며 용접속도가 느리고 변형이 심하다.

② 전기용접 이음

㉠ 맞대기 용접

ⓐ 먼저 관 끝에 용접 글루브를 만든다.(베벨 가공)
ⓑ 관을 롤러 작업대에 올려놓고 관의 양 끝을 루트 간격에 맞게 접근시킨다.
ⓒ 관의 안지름과 축을 일치시키고 3~4개소 가접을 한다.
ⓓ 관을 회전시키면서 아래보기 용접을 한다.

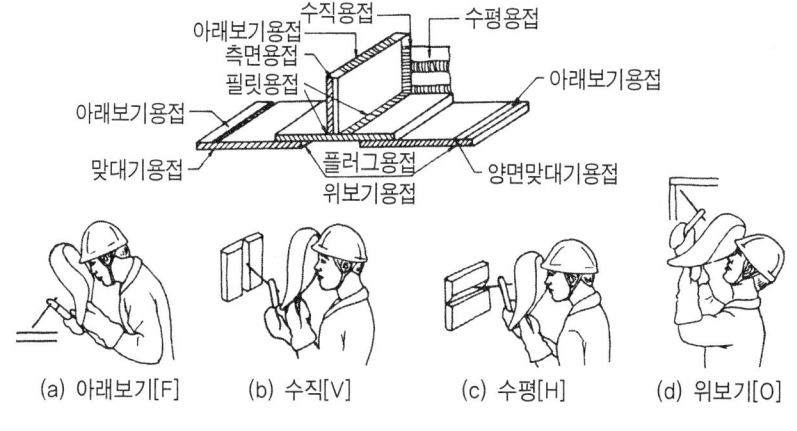

🖉 그림 1-1 용접자세

3) 플랜지 이음

① 플랜지를 관에 끼운 후 1개소를 가접한다.
② 게이지를 사용하여 플랜지면이 직각이 되게 한 후 3~4개소에 가접을 한다.
③ 게이지를 떼어내고 본 용접을 한다.
④ 플랜지 용접접합 시 주의점
    ㉠ 볼트구멍이 일치되도록 한다.
    ㉡ 용접작업이 쉬운 곳에 플랜지를 설치하도록 한다.
    ㉢ 여러 배관에 플랜지가 나란히 설치될 때에는 서로 어긋나게 설치하여야 한다.
    ㉣ 해체·조립이 필요한 곳에는 나사형 플랜지를 사용한다.
    ㉤ 곡관부분은 현장용접, 직관부분은 공장용접으로 한다.
    ㉥ 볼트를 조일 때는 대칭으로 균일하게 조인다.
⑤ 슬리브 용접접합
    ㉠ 양쪽 관의 끝에 슬리브를 끼워 용접하는 방법이다.
    ㉡ 위보기 용접부분은 공장에서, 아래보기 용접부분은 현장에서 하는 것이 좋다.
    ㉢ 슬리브 용접접합 시 관의 삽입길이는 관 지름의 1.2~1.7배 정도로 한다.

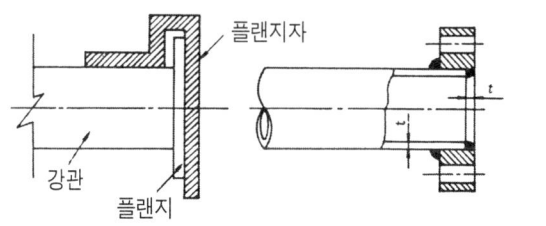

◎ 그림 1-2 관과 플랜지의 접합

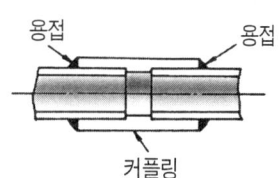

◎ 그림 1-3 슬리브 용접

(2) 주철관의 접합

① 소켓(socket) 접합 : 주철관의 허브(hub) 속에 마개가 있는 쪽을 삽입하여 파이프로 고정한다. 소켓부에 실을 단단히 꼬아 허브 입구에 감싸 정으로 다져 놓고 크로스 파이프일 때에는 입구 옆에 클립을 감아 녹인 납을 흘려서 넣는다.
② 기계적 접합 : 150mm 이하의 수도관용으로 소켓 접합과 플랜지 접합의 장점을 따서 만든 접합이며 지진이나 외압에 대하여 굽힘성이 풍부하므로 다소의 굴곡에서는 누수하지 않는다.
③ 플랜지(flange) 접합 : 고압부의 배관이나 펌프 등의 기계 주위에 이용되며 플랜지가 달린 주철관을 서로 맞추고 볼트로 죄어서 접합한다.

④ 빅토릭(victoric) 접합 : 빅토릭형 주철관을 고무링과 누름판을 사용하여 접합한다.
⑤ 타이톤(tyton) 접합 : 원형의 고무링 하나만으로 접합이 가능한 방법이다.

(3) 동 및 동합금관

① 담수(淡水)에 대한 내식성은 크나, 연수(軟水)에는 부식된다.
② 경수(硬水)에는 아연화동, 탄산칼슘의 보호피막이 생성되므로 동의 용해가 방지된다.
③ 상온공기 속에서는 변하지 않으나, 탄산가스를 포함한 공기 중에서는 푸른 녹이 생긴다.
④ 아세톤·에테르, 프레온가스, 휘발유 등 유기약품에는 침식되지 않는다.
⑤ 가성소다·가성칼리 등 알칼리성에 내식성이 강하다.
⑥ 암모니아수, 습한 암모니아가스, 초산, 진한 황산에는 심하게 침식된다.

(4) 동관의 접합

동관의 접합에는 납땜 접합, 용접 접합, 플레어 접합, 플랜지 접합이 있다.

1) 납땜 접합

㉮ 연납땜 접합

① 관 끝을 사이징툴을 사용하여 정확한 원으로 만든다.
② 접합부의 간격이 0.1mm 정도의 익스팬더를 사용하여 관 지름을 넓힌다.
③ 접합부 내외를 샌드 페이퍼로 닦아낸다.
④ 접합부에 용제 페이스트 또는 크림 플라스턴을 바르고 관을 비틀어 끼워 맞춘다.
⑤ 접합부를 토치램프로 가열하여 붕산 땜납이나 와이어 플라스턴을 용해하여 틈새를 가득히 주입한다.

㉯ 경납땜 접합

① 연납땜 접합과 비슷하나 접합부에 용제(fulx)를 바르고 가스 토치를 사용하여 산화불꽃으로 용접하며 용제는 용접봉에 찍어서 사용하는 흰 분말로서 용융농도를 높여준다.
② 동관과 동관의 접합시 산소, 아세틸렌 용접산소, 수소용접으로 한다.

2) 용접(땜) 접합

모세관 현상을 이용한 겹침용접으로 건축 배관용 동관접합의 대부분에 이용되고 있는 접합이다.

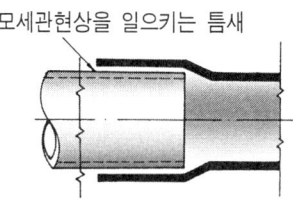

◎ 그림 1-4 납땜의 틈새

3) 플레어 접합

일반적으로 구경이 20mm 이하의 파이프에 삽입하여 기계의 점검이나 보수 또는 동관을 분해할 경우에 접합하는 방법이다.

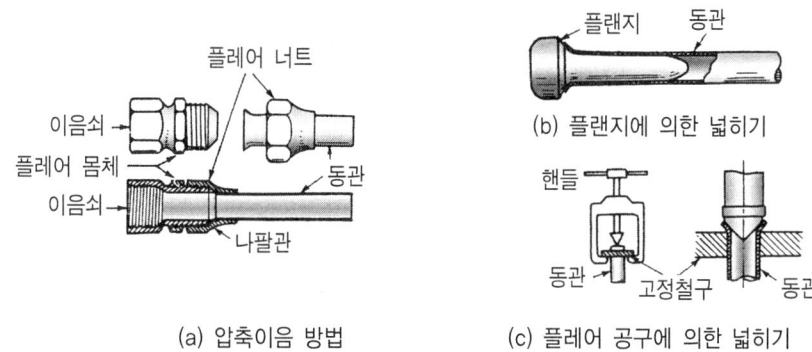

◎ 그림 1-5 플레어 이음

4) 플랜지 접합

강관의 플랜지 접합과 동일하나 유합 플랜지를 쓸 때에는 플랜지를 미리 관에 꽂아 놓고 관 끝을 뒤집기도 한다.

5) 분기관 접합

메인 파이프의 중간에서 이음을 사용하지 않고 지관을 접합하는 것으로서 상용압력 $20kg/cm^2$ 정도의 배관에 사용된다.

(5) 연관의 접합

① 플라스턴(plastann) 접합 : 납과 주석의 합금으로서 용융점이 232℃이며, 이 플라스턴을 녹여서 연관을 접합한다.
② 살붙임 납땜 접합 : 라운드(ronud) 접합 또는 위프드(wiped) 접합이라고 하며, 양질의 땜납을 260℃ 내외로 녹여서 사용한다.
③ 이종관의 결합 : 재질이 서로 다른 관끼리 접합하는 방법으로 연관과 강관 또는 연관과 동관을 접합하는 접합법이다.

(6) 관의 이음쇠

1) 강관의 이음쇠

강관용 관이음쇠에는 나사 이음, 용접 이음, 플랜지 이음이 있다.

① 나사 부속의 사용처별 분류
  ㉠ 배관의 방향을 바꿀 때 : 엘보, 벤드, U벤드
  ㉡ 관을 도중에서 분기할 때 : 티, 와이, 크로스
  ㉢ 같은 관을 직선 결합할 때 : 소켓, 니플, 유니온, 플랜지
  ㉣ 지름이 다른 관을 연결할 때 : 레듀서, 부싱, 이경엘보, 이경티
  ㉤ 배관의 해체조립을 요구하는 곳에 사용 : 유니온, 플랜지
  ㉥ 배관의 끝을 막고자 할 때 : 캡, 플러그, 맹플랜지

그림 1-6 관이음쇠의 종류

2) 용접용 이음쇠

재질은 이음할 배관과 같거나 이에 상당하는 재질을 사용한다.

① 슬리브 용접식 관이음
② 맞대기 용접식 관이음

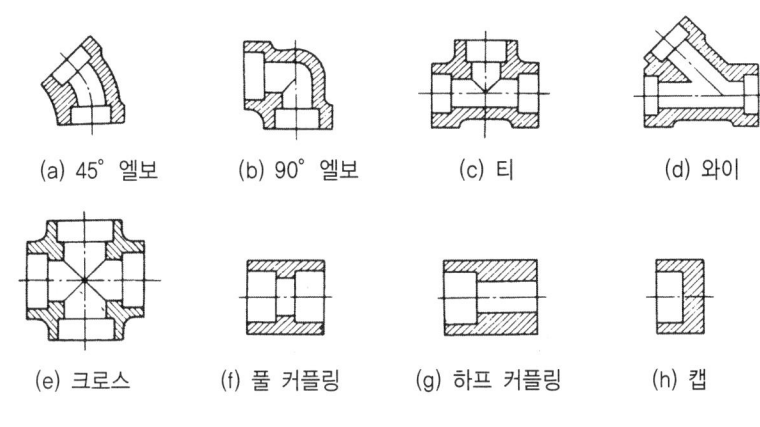

 ◎ 그림 1-7 슬리브 용접식 관이음

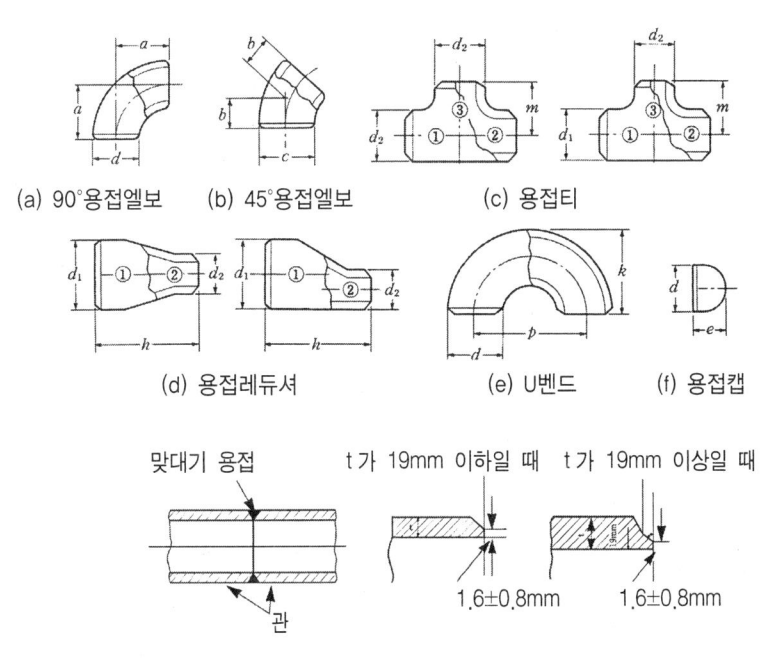

 ◎ 그림 1-8 맞대기 용접식 관이음

3) 플랜지식(flange) 관이음쇠

① 재질은 강, 주철, 주강, 단조강, 청동, 황동 등이 있다.
② 고압의 유체탱크의 배관, 각종 기기의 주위, 해체나 조립이 필요한 곳에 사용한다.
③ 접합방법은 관 자체는 회전하지 않고 플랜지와 플랜지 사이에 가스킷(패킹)을 넣고 볼트와 너트로 고정한다.
④ 플랜지와 관의 접합방법
　㉠ 단체 플랜지 : 플랜지와 관이 일체로 되어 있다.
　㉡ 나사 이음 : 플랜지에 관을 끼워서 용접한다.
　㉢ 슬리브 플랜지 : 플랜지에 관을 끼워서 용접한다.
　㉣ 맞대기 플랜지 : 플랜지와 관을 맞대서 용접한다.
⑤ 가스킷 접촉면의 형상에 따른 분류
　㉠ 전면 시트 : 호칭압력 16kg/cm² 이하의 주철제, 동합금 플랜지에 적합
　㉡ 대평면 시트 : 호칭압력 40~63kg/cm² 이하의 연질의 가스킷을 사용하는 플랜지에 적합
　㉢ 소평면 시트 : 호칭지름 16kg/cm² 이상의 경질의 가스킷을 사용하는 플랜지에 적합
　㉣ 삽입형 시트 : 호칭압력 16kg/cm² 이상의 소평면보다 더욱 기밀을 요하는 곳에 적합
　㉤ 홈꼴형 시트 : 호칭압력 16kg/cm²의 위험성이 있는 유체배관에 적합
⑥ 플랜지의 호칭압력 : 2, 5, 10, 16, 20, 30, 40, 60kg/cm²의 8종류가 있다.

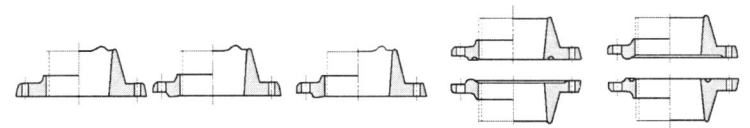

(a) 전면 시트　(b) 대평면 시트　(c) 소평면 시트　(d) 삽입형 시트　(e) 홈꼴형 시트

✎ 그림 1-9 플랜지 시트 형상

◑ 표 1-5 플랜지 이음

플랜지 종류	호칭압력(kg/cm²)	용　　도
전면 시트	16 이하	주철제, 동합금 플랜지
대평면 시트	40~63 이하	연질의 개스킷을 사용하는 플랜지
소평면 시트	16 이상	경질의 개스킷을 사용하는 플랜지
삽입형 시트	16 이상	소평면보다 더욱 기밀을 요하는 곳
홈시트(채널형)	16	위험성이 있는 유체 배관

4) 동관용 이음쇠(flared fitting)

① 플레어(flare) 이음쇠 : 관의 끝을 나팔형으로 넓혀서 압축 접합에 사용한다. 용접 접합이 어려울 때나 화재의 위험 등으로 인하여 용접접합을 할 수 없는 곳에 이용되며 분해 재결합이 용이하며 사용 도중 분해 결합이 필요한 곳에 사용된다.

② 동합금 주물 이음쇠(bronze fitting) : 나팔관식 접합용과 한쪽은 나사식, 다른 한쪽은 연납땜이나 경납땜 접합용의 주물 이음쇠로 대별한다.

③ 순동 이음쇠 : 동관을 성형 가공시킨 것으로 냉온수 배관, 도시가스, 의료용 산소, 건축용 동관의 접합에 사용된다.

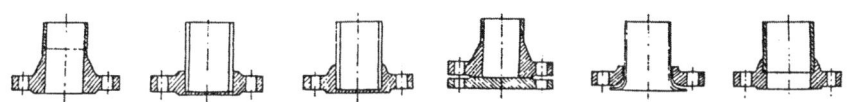

(a) 맞대기용접 플랜지 (b) 나사이음 플랜지 (c) 슬리브용접 플랜지 (d) 블라인드 플랜지 (e) 유합 플랜지 (랩조인트) (f) 소켓용접 플랜지

◈ 그림 1-10 플랜지 이용 방법

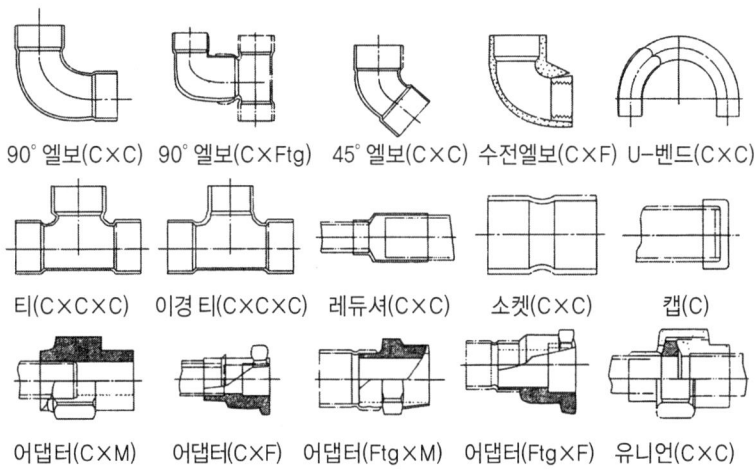

◈ 그림 1-11 동관 이음재의 종류와 기호표시

(7) 배관용 지지장치

배관은 관의 진동이나 지진 등에 의한 건물의 동요 또는 관 자체의 무게, 기타 외부에서 어떤 힘이 작용해도 이탈되지 않도록 튼튼히 매어달고 받쳐주어야 하며 그 종류에는 행거, 서포트, 리스트레인트, 브레이스, 벤드, 유볼트(U볼트), 인서트, 앵커볼트 등이 있다.

㉮ 행거

배관계에 걸리는 하중을 위에서 걸어 당김으로써 지지한다.

① 리지드 행거(rigid hanger) : I 빔에 턴 버클을 연결하여 관을 잡아당겨 지지하는 행거로서 수직방향에 변위가 없는 곳에 사용한다.
② 콘스탄트 행거(constant hanger) : 지정된 이동거리 범위 내에서 배관의 상하 이동에 대하여 항상 일정한 하중으로 배관을 지지한다.
③ 스프링 행거(spring hanger) : 관의 수직이동에 대해 지지하중이 변화하는 것으로 하중조절은 턴 버클로 한다.

㉯ 서포트

배관에 걸리는 하중을 아래에서 위로 떠받쳐 지지한다.

① 리지드 서포트(rigid support) : 강성이 큰 빔 등으로 만든 배관 지지쇠로서 정유공장 등 산업설비 배관의 파이프 랙으로 이용한다.
② 롤러 서포트(roller support) : 롤러가 관을 받침으로써 배관의 축방향 이동을 자유롭게 한다.
③ 스프링 서포트(spring support) : 스프링 작용으로 상하이동이 자유로우므로 배관에 걸리는 하중의 변화에 따라 완충작용을 한다.
④ 파이프 슈(pipe shoe) : 배관의 굽힘부 또는 수평부에 관으로 영구히 고정시킴으로써 배관의 이동을 구속한다.

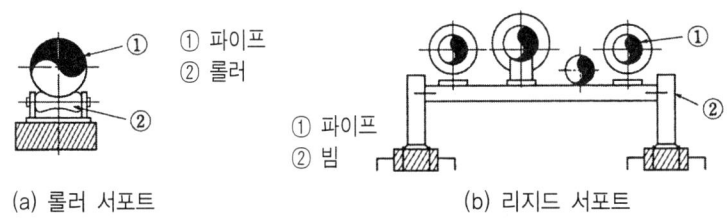

(a) 롤러 서포트   (b) 리지드 서포트

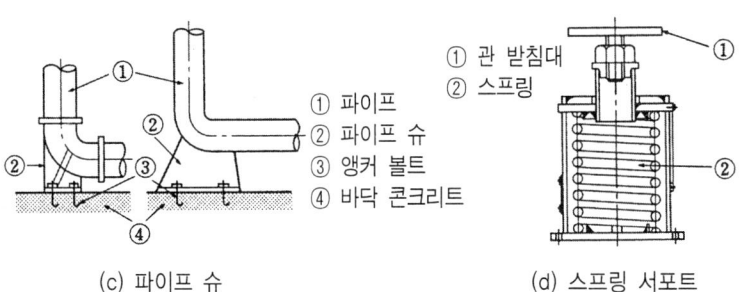

(c) 파이프 슈   (d) 스프링 서포트

그림 1-12 서포트 종류

㉰ 리스트 레인트

열팽창 등에 의해 신축이 발생되는 좌우, 상하이동을 구속하고 제한하는 데 사용한다.

① 앵커(anchor) : 배관의 이동이나 회전을 방지하기 위해 지지점 위치에 완전히 고정시키며 또한 시공 시 열팽창, 신축에 의한 진동 등이 다른 부분에 영향을 미치지 않게 배관을 분리설치하여 고정하여 준다.
② 스톱(stop) : 일정방향에 대한 이동과 회전을 구속하고 나머지 방향은 자유롭게 이동할 배관의 수 있는 구조로 되어 있다.
③ 가이드(guide) : 배관라인의 축방향 이동을 허용하는 안내역할을 하며 축과 직각방향의 이동을 구속한다.

㉱ 브레이스

브레이스(brace)는 배관계의 진동을 방지하거나 감쇠시키는 데 사용한다.
① 완충기 : 지진, 수격 작용, 안전밸브의 흡출 반력 등에 의한 충격을 완화시킨다.
② 방진기 : 배관계의 진동을 방지하거나 감쇠시키며 구조에 따라 스프링식과 유압식이 있다.

1.3 배관공작

(1) 공작용 기계

① 오스터식 나사절삭기 : 관경이 작은 관을 동력으로 저속 회전시키면서 나사를 절삭한다.
② 호브식 나사절삭기 : 호브를 저속도로 회전시키며 이에 따라 관은 어미나사와 척의 연결에 의하여 1회전하면서 1피치만큼 이동한다.
③ 다이헤드식 나사절삭기 : 관의 절단, 나사절삭, 거스러미 제거 등의 일을 연속적으로 한다.

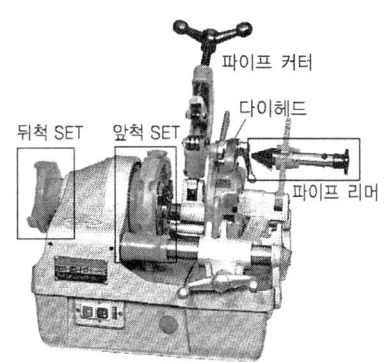

◈ 그림 1-13 다이헤드식 동력나사절삭기(파이프 머신)

④ 핵소잉 머신 : 관이나 환봉을 동력에 의해 톱날이 상하 왕복운동을 하면서 관이 절단되는 기계이다.
⑤ 고속 숫돌 절단기 : 두께 1.5~3mm 정도의 넓은 원판의 숫돌을 고속 회전시키면서 관을 절단하는 기계이다.
⑥ 가스절단기 : 가스로 파이프를 절단한다.
⑦ 유압식 파이프 벤딩머신 : 50A 이하의 벤딩을 하며 모터를 이용한 동력식은 100A 이하의 관을 벤딩한다.
⑧ 로터리식 벤딩머신 : 관의 두께에 관계없이 상온에서 강관, 스테인리스관, 동관, 황동관 등을 쉽게 벤딩할 수 있으며 또한 공장에서 동일 모양의 관을 대량생산 벤딩하는 데 사용된다.

(2) 배관 공작용 공구

1) 강관용 공구

① 파이프 커터 : 관을 절단할 때 사용된다.
② 쇠톱
 ㉠ 관의 절단에 사용하는 공구
 ㉡ 크기는 톱날 양끝의 구멍(fitting hole)의 중심의 길이를 표시하여 8″(200mm), 10″(250mm), 12″(300mm)의 종류이다.

◎ 표 1-6 절단재료에 따른 톱날의 수

절 단 재 료	톱날의 수(개/in)
주철, 탄소강, 경합금	14
경강, 고속도강	18
강관, 합금강	24
얇은 철판, 얇은 철판	32

③ 파이프 리머 : 관을 절단한 후 생기는 거스러미를 제거하는 관용 리머이다.
④ 수동 나사 절삭기 : 관 끝에 나사를 절삭하는 수동용 나사 절삭기이며 리드형과 오스터형이 있다.

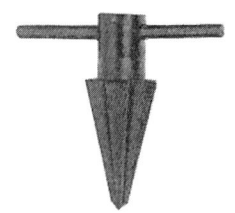  

(a) 오스터형　　　　(b) 리드형

✎ 그림 1-14 파이프 리머　　✎ 그림 1-15 수동나사 절삭기

⑤ 파이프 렌치 : 관 접속부나 부속류의 분해 조립 시에 사용한다.
　㉠ 종류 : 보통형, 강력형, 체인형(대구경관용 200A 이상에 사용한다.)
　㉡ 크기 표시 : 입을 최대로 벌려 놓은 전체길이로 표시한다.

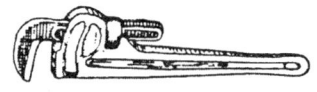 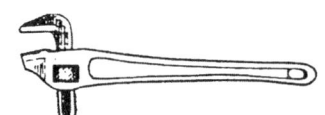

(a) 스트레이트 파이프 렌치　　　　(b) 오프셋 파이프 렌치

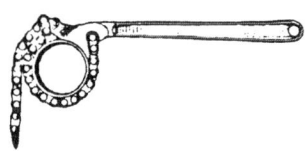 

(c) 체인식 파이프 렌치　　　　(d) 스트랩 파이프 렌치

✎ 그림 1-16 파이프 렌치의 종류

⑥ 파이프 바이스는 둥근관을 잡아서 절단, 나사절삭 조립 시에 고정시키는 역할을 한다.
　㉠ 종류 : 고정식(일반 작업대용), 가반식(현장용)
　㉡ 크기 표시 : 고정 가능한 관경의 치수로 표시한다.
⑦ 기계(수평) 바이스는 강관의 조립이나 관의 열간 벤딩 작업 시에 쉽게 하기 위해 관을 고정할 때 사용하며, 크기 표시는 조(jaw)의 폭으로 나타낸다.

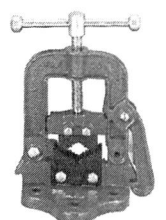

● 그림 1-17 파이프 바이스   ● 그림 1-18 수평 바이스

2) 동관용 공구

① 토치 램프(torch lamp) : 동용접 및 구부리기 등의 부분적 가열에 사용
② 사이징 툴(sizing tool) : 동관의 끝부분을 원형으로 정형하는 데 사용
③ 플레어링 툴(flaring tool) : 20mm 이하의 동관의 끝을 나팔형으로 만들어 동관의 압축접합에 사용
④ 튜브 벤더(tube bender) : 동관 벤딩용 공구
⑤ 익스팬더(expander) : 동관 확관용 공구
⑥ 튜브 커터(tube cutter) : 동관 절단용 공구
⑦ 리머(reamer) : 동관의 절단 후에 생기는 관의 내면에 생긴 거스러미를 제거
⑧ 티 뽑기(tee extractor) : 동관 직관에서 분기관 성형 시 사용하는 공구

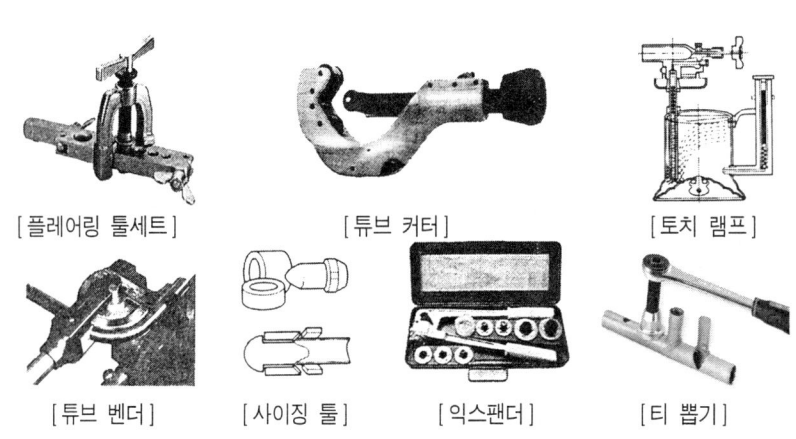

● 그림 1-19 동관용 공구

3) 주철관용 공구

① 클립(clip) : 소켓 접합 시 용해된 납물의 비산을 방지한다.
② 코킹 정 : 소켓 접합 시 다지기에 사용한다.
③ 링크형 파이프 커터 : 주철관의 전용 절단 공구이다.

4) 스테인리스관용 공구

① 압출용 프레스 실 유닛 : 스테인리스관을 접합할 때 사용되는 압착 공구이다.
② 튜브커터 : 관을 절단할 때 사용하는 공구이다.

5) PVC 관용 공구

① 가열기 : PVC 관의 접합 및 벤딩을 위해 관을 가열할 때 사용한다.
② 열풍 용접기 : PVC관의 접합 및 수리를 위하여 용접 시 사용한다.
③ 파이프 커터 : PVC관을 절단할 때 사용되는 공구이다.
④ PVC 리머 : 관을 절단한 후 생기는 거스러미를 제거하는 데 쓰인다.

6) 연관용 공구

① 봄볼(bomball) : 연관의 분기관 따내기 작업 시 주관에 구멍을 뚫는다.
② 드레서(dresser) : 연관 표면의 산화물을 제거한다.
③ 벤드벤(bend ben) : 연관을 굽히거나 굽은 관을 펼 때 사용한다.
④ 턴핀(turn pin) : 접합하려는 연관 끝의 관경을 넓혀 준다.

(3) 관의 절단 및 벤딩

1) 관의 절단

㉮ 관경에 따른 나사부의 길이

① 도면에는 관의 중심선을 기준한 치수로 표시되므로 나사부의 길이는 표시되지 않는다.
② 관경에 따른 나사부 길이와 나사산의 수를 표시한다.

㉯ 관의 실제 절단길이 계산

배관 도면을 보고 관의 실제 절단길이를 계산하면 다음과 같다.

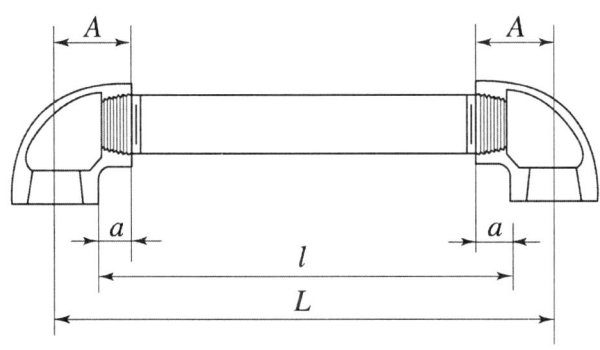

양쪽의 부속이 동일할 때

◎ 그림 1-20   나사이음시 치수

① 관 실제 절단길이(l : mm)
  ㉠ 양쪽의 부속이 동일할 때
     $l = L - 2(A - a)$
  ㉡ 양쪽의 부속이 다를 때
     $l = L - \{(A-a) + (B-b)\}$

여기서, $A(B)$: 부속의 중심거리
       $a(b)$: 나사 삽입길이

② 빗변(45°) 부분의 배관길이(L)
  ㉠ $L = \sqrt{L_1^2 + L_2^2}$
     $L = \sqrt{2} \cdot L_1 = 1.414 \times L_1$
  ㉡ 실제 배관길이(l : mm)
     $l = L(A - a)$
     $l = L\{(A-a) + (B-b)\}$

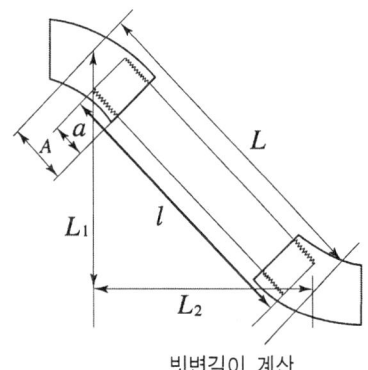

빗변길이 계산

2) 관의 성형(벤딩)

㉮ 벤딩(굽힘)의 방법

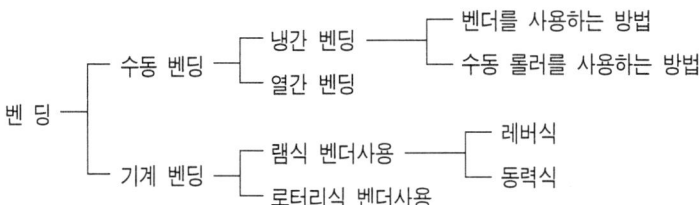

㈏ 로터리식 벤더에 의한 벤딩 작업 시 발생되는 현상과 원인
  ① 관의 미끄러짐 현상
    ㉠ 관의 고정이 잘못 되었을 때
    ㉡ 관의 표면 또는 클램프에 오일이 묻었을 때
    ㉢ 압력조정이 너무 빡빡할 때
  ② 관의 표면에 주름발생 현상
    ㉠ 받침쇠가 너무 들어갔을 때
    ㉡ 성형 틀의 홈이 외경에 비해 크거나 작을 때
    ㉢ 관의 살 두께가 외경에 비해 얇을 때
    ㉣ 성형 틀이 주축에서 빗나가 있을 때
  ③ 관의 파손현상
    ㉠ 압력조정과 저항이 너무 클 때   ㉡ 받침쇠가 너무 나와 있을 때
    ㉢ 굽힘 반경이 너무 작을 때   ㉣ 재료의 결함이 있을 때
  ④ 관의 타원형으로 되는 현상
    ㉠ 받침쇠가 너무 들어가 있을 때   ㉡ 받침쇠의 모양이 나쁠 때
    ㉢ 재질이 여리고 두께가 얇을 때   ㉣ 받침쇠와 관 안지름이 간격이 클 때

㈐ 곡관부 길이 산출

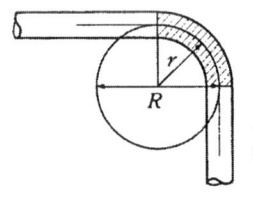

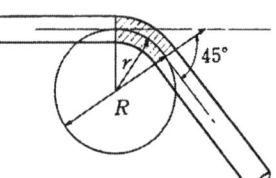

R : 굽힘 지름
r : 굽힘 반지름

(a) 관의 벤딩(90°)   (b) 관의 벤딩(45°)

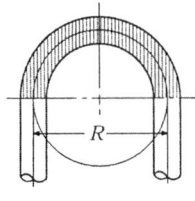

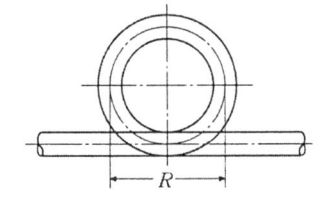

(c) 관의 벤딩(180°)   (d) 관의 벤딩(360°)

그림 1-21 관의 벤딩

$$L = 2\pi r \frac{\theta}{360} = \pi D \frac{\theta}{360}$$

여기서, r : 곡률 반지름(반경)
$R(D)$: 곡률 지름
θ : 벤딩 각도

참고 스프링 백(Spring Back)

재료를 구부렸다가 힘을 제거하면 탄성이 작용하여 다시 펴지는 현상

1.4 보온재, 패킹, 도료

(1) 보온재료

보온재는 유기질, 무기질, 금속질의 3종류(재질과 안전사용온도에 따라)로 대별되며 유기질, 무기질은 재질자체에 다공질 구조를 형성시켜 미세한 기포층에 의하여 열 전도를 지연시키는 효과를 이용한 것이다.

1) 보온재의 구비조건

① 보온 능력이 커야 한다. 즉, 열전도율이 적어야 한다.
② 장시간 사용해도 사용온도에 변질되지 않아야 한다.
③ 가벼워야 한다. 즉, 부피, 비중이 적어야 한다.
④ 어느 정도의 기계적 강도가 있어야 한다.
⑤ 시공이 용이하고 확실하게 할 수 있어야 한다.

2) 보온재의 열전도율

보온재에서 중요한 성질은 열전도율이 적어야 한다. 정지되어 있는 공기의 열전도율은 극히 적으므로(20℃에서 0.022kcal/mh℃) 공기의 이동이 없는 독립된 기포 층이 많은 보온재는 열전도율이 적다. 수분을 함유하게 되면(특히 보냉의 경우) 열전도율은 커진다.(물의 열전도율 0℃에서 0.48kcal/mh℃)

3) 보온효율

$$\eta = \frac{Q_1 - Q_2}{Q_1}$$

여기서, Q_1 : 보온 전 손실열량
Q_2 : 보온 후 손실열량

4) 보온재의 분류

㉮ 유기질
① 펠트　　② 탄화코르크　　③ 기포성 수지(폼류)　　④ 텍스

㉯ 무기질
① 탄산마그네슘　② 암면　　③ 석면　　④ 유리섬유
⑤ 포유리　　⑥ 규조토　　⑦ 규산칼슘　　⑧ 팽창질석
⑨ 세라믹 화이버　⑩ 실리카 화이버

㉰ 금속질
금속 고유의 반사특성을 이용하는 것으로 대표적으로 알루미늄박이 있다.

5) 보온재의 종류와 특성

① 펠트(felt)
　㉠ 양모 펠트와 우모 펠트가 있으며 주로 방로 피복에 사용한다.
　㉡ 안전 사용온도는 100℃ 이하이며, 아스팔트로 방습한 것은 −60℃까지 사용한다.
　㉢ 관의 곡면부분의 시공에도 가능하다.
　㉣ 열전도율은 0.042~0.045kcal/mh℃ 이다.

② 탄화 코르크(cork)
　㉠ 액체, 기체의 침투를 방지하는 작용이 있어 보냉, 보온 효과가 좋다.
　㉡ 탄력성이 풍부하며 경량이나 재질이 여리고, 굽힘성이 없어 곡면에 사용하면 균열이 생기기 쉽다.
　㉢ 최고 안전 사용온도는 −200~130℃ 이다.
　㉣ 냉수, 냉매, 배관, 냉각기, 펌프 등의 보냉용에 사용된다.
　㉤ 열전도율은 0.04~0.045kcal/mh℃ 이다.

③ 기포성 수지(plastic form)
　㉠ 고무나 합성수지를 주원료로 해서 발포제를 가하여 다공질 제품으로 한 것이다.
　㉡ 경량이고 흡수성은 좋지 않으나 굽힘성이 풍부하다. 불에 잘 타지 않으며 보온성, 보냉성이 좋다.
　㉢ 열전도율은 0.03kcal/mh℃ 이다.
　㉣ 안전 사용온도

ⓐ 고무 : -50~50℃
ⓑ 염화비닐(PVC) : -200~60℃
ⓒ 폴리우레탄 : -200~130℃
ⓓ 폴리스틸렌 : -50~70℃

④ 탄산마그네슘($MgCO_3$)
  ㉠ 염기성 탄산마그네슘 85%와 석면 15%를 배합한 것으로 물에 개서 사용하는 보온재이다.
  ㉡ 330~320℃에서 열분해하고 열전도율은 0.045~0.065kcal/mh℃이다.
  ㉢ 최고 안전 사용온도는 30~250℃이다.
  ㉣ 경량이고 습기가 많은 곳의 옥외배관에 적합하며 25℃의 보냉용에 적합하다.

⑤ 석면
  ㉠ 아스베스트질 섬유로 되어 있어 파이프, 탱크노벽 등에 적합하다.
  ㉡ 400~600℃ 이상에서 탈수하고 800℃에서 강도와 보온성을 잃게 한다.
  ㉢ 열전도율은 0.045~0.065kcal/mh℃이다.
  ㉣ 사용 중 잘 갈라지지 않으므로 진동을 받는 장치의 보온재로 사용한다.

⑥ 암면(록크울)
  ㉠ 안산암, 현무암에 석회를 섞어 용융하여 섬유모양으로 만든 것이다.
  ㉡ 석면보다 부러지기 쉬우나 값이 싸고, 아스팔트를 가공한 것은 보냉용으로 쓰인다.
  ㉢ 열전도율은 0.04~0.05kcal/mh℃이고 섬유상 보온재 중 흡수성이 가장 적다.
  ㉣ 최고 안전 사용온도는 400℃ 이하이다.

⑦ 포 유리
  ㉠ 미세분말에 발포제를 가하여 가열 용융시켜 발포와 동시에 경화 용착시켜 만든다.
  ㉡ 기계적 강도가 크고 흡습성이 작아 통모양으로 만들어 사용한다.
  ㉢ 열전도율은 0.03~0.05kcal/mh℃이다.
  ㉣ 최고 안전 사용온도는 -200~300℃이며 보냉제로 적합하다.

⑧ 유리면(글라스울)
  ㉠ 용융유리를 압축공기, 증기, 또는 원심력으로 섬유화시킨 것이다.
  ㉡ 보냉용으로 많이 사용하며 펠트, 판상, 통상으로 성형하여 사용한다.
  ㉢ 열전도율은 0.03~0.05kcal/mh℃이다.

ⓔ 최고 안전 사용온도는 300℃ 이하이다.
⑨ 규조토
　㉠ 규조토의 건조분말에 석면 또는 삼염물 등을 혼합하여 물반죽 시공하여 만든다.
　㉡ 고순도는 부드럽고 순백색이며 열전도율은 0.08~0.095kcal/mh℃ 이다.
　㉢ 다른 보온재에 비해 단열효과가 작아 다소 두껍게 시공한다.
　㉣ 갈라지기 쉽기 때문에 충격, 진동에 주의한다.
　ⓜ 안전 사용온도는 500℃ 이하이다.
⑩ 기타 : 세라믹 화이버(1,300℃ 이상), 실리카 화이버 등 고온용(1,100℃ 이상)에 사용하는 것도 있다.

(2) 패킹재료

이음부에서 유체의 누설을 방지하기 위해 사용하는 재료이다.

※ 재료의 종류 : 고무제품, 섬유제품, 합성수지제품, 금속제품
※ 용도별 : 플랜지패킹, 나사용패킹, 그랜드패킹
※ 선택 시 주의사항
　① 유체의 물리적인 사항 : 온도, 압력, 밀도, 점도, 기체, 액체
　② 유체의 화학적인 사항 : 화학성분과 안정도, 부식성, 용해능력, 휘발성, 인화성, 폭발성
　③ 기계적인 사항 : 교체의 난이, 진동의 유무, 내압과 외압

1) 플랜지 패킹

플랜지에 사용하는 패킹은 보통 가스켓(gasket)이라 하며 2개의 플랜지 사용에 끼워져 죄는 볼트의 힘에 의하여 압축되며 플랜지면에 밀착되어 누설을 방지하는 것이다. 가스켓은 약간의 탄성이 있어야 한다. 볼트가 헐거워졌을 때 탄성이 없으면 누설이 생긴다.

① 고무제품
　㉠ 특징
　　ⓐ 탄성이 좋고 흡수성이 없다.
　　ⓑ 약품에 침식이 잘 안되고 누설이 없다.
　　ⓒ 강도를 요할 때는 고무속에 천이나 철망을 넣어서 사용한다.

ⓒ 천연고무
 ⓐ 탄성이 크고 흡수성이 없으며 산, 알칼리에 침식이 어렵다.
 ⓑ 열과 기름에 극히 약하다.(100℃ 이상의 기름배관에 사용 못한다.)
 ⓒ -55℃에서 경화된다.
ⓓ 네오프렌(neoprene)
 ⓐ 합성고무로 천연고무보다 우수한 성질이 있다.
 ⓑ 내유, 내후(耐候) 및 내산화성이 있다.
 ⓒ 내열도는 -46~121℃ 사이에서 안정하다.

② 섬유제품
 ㉠ 식물성 섬유제품
  ⓐ 오일시트 패킹 : 한지를 여러 겹 붙여서 일정한 두께로 하여 내유 가공한 것으로 내유성은 있으나 내열도가 작다.
  ⓑ 발카나이즈드 : 나무패킹으로 적갈색의 단단한 얇은 판의 가스킷이다. 내유성이 있어 기름배관에 사용한다.
 ㉡ 동물성 섬유제품
  ⓐ 가죽 : 강인하고 장기 보존에 적합한 이점이 있다. 그러나 다공질로 관속의 유체가 투과하여 누설되는 결점이 있다.
  ⓑ 펠트 : 극히 거친 섬유제품이지만 강인하기 때문에 압축성이 풍부하다. 산에는 견디나 알칼리에는 용해되며 기름에 견디기 때문에 기름배관에 적합하다.
 ㉢ 광물성 섬유제품
  ⓐ 석면 ┌ 유리섬유, 형석, 규산, 알루미늄 등으로 만든 섬유제품이다.
        └ 광물성 천연섬유로 질이 섬세하고 450℃까지 고온에 잘 견딘다.
  ⓑ 슈퍼히트 : 석면에 천연고무, 합성고무를 섞어서 판모양으로 가공한 것.

③ 합성수지제품 : 가장 대표적인 것은 테프론이다.
 ㉠ 테프론 ┌ 약품이나 기름에도 침해되지 않으며 내열 범위는 -260~260℃이다.
         └ 탄성이 부족하여 석면, 고무파형, 금속관으로 싼 것이 쓰인다.

④ 금속제
 ㉠ 철, 구리, 납, 알루미늄, 크롬강 등이 사용되고 있으며 납이나 강이 많이 쓰인다.
 ㉡ 고온, 고압의 배관에는 철, 구리 크롬강의 패킹이 사용된다.
 ㉢ 고무와 같은 탄력성이 없기 때문에 죄어진 볼트가 온도 때문에 팽창되거나,

진동 때문에 헐거워지면서 누설을 일으킬 수도 있다.

2) 나사용 패킹

배관의 나사이음에서 이음부의 누설을 방지하여 나사부에 사용하는 패킹이다. 나사부에 삼을 이용하면 삼이 부식하여 관부식이 일어나기 쉬우므로 삼을 사용해서는 안 된다.

① 페인트 : 페인트와 광명단을 혼합하여 사용하며, 고온의 기름배관 외에는 모든 배관에 사용한다.
② 일산화연 : 냉매배관에 많이 사용하며 빨리 굳기 때문에 페인트에 일산화연을 조금씩 타서 사용한다.
③ 액상 합성수지 : 화학약품에 강하고 내유성이 크며 내열범위는 −30~130℃ 이다. 증기, 기름, 약품 배관에 사용된다.

3) 그랜드 패킹

밸브, 펌프 등의 그랜드 부분에 설치하여 누설을 방지하는 패킹이다.
① 석면 각형 패킹 : 석면을 각형으로 짜서 흑연과 윤활유를 침투시킨 패킹제이다. 내열, 내산성이 좋아서 대형의 밸브 그랜드에 사용한다.
② 석면 야안 패킹 : 석면 실을 꼬아서 만든 것으로 밸브, 수면계의 콕크, 밸브 그랜드에 사용한다.
③ 몰드 패킹 : 석면, 흑연 수지 등을 배합하여 만든 것으로 밸브, 펌프 등의 그랜드에 사용한다.

(3) 방청도료

관의 부식은 금속관, 특히 강관에서 심하게 일어난다. 관의 부식정도는 관의 재질, 관속 유체의 화학적 성질과 물(습기), 산소(공기)의 상태에 따라 다르다.

※ 관재질 : 강관은 부식이 많고, 주철관은 부식이 적으며 비금속은 부식이 없다.
※ 관속의 유체 : 관의 내면을 부식시키는 것으로 화학적 성질에 따라 부식정도가 다르다.
※ 물(습기) : 관에 물(습기)이 있으면 부식은 더욱 촉진된다.
※ 산소(공기) : 진공 중에서는 부식이 일어나지 않는다.

1) 광명단 도료

① 연단(鉛丹)에 아마인유를 배합하여 만든 것이다.
② 밀착력이 강하고 도료의 막이 굳어서 풍화에 강하며 내수성, 흡수성이 작은 방청도료이다.
③ 다른 도료의 밑칠용으로 우수하다.

2) 알루미늄 도료(은분)

① 알루미늄 분말에 유성 니스(oil varnish)를 혼합한 도료이다.
② 방청효과가 좋으며 열반사와 확산이 크기 때문에 탱크 표면, 방열기 표면에 칠하면 열방산 효과가 크다.
③ 수분이나 습기가 통하지 않기 때문에 대단히 내구성이 풍부하다.
④ 더욱 충분한 효과를 얻으려면 밑칠용에 수성페인트를 칠하는 것이 좋다.
⑤ 내열성(400~500℃)이 양호하여 가열하면 금속알루미늄이 철 표면에 녹아 붙어 내열성의 피막이 형성된다.

3) 산화철 도료

① 산화철에 보일유나 아마인유와 혼합한 것이다.
② 도장피막이 부드럽고 값이 저렴하다.
③ 방청효과는 좋지 않다.

4) 타르 및 아스팔트

① 지중 매설에서 금속관에 물의 접촉을 차단하는 데 사용한다.
② 도료의 종류는 콜타르(coaltar), 니스(varnish), 아스팔트(asphalt)이다.
③ 노출배관일 때는 온도변화에 의하여 벗겨지거나 균열이 생긴다.
④ 단독으로 사용하는 것보다 주트(黃麻)와 함께 사용하거나 130℃로 열처리하여 사용한다.

5) 합성수지 도료

① 프탈산계(phthal acid)
  ㉠ 상온에서 도장의 피막을 건조시키는 풍건성 도료이다.
  ㉡ 내후성, 내유성이 우수하나 도장피막이 충분하지 못하면 내수성이 불량하다.
  ㉢ 5℃ 이하에서는 건조가 매우 늦다.

② 염화비닐계
　㉠ 상온에서 건조시키는 풍건성 도료이다.
　㉡ 내약품성, 내유성, 내산성이 우수하고 건조가 빠르다.
　㉢ 잘 타지 않으므로 금속의 방식도료에 양호하다.
　㉣ 부착력, 내후성, 내열성이 나쁘다.

③ 멜라민계
　㉠ 고온의 가스와 맞닿아 금속의 부식을 보호할 때 내열도료로 사용한다.
　㉡ 요소 멜라민계는 내열도가 150~200℃이고 내열, 내수성이 우수하며 소부(燒付 : quenching) 도료에 알맞다.

④ 실리콘 수지계 : 내열도료 및 소부도료로 사용된다. 내열도는 200~350℃이다.

6) 조합 페인트
① 보일유에 안료를 넣어서 그대로 도장에 사용한다.
② 용제에 녹여서 사용하지 않고 그대로 사용한다.
③ 용도에 알맞게 완성품을 만들어 사용하며 내열성이 약하다.

7) 기타 도료
① 고농도 아연 도료 : 붓으로 칠하는 도금도료이며 일종의 방청도료이다.
② 페인트 : 안료에 전착제(물, 기름, 니스)를 섞어서 사용한다.
③ 니스 : 정제니스와 유성니스가 있다.
④ 래커 : 정제니스 가운데 질산 셀룰로즈를 사용한 것이다.
⑤ 내산 도료 : 금속 표면의 산성 물질에 의한 부식 방지용으로 사용한다.

1.5 배관도시

(1) 배관도의 종류
① 평면 배관도 : 배관장치를 위에서 아래로 내려다보며 그린 도면이다.
② 입면 배관도 : 배관장치를 측면에서 본 도면이다.
③ 입체 배관도 : 입체적인 형상을 평면에 나타낸 도면이다.
④ 부분 조립도 : 배관 조립도에 포함되어 있는 배관 일부를 그린 도면이다.

(2) 치수 기입법

1) 치수 표시

mm 단위로 표시하되 치수선에는 숫자만 기입한다. 또한 각도는 일반적으로(°)로 표시한다.

2) 관의 높이 표시방법

① 배관도의 종류
  ㉠ 평면 배관도 : 배관장치를 위에서 아래로 내려다 보며 그린 도면
  ㉡ 입면 배관도 : 배관장치를 측면에서 보고 그린 도면
  ㉢ 입체 배관도 : 입체적인 형상을 평면에 나타낸 도면
  ㉣ 부분 조립도 : 배관 조립도에 포함되어 있는 배관의 일부분을 그린 도면

② 배관도의 도시법
  ㉠ EL(elevation line) 표시 : 배관의 높이를 관의 중심을 기준으로 하여 표시된다.
    ⓐ BOP(bottom of pipe) 표시 : 지름이 다른 관의 높이를 나타낼 때 적용되며 관 바깥지름의 아래면까지를 기준으로 하여 표시한다.

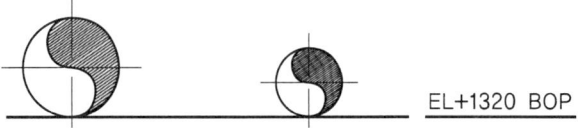

    ⓑ TOP(top of pipe) 표시 : BOP와 같은 목적으로 이용되거나 관의 윗면을 기준으로 하여 표시한다.

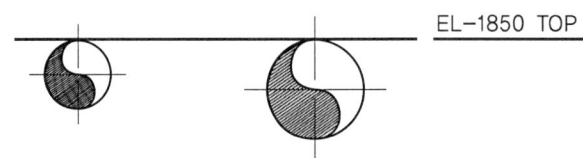

  ㉡ GL(ground line) : 포장된 지표면을 기준으로 하여 배관장치의 높이를 표시할 때 적용된다.
  ㉢ FL(floor line) : 1층 바닥면을 기준으로 하여 높이를 표시한다.

(3) 배관도면 표시법

1) 관의 도시법

하나의 실선으로 표시하며 동일 도면에서 다른 관을 표시할 때에는 같은 굵기로 나타낸다.

2) 유체의 종류, 상태, 목적 표시기호

문자로 나타내되 관을 표시하는 선 위에 표시하거나 인출선에 의해 도시한다.

표 1-7 유체의 종류별 기호

유체의 종류	기 호	식별색(도색)
공기	A	백색
가스	G	황색
기름	O	어두운 주황색
수증기	S	적색
물	W	청색

표 1-8 관의 연결방법 도시기호

이음종류	연결방법	도시기호	예	이음종류	연결방법	도시기호
관이음	나사식			신축이음	루프형	
	납땜형 (용접식)				슬리브형	
	플랜지형				벨로우스형	
	턱걸이형 (소켓식)				스위블형	

제2편 보일러 시공 실기

3) 밸브 및 계기의 표시

밸브 및 계기의 표시기호를 다음 표 1-9에 나타내었다.

표 1-9 밸브 및 계기의 표시

종 류	기 호	종 류	기 호
글로브 밸브		일반 조작 밸브	
슬루스(게이트) 밸브		전자 밸브	
앵글 밸브		전동 밸브	
체크 밸브		도출 밸브	
버터플라이 밸브		다이어프램 밸브	
안전 밸브(스프링식)		공기빼기 밸브	
안전 밸브(추식)		닫혀 있는 일반 밸브	
일반 콕		닫혀 있는 일반 콕	
삼방 콕		온 도 계	
볼 밸브		압 력 계	

4) 관말단의 표시

종 류	기 호
나사 캡	
용접 캡	
맹 플랜지(막힘 플랜지)	

5) 관지지 기호

명 칭	관지지개략도	기 호	명 칭	관지지개략도	기 호
앵 커		⊗	스프링 행거		●— SH
가 이 드		=G=	바닥지지 (Support)		■— S
슈 우		◆	스프링 지지		■— SS
행 거		●— H			

6) 관이음쇠 및 밸브기호

명 칭	플랜지이음	나사이음	턱걸이이음	용접이음(땜 이음)
부싱(bushing)		─▷─	⁶∈⁴	─┼┼─
캡(cap)		─┐	─⌐	─)─
크로스(cross) 줄임크로스(reducing)	₆⫫₆ ⁴	₆⫲₆ ⁴	₆⫳₆ ⁴	₆•⁴
크로스(straight size)				
45° 엘보(elbow)				
가는 엘보(turned down)	⊙╫	⊙┼	⊙⌐	⊙●
오는 엘보(turned up)	⊙╫	⊙┼	⊙⌐	⊙●
받침 엘보(base)				
쌍가지 엘보(double branch)				
90° 엘보				
긴반지름 엘보(long radius)				

명 칭	플랜지이음	나사이음	턱걸이이음	용접이음(땜이음)
안전밸브	⊢⋈⊣	⋈⊣	⋈⊣	●⋈●
줄임 엘보(reducing)	²⁄₄	²⁄₄		
옆가지 엘보(가는 것)	⊕⊣	⊕⊣	⊕⊢	
옆가지 엘보(오는 것) (side outlet : outlet up)	⊙⊣	⊙⊣	⊙⊢	
조인트(joint) 조인트(connecting pipe)	⊢⊣	─┼─	⊢	●●
팽창조인트(expansion)	⊢▭⊣	▭	⊢▭⊢	●▭●
와이(Y) 티이(lanteral)				
오리피스(orifice)	⊢╎⊣			
줄임 플랜지(plug) (reducing flange)	⊢▷─			
플러그(bell plug)	⊢◁─			
벨 플러그		◁⊣	⊂⊃	
파이프 플러그(pipe plug)			⊂	
줄이개(reducer) 동심 줄이개(concentric reducer)	⊢▷⊣	▷⊣	⊢▷	●▷●
편심 줄이개(eccentric reducer)	⊢▷⊣	▷⊣	⊢▷	●▷●
슬리브(sleeve)	⊢⋯⊣	┼⋯┼	→⋯←	●⋯●
티(tee), 티(straight size)				
오는 티(outlet up)	⊢⊙⊣	┼⊙┼	→⊙←	●⊙●
가는 티(outlet down)	⊢○⊣	┼○┼	→○←	●○●
쌍 스위프 티(double sweep)				
줄임티(reducing)				●●●

명 칭	플랜지이음	나사이음	턱걸이이음	용접이음(땜이음)
스위프 티(sing sweep)				
옆가지 티(가는 것) (side outlet:outlet down)				
옆가지 티(오는 것) (side outlet : outlet up)				
유니언(union)				
앵글밸브(angle valve) 첵 밸브(check valve)				
지렛대 밸브 (quick opening valve)				
슬루스 앵글 밸브(수직) (gate elevation)				
슬루스 앵글 밸브(수평) (gate plane)				
글로브 앵글 밸브(수직) (globe : elevation)				
글로브 앵글 밸브(수평) (globe : plane)				
스톱 밸브(stop valve)				
슬루스 밸브(gate valve)				

7) 냉·난방 및 환기 도시기호

종 류	기 호	종 류	기 호
1. 공기제거기		8. 여과기	
2. 앵커	PA	9. 탱크	REC
3. 팽창이음		10. 온도계	
4. 걸이쇠 또는 받침쇠	ㅂ	11. 온도조절기	T
5. 열 교환기		12. 트랩	
6. 열전달면 평면도 (대류기 등 형식 표시)		① 보일러 귀환	
7. 펌프(건공 등 형식 표시)	M	② 분출온도조절식	

종류	기호	종류	기호
③ 플로우트		26. 전동기 구동 압축기 왕복식 완전 밀폐형	
④ 플로우트와 온도조절		27. 전동기 구동 압축기 회전식 완전 밀폐형	
⑤ 온도조절		28. 압력조절기	
13. 유닛히터 평면도(원심송풍기)		29. 압력스위치	
14. 유닛 히터 평면도(프로펠러)		30. 고압력 제어스위치	
15. 유닛 벤티레이터		31. 응축장치, 수냉식	
16. 밸브 ① 체크 밸브		32. 냉각탑	
② 다이어프램 밸브		33. 모세관	
③ 슬로스 밸브		34. 자동 팽창식 밸브	
④ 글로브 밸브		35. 수동 팽창식 밸브	
⑤ 봉함밸브		36. 증발식 응축기	
⑥ 전동기 구동밸브		37. 건조기	
⑦ 감압밸브		38. 압축기	
17. 여과기와 제거기, 배관선상		39. 압축기, 벨트구동 회전식 밀폐형	
18. 휜붙이 냉각장치, 자연대류식		40. 압축기, 벨트구동 왕복식 개방형	
19. 강제대류식 냉각장치		41. 압축기 직결 구동 왕복식 개방	
20. 게이지		42. 응축기, 휜붙이 강제 공냉식	
21. 고압측 플로우트		43. 응축기, 휜붙이 정압공냉식	
22. 침입식 냉각장치		44. 응축기, 동심판 수냉식	
23. 저압측 플로우트		45. 응축기 쉘코일 수냉식	
24. 전동기 구동 압축기, 직결 왕복식 밀폐형		46. 응축기, 쉘코일 수냉식	
25. 전동기 구동 압축기 회전식 밀폐형		47. 응축 장치, 공냉식	

8) 투영에 의한 배관도시

관의 입체적 도시는 1 방향에서 본 투영도로 배관상태는 다음 표 1-10의 기호에 의해 도시한다.

○ 표 1-10 화면에 직각방향으로 배관된 경우의 도시

정 투 영 도		각 도
관 A가 화면에 직각으로 바로 앞쪽으로 올라가 있는 경우	A⟶○ 또는 A⟶⊙	A⟶∠
관 A가 화면에 직각으로 반대쪽으로 내려가 있는 경우	A⟶⌒ 또는 A⟶○	A⟶∠
관 A가 화면에 직각으로 바로 앞쪽으로 올라가 있고 관 B와 접속하고 있는 경우	A B⟶⌒ 또는 A B⟶○	A⟶∠⟵B
관 A로부터 분기된 B가 화면에 직각으로 바로 앞쪽으로 올라가 있으며 구부러져 있는 경우	A⟶○↓B 또는 A⟶○↓B	A⟶∠⟵B
관 A로부터 분기된 관 B가 화면에 직각으로 반대쪽으로 내려가 있고 구부러져 있는 경우	A⟶○↓B 또는 A⟶○↓B	A⟶∠⟵B

제 2 장 난방방식

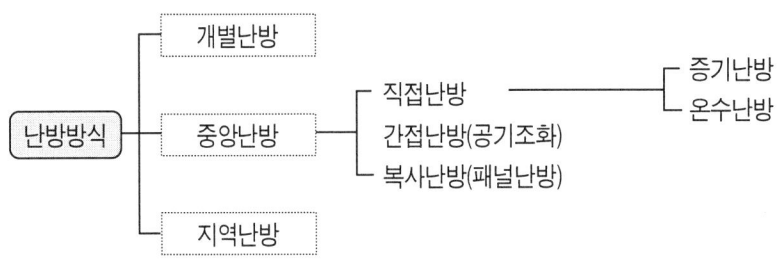

2.1 온수난방

온수난방은 열원에서 가열시킨 물을 배관을 통하여 실내에 설치한 방열기기에 공급하고 공급된 온수의 현열(감열)을 이용하여 난방하는 방식이다.

1) 온수난방의 특징

- **장점**
  ① 방열면의 온도가 그다지 높지 않아 증기난방보다 쾌감도가 좋다.
  ② 난방부하의 변동에 따른 온도조절이 쉽다.
  ③ 가열시간은 길지만 잘 식지 않는다.
  ④ 방열기의 표면온도가 낮아 화상의 염려가 없다.
  ⑤ 보일러의 취급이 증기보일러보다 용이하다.

- **단점**
  ① 동일 방열량에 대하여 증기난방보다 방열면적이 커야 한다.
  ② 배관의 지름이 커야 하고 설비비가 많이 든다.
  ③ 열용량이 커 예열시간이 길게 소요되므로 간헐운전에는 예열부하가 크다.

④ 건축물 높이에 상당하는 수압이 보일러나 방열기에 가해져서 건축물 높이에 제한을 받는다.
⑤ 한랭지에서는 운전정지 중 동결위험이 있어 미량의 온수를 순환시키거나 저온인 상태로 순환시켜 동파를 예방하여야 한다.

2) 온수난방의 분류

분류기준	방식	내용
온수온도	고온수식	온수온도가 100℃이상(보통 100~150℃정도, 밀폐식)
	저온수식	온수온도가 100℃미만(보통 65~80℃정도)
온수순환방식	자연순환식(중력식)	온수를 비중차를 이용하여 순환
	강제순환식(펌프식)	순환펌프를 사용하여 강제로 온수를 순환
배관방식	단관식	온수공급관과 환수관이 동일하게 하나로 구성
	복관식	온수공급관과 환수관이 별개로 구성
온수공급방식	상향식	온수공급관을 최하층으로 배관하여 상향으로 공급
	하향식	온수공급관을 최상층으로 배관하여 하향으로 공급

3) 온수의 온도에 의한 분류

① 고온수식
  ㉠ 사용하는 온수의 온도가 100℃ 이상일 때를 고온수식이라 한다.
  ㉡ 대기압 상태에서의 물의 포화온도가 100℃이므로 고온수를 생성하기 위하여는 온도에 따른 포화압력 이상으로 장치 내를 유지하여야 한다.
  ㉢ 장치 내가 포화압력 이하로 되면 물이 증발하여 고온수의 형성이 안 되므로 밀폐형 팽창탱크 등의 가압장치가 필요하다.
  ㉣ 고온수식은 사용온도에 따라 중온수식과 고온수식으로 나누며, 중온수식은 120℃ 전후, 고온수식은 175℃ 이상일 경우를 말한다.
② 저온수식
  ㉠ 사용하는 온수의 온도가 100℃ 미만일 때를 저온수식이라 한다.
  ㉡ 대기압상태에서의 물의 포화온도보다 낮으므로 간단하고 쉽게 이용할 수 있고 안전하므로 온수난방에 많이 이용되고 있다.

ⓒ 온수의 온도범위는 65~80℃이며 방열기에서의 온도강하는 5~10℃ 정도이다.

4) 온수 순환방식에 의한 분류

① 중력순환식
  ㉠ 온수의 온도가 저하되면 무거워지는 온도차에 따른 밀도(비중)차를 이용하여 자연적으로 순환시킨다.
  ㉡ 보일러 설치는 최하위의 방열기보다 낮은 곳에 설치하여야 한다.(소규모일 때에는 보일러와 방열기가 같은 층에 설치되는 것을 동층온수난방이라 한다.)

② 강제순환식
  ㉠ 순환펌프 등에 의해 온수를 강제순환시키는 방법으로 중·대규모 난방용으로 적당하다.
  ㉡ 순환펌프 : 원심펌프, 축류펌프 등이 있다.

5) 배관방식에 의한 분류

① 단관식 : 온수의 공급과 환수를 하나의 관으로 사용하고, 방열기 공급관과 환수관을 이 관에 연결하는 방식으로 설비비는 복관식에 비하여 저렴하지만 국내에서는 사용하는 경우가 거의 없다.

② 복관식 : 방열기로의 온수공급과 환수를 각각의 배관으로 연결하는 방식으로, 열원에서 가장 가까운 곳에 있는 분지관의 방열기에서 발생하는 압력차이가 가장 크게 되므로 순환량이 가장 많게 되고, 가장 먼 곳에 있는 방열기에는 가장 적게된다. 이러한 점을 개선하기 위하여 열원에서 각 방열기까지의 공급관과 환수관의 도달거리의 합을 거의 같게 하여 배관의 마찰저항을 유사하게 함으로써 각 방열기로의 온수공급량을 균등하게 하는 배관방법을 역환수식(reverse return system)이라 한다.

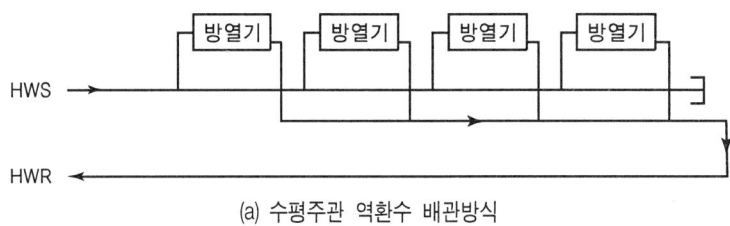

(a) 수평주관 역환수 배관방식

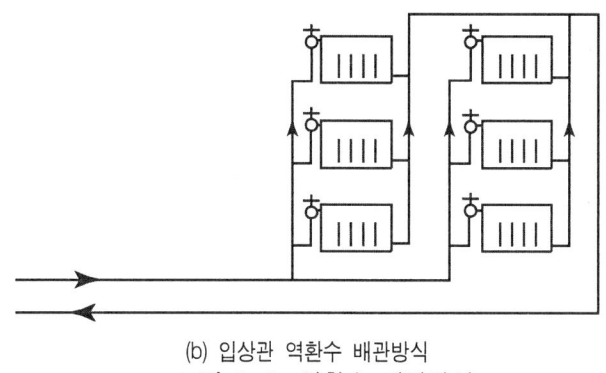

(b) 입상관 역환수 배관방식

그림 2-1 역환수 배관방식

6) 온수공급방식에 따른 분류

① 상향식 : 방열기 아래쪽에 송수주관을 설치하며 송수주관을 상향 기울기로 배관하여 난방하는 방식이다.

② 하향식 : 송수주관을 최상부에 수평주관을 방열기보다 높은 쪽에 설치하여 온수를 하향으로 공급하는 방식이다.

7) 온수난방시공

온수배관은 공기빼기밸브나 팽창탱크를 향하여 상향구배로 하며 에어포켓(Air Pocket)을 만들지 않게 배관한다. 일반적으로 구배는 1/250로 하고 배수밸브를 향하여 하향구배로 한다.

㉮ 단관 중력순환식

메인 파이프에 선단 하향구배를 하고 공기는 모두 팽창탱크에서 배제하도록 한다. 그리고 온수주관은 끝내림 구배를 준다.

㉯ 복관 중력환수식

① 하향 공급식 : 공급관이나 복귀관 다 같이 선단 하향구배이다.

② 상향 공급식
 ㉠ 공급관을 선단 상향구배
 ㉡ 복귀관을 선단 하향구배

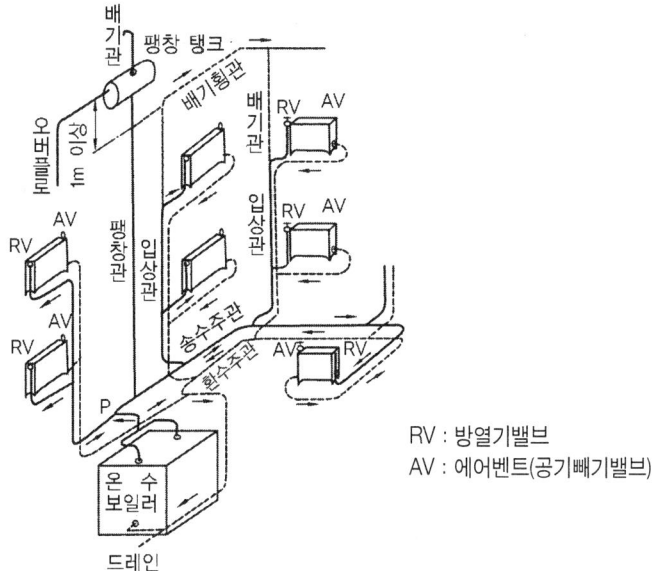

  그림 2-2 복관 중력환수식

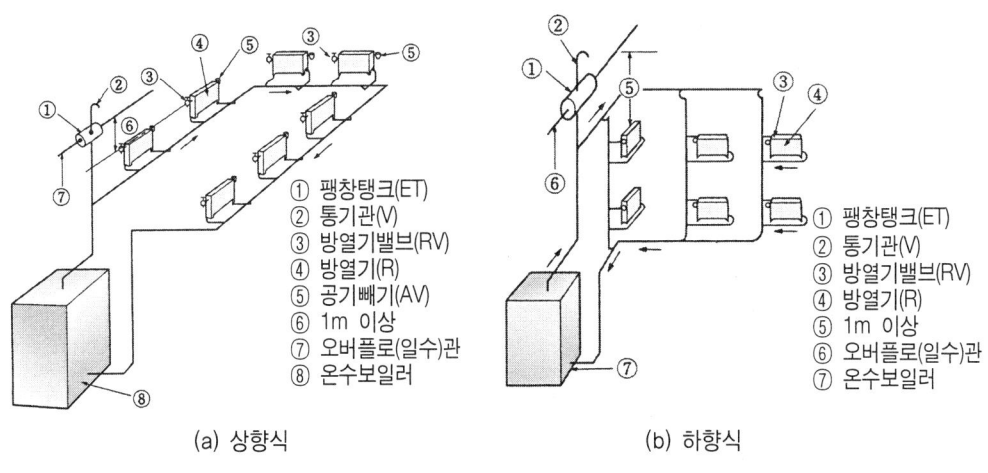

  그림 2-3 단관 중력순환식

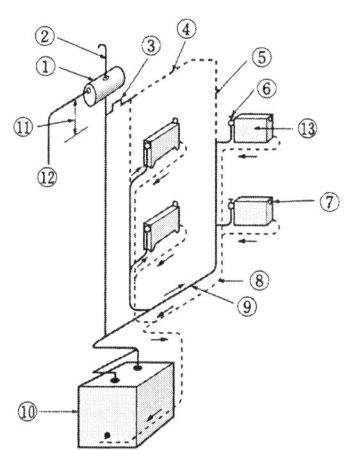
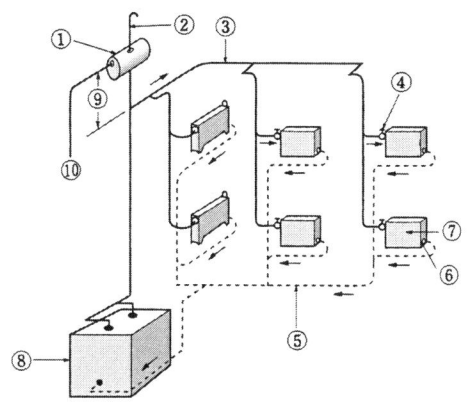

① 팽창탱크　② 통기관　③ 루프배관
④ 배기수평관　⑤ 배기관　⑥ 방열기밸브
⑦ 공기빼기밸브　⑧ 복귀주관　⑨ 공급주관
⑩ 온수보일러　⑪ 1m 이상　⑫ 오버플로관
⑬ 방열기

① 팽창 탱크　② 통기관　③ 공급 주관
④ 방열기밸브　⑤ 복귀주관　⑥ 유니언엘보
⑦ 방열기　⑧ 온수보일러　⑨ 1m 이상
⑩ 오버플로관

(a) 상향식　　　　　　　　　　　　(b) 하향식

🖉 **그림 2-4** 복관 중력순환식 온수난방법

㉰ 강제순환식

① 배관의 구배는 선단상향, 하향과는 무관하다.
② 배관 내에 에어포켓을 만들어서는 안 된다.

2.2 증기난방

1) 중력 환수식 증기난방(저압 보일러용)

① 단관 중력 환수식 증기난방
  ㉠ 난방이 불완전하다.
  ㉡ 배관이 짧아 설비비가 절약된다.
  ㉢ 저압 보일러용이다.
  ㉣ 소규모 주택 등의 난방에 사용된다.
  ㉤ 환수관이 없기 때문에 충분한 난방을 위해 공기빼기밸브를 설치해야 한다.
  ㉥ 방열기밸브는 방열기 하부 태핑에, 공기빼기밸브는 상부태핑에 설치한다.
  ㉦ 증기와 응축수가 관내에서 역류하므로 증기의 흐름이 방해가 된다.

○ 표 2-1 증기난방의 분류

분류기준		종 류
1	증기 압력	① 고압식(증기압력 1kg/cm² 이상)
		② 저압식(증기압력 0.15kg/cm²~0.35kg/cm² 이상)
2	배관 방법	① 단관식(증기와 응축수 동일배관)
		② 복관식(증기와 응축수 서로 다른 배관)
3	증기공급법	① 상향공급식
		② 하향공급식
4	응축수 환수법	① 중력환수식(응축수를 중력 작용으로 환수)
		② 기계환수식(펌프로 보일러에 강제환수)
		③ 진공환수식(진공펌프로 환수관내 응축수와 공기를 흡인
5	환수관 배관법	① 건식환수식(환수주관을 보일러 수면보다 높게 배관)
		② 습식환수식(환수주관을 보일러 수면보다 낮게 배관)

② 복관 중력 환수식 증기난방 : 복관식
  ㉠ 증기와 응축수가 각각 다른 관을 통해 공급되는 난방이므로 일반적으로 방열기 밸브는 위로 설치하고 반대편 하부태핑에 열동식 트랩을 장치한다.
  ㉡ 취출 배기방법 : 에어리턴식(Air Return), 에어벤트식(Air Vent)

2) 기계환수식 증기난방

응축수를 일단 탱크 내에 모아서 펌프를 사용하여 보일러에 급수하는 난방이다.

① 응축수가 중력으로 환수되지 않는 보일러에 사용된다. (환수경로 방열기 → 응축수 펌프 내 수수탱크(중력작용) → 펌프로 보일러 급수)
② 탱크(수수탱크)는 최하위의 방열기보다 낮은 곳에 설치한다.
③ 방열기에는 공기빼기가 불필요하다.
④ 방열기밸브의 반대편 하부태핑에 열동식 트랩을 부착한다.
⑤ 응축수 펌프는 저양정의 원심 펌프가 사용된다.
⑥ 탱크 내에 들어온 공기는 자동 공기 드레인 밸브에 의하여 공기 속으로 배기된다.
⑦ 펌프의 압력은 0.3~1.4kg/cm² 정도이다.

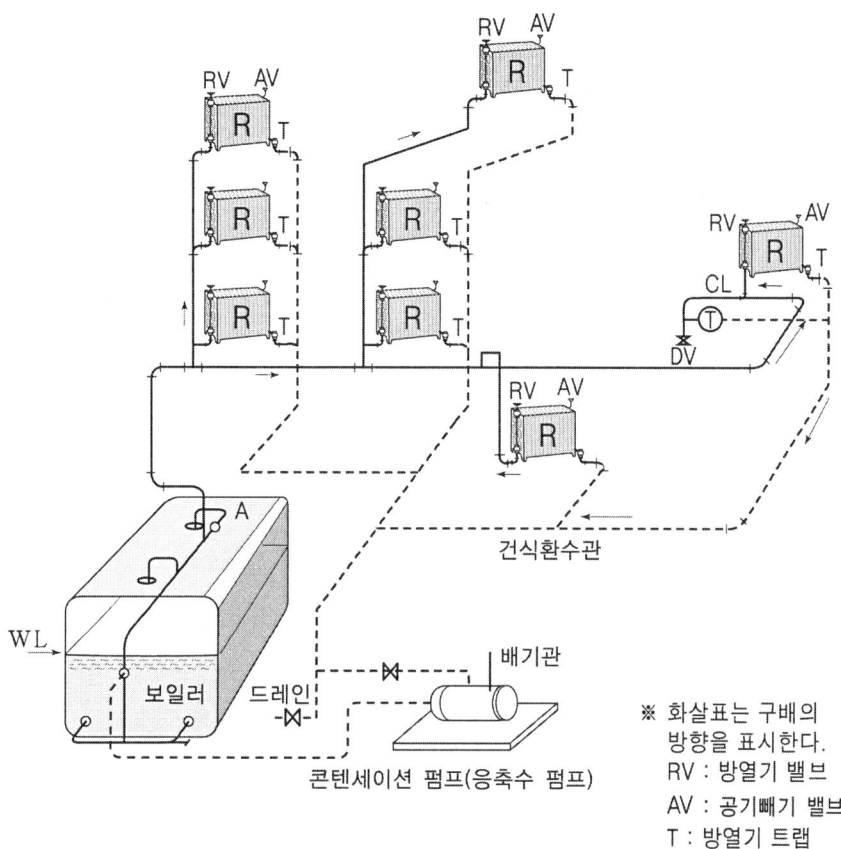

◎ 그림 2-5 기계환수식 증기난방

3) 진공 환수식 증기난방

대규모 난방에 사용되며 환수관의 끝에서 보일러 바로 앞에 진공펌프를 설치하여 난방시킨다. 즉 환수관 내의 응축수와 공기를 펌프로 빨아내고 관내를 100~250 mmHg 정도의 진공상태로 유지하여 응축수를 빨리 배출시킨다.

① 증기의 회전이 제일 빠른 난방이다.
② 환수관의 직경이 작아도 된다.
③ 방열기 설치 장소에 제한을 받지 않는다.
④ 방열량이 광범위하게 조절된다.(중력식, 기계식의 결점을 보완한 것임)

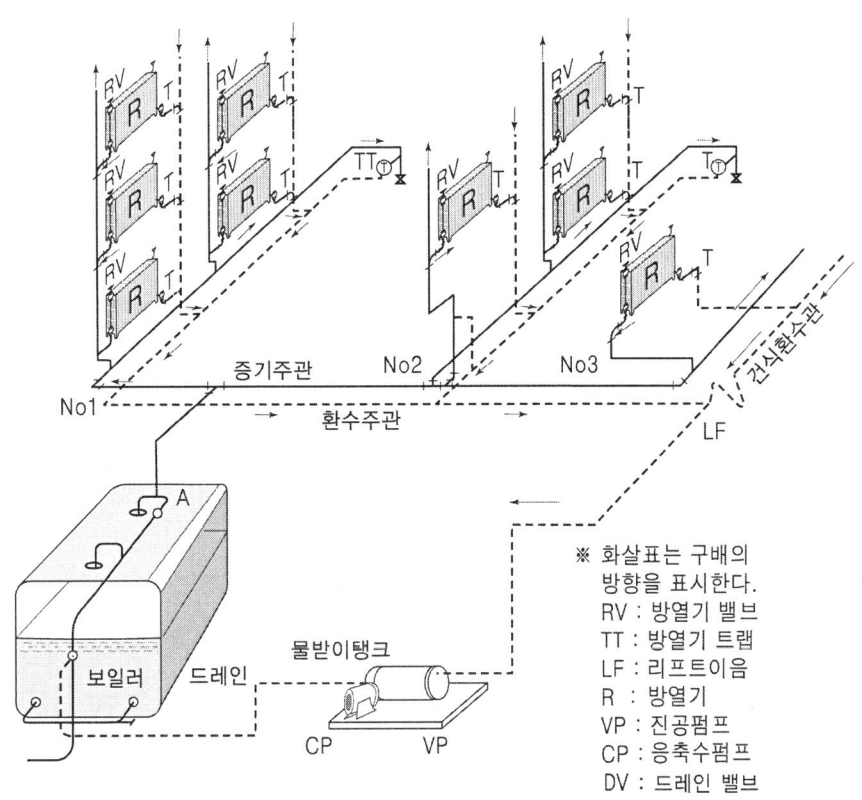

◎ **그림 2-6** 진공 환수식 증기난방

4) 증기 난방시공

㉮ 배관구배

① 단관 중력식 증기난방

단관식의 경우는 가급적 구배를 크게 하여 하향식, 상향식 모두 증기와 응축수가 역류되지 않게 한다. 그러기 위하여 선단 하향구배(끝내림 구배)를 준다.

㉠ 하향 공급식(순류관) 구배

증기가 응축수와 동일방향으로 흐르며 구배는 1/100~1/200이다.

㉡ 상향 공급식(역류관) 구배 : 1/50~1/100

② 복관 중력식 증기난방

복관식의 경우 환수관이 건식과 습식에서는 시공법이 다르지만 증기 메인 파이프는 어느 경우에도 구배가 1/200 정도의 선단 하향구배이다.

㉠ 건식 환수관

1/200 정도의 선단 하향구배로 보일러실까지 배관하고 환수관의 위치는

보일러 표준수위보다 650mm 높은 위치에 시공하여 급수에 지장이 없도록 한다. 또한 증기관과 환수관이 연결되는 곳에는 반드시 증기트랩을 설치하여 증기가 환수관으로 흐르지 않도록 방지한다.

ⓒ 습식 환수관
증기관 내의 응축수를 환수관에 배출할 때 트랩장치를 사용하지 않고 직접 배출이 가능하다. 또 환수관 말단의 수면이 보일러 수면보다 응축수의 마찰손실 수면이 높아지므로 증기주관을 환수관의 수면보다 400mm 이상 높게 하고 이 설비가 불가능하면 응축수 펌프를 설비하여 보일러에 급수한다.

④ 증기 난방시공

진공환수식에서는 환수관은 건식환수관을 사용한다. 또한 증기주관은 1/200~1/300 하향 구배(끝내림)를 만들고 방열기 브랜치관 등에서 선단에 트랩장치를 가지고 있지 않은 경우에는 1/50~1/100의 역구배를 만들고 응축수를 증기주관에 역류시킨다. 그리고 저압증기 환수관이 진공펌프의 흡입구보다 낮은 위치에 있을 때 응축수를 끌어 올리기 위한 설치로 리프트 피팅을 시공하는 경우에는 환수 주관보다 1~2mm 정도의 작은 치수를 사용하고 1단의 흡상높이는 1.5m 이내로 한다. 리프트 피팅의 그 사용개수는 가급적 적게 하고 급수펌프의 가까이에서 1개소만 설비토록 한다.

2.3 복사난방

복사난방이란 바닥에 가열코일을 매설하여 그 코일 내에 온수를 보내어 그 복사열로 난방을 한다.

1) 복사난방의 장·단점

- **장점**
  ① 실내온도가 균일하여 쾌감도가 높다.
  ② 방열기의 설치가 불필요하여 바닥면의 이용도가 높다.
  ③ 동일 방열량에 대해 열손실이 대체로 적다.
  ④ 공기의 대류가 적어서 공기의 오염도가 적다.
  ⑤ 평균온도가 낮아서 열손실이 적다.

⑥ 천장이 높은 집에 난방이 적당하다.

- **단점**
  ① 외기온도 변화에 따른 조작이 어렵다.
  ② 배관을 매설하기 때문에 시공이 어렵다.
  ③ 고장 시 발견이 어렵고 벽 표면이나 시멘트 모르타르 부분에 균열이 발생한다.
  ④ 단열재의 시공이 필요하다.

2) 복사난방의 분류(열매체의 종류에 의한 분류)

① 온수 복사난방 : 일반적으로 65~82℃의 온수를 매설된 가열코일에 순환시켜 난방한다.
② 증기 복사난방 : 저압증기를 사용하여 100℃ 이상의 고온이므로 매설은 피하고 구조체의 내·외벽 사이에 코일을 배치하여 간접 난방한다.
③ 온풍 복사난방 : 온풍을 덕트를 통해 천장이나 바닥 밑에서 불어넣어 가열하여 난방한다.
④ 전열 복사난방 : 전열선을 이용하여 천장, 바닥, 벽 등을 가열하며 특수 전열패널을 사용한다.

3) 패널의 종류

① 바닥패널 : 패널면적이 커야 한다.
② 천장패널 : 패널면적이 작아도 된다.
③ 벽패널 : 시공이 곤란하여 활용가치가 없다.

4) 방열관 배관방식

① 직렬식 : 송수주관과 환수주관을 1개의 관으로 길게 연결한 방식으로 관로저항이 크므로 난방면적이 10m² 이하에 적당하다.
② 병렬식 : 송수주관과 환수주관 사이를 여러 갈래로 연결하여 배관한 방식으로 관로저항이 적고 배관비용이 적당하다.
  ㉠ 분리주관식 : 송수주관이 환수주관 양쪽으로 분리되어 있도록 배관하고 주관 사이를 여러 갈래로 벤드 코일을 설치한 형식이다.
  ㉡ 인접주관식 : 송수주관과 환수주관이 같은 곳에 위치하도록 배관하고 주관 사이를 여러 갈래로 벤드 코일을 설치한 형식이다.

③ 사다리꼴식 : 배관 형태를 사다리 모양으로 배열한 방식으로 동일한 규격의 방이 많은 아파트(공동주택) 등에서 적당한 방식이다.

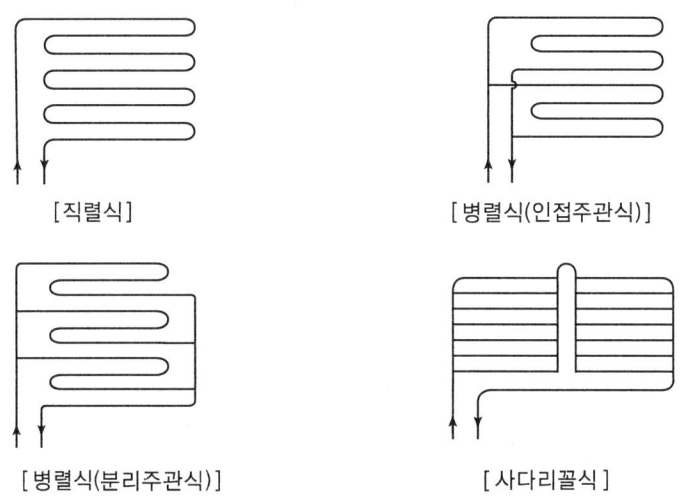

◎ 그림 2-7 방열관 배관방식

5) 관 코일의 패널의 재료

① 동관
② X-L관
③ 폴리에틸렌관(PE관)
④ 강관

6) 관 코일 배열법

① 그리드식 : 균등한 유량 분배로 각 코일의 온도가 거의 같도록 할 수 있고 코일 내 공기빼기가 용이하다.
② 벤드 코일식 : 관로의 저항이 많아 길이가 길어질 경우 전방부와 후방부의 온도차가 많이 발생할 수 있다.
③ 달팽이형 코일 : 벤드 코일의 단점을 보완하기 위한 형태로 패널의 중앙부에서 달팽이 모양으로 코일을 배관한 것으로 면적이 작은 온수온돌에 많이 적용되고 있다.

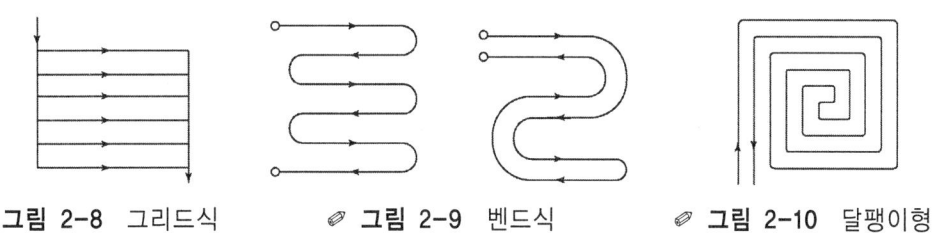

◎ 그림 2-8 그리드식   ◎ 그림 2-9 벤드식   ◎ 그림 2-10 달팽이형

7) 패널의 한 존당 길이

1구역당 40~60m 정도의 길이로 각 회로를 동일하게 한다.

8) 온수 온돌의 시공

① 온수 온돌 시공순서

배관기초공사 → 방수처리 → 단열·보온처리 → 코일 받침재 설치 → 배관작업 → 공기빼기설치 → 보일러 설치 → 수압시험 → 온수순환시험 및 경사조정 → 골재 충진작업 → 시멘트몰탈 바르기 → 양생건조작업

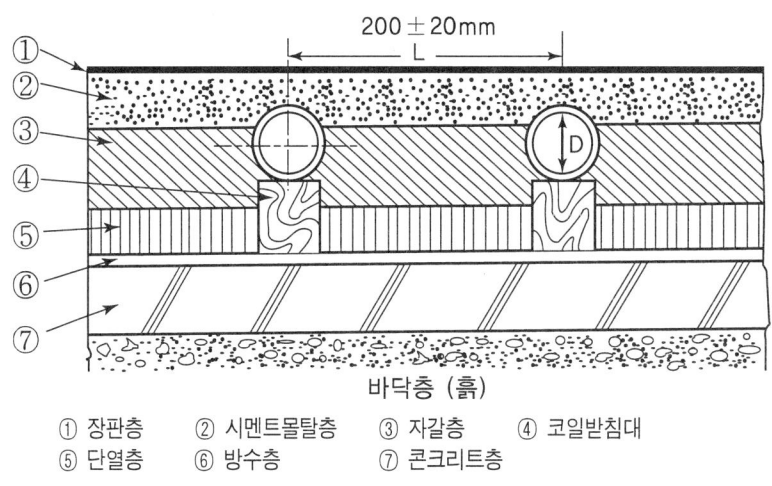

① 장판층 ② 시멘트몰탈층 ③ 자갈층 ④ 코일받침대
⑤ 단열층 ⑥ 방수층 ⑦ 콘크리트층

그림 2-11 온수온돌 시공층 단면도

9) 온돌 및 난방설비의 설치기준

– 건축물의 설비기준 등에 관한 규칙[개정 2013.9.2.]

㉮ 온수온돌

① 온수온돌이란 보일러 또는 그 밖의 열원으로부터 생성된 온수를 바닥에 설치된 배관을 통하여 흐르게 하여 난방을 하는 방식을 말한다.

② 온수온돌은 바탕층, 단열층, 채움층, 배관층(방열관을 포함한다) 및 마감층 등으로 구성된다.

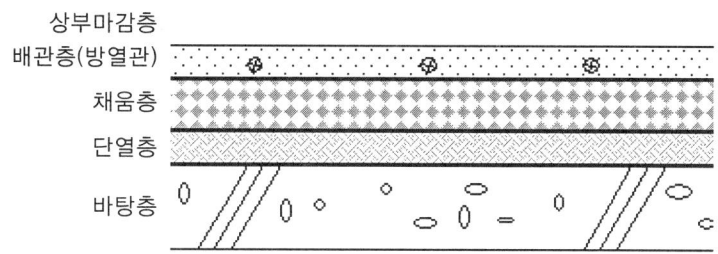

㉠ 바탕층이란 온돌이 설치되는 건축물의 최하층 또는 중간층의 바닥을 말한다.

㉡ 단열층이란 온수온돌의 배관층에서 방출되는 열이 바탕층 아래로 손실되는 것을 방지하기 위하여 배관층과 바탕층 사이에 단열재를 설치하는 층을 말한다.

㉢ 채움층이란 온돌구조의 높이 조정, 차음성능 향상, 보조적인 단열기능 등을 위하여 배관층과 단열층 사이에 완충재 등을 설치하는 층을 말한다.

㉣ 배관층이란 단열층 또는 채움층 위에 방열관을 설치하는 층을 말한다.

㉤ 방열관이란 열을 발산하는 온수를 순환시키기 위하여 배관층에 설치하는 온수배관을 말한다.

㉥ 마감층이란 배관층 위에 시멘트, 모르타르, 미장 등을 설치하거나 마루재, 장판 등 최종 마감재를 설치하는 층을 말한다.

③ 온수 온수온돌의 설치 기준

㉠ 단열층은 「녹색건축물 조성 지원법」 제15조 제1항에 따라 국토교통부장관이 고시하는 기준에 적합하여야 하며, 바닥난방을 위한 열이 바탕층 아래 및 측벽으로 손실되는 것을 막을 수 있도록 단열재를 방열관과 바탕층 사이에 설치하여야 한다. 다만, 바탕층의 축열을 직접 이용하는 심야전기이용 온돌(「한국전력공사법」에 따른 한국전력공사의 심야전력이용기기 승인을 받은 것만 해당하며, 이하 "심야전기이용 온돌"이라 한다.)의 경우에는 단열재를 바탕층 아래에 설치할 수 있다.

㉡ 배관층과 바탕층 사이의 열저항은 층간 바닥인 경우에는 해당 바닥에 요구되는 열관류저항(별표 4에 따른 열관류율의 역수를 말한다. 이하 같다.)의 60% 이상이어야 하고, 최하층 바닥인 경우에는 해당 바닥에 요구되는 열관류저항이 70% 이상이어야 한다. 다만, 심야전기이용 온돌의 경우에는 그러하지 아니하다.

㉢ 단열재는 내열성 및 내구성이 있어야 하며 단열층 위의 적재하중 및 고정하중에 버틸 수 있는 강도를 가지거나 그러한 구조로 설치되어야 한다.

㉣ 바탕층이 지면에 접하는 경우에는 바탕층 아래와 주변 벽면에 높이 10cm 이상의 방수처리를 하여야 하며, 단열재의 윗부분에 방습처리를 하여야 한다.

㉤ 방열관은 잘 부식되지 아니하고 열에 견딜 수 있어야 하며, 바닥의 표면온도가 균일하도록 설치하여야 한다.

㉥ 배관층은 방열관에서 방출된 열이 마감층 부위로 최대한 균일하게 전달될 수 있는 높이와 구조를 갖추어야 한다.

㉦ 마감층은 수평이 되도록 설치하여야 하며, 바닥의 균열을 방지하기 위하여 충분하게 양생하거나 건조시켜 마감재의 뒤틀림이나 변형이 없도록 하여야 한다.

㉧ 한국산업규격에 따른 조립식 온수온돌판을 사용하여 온수온돌을 시공하는 경우에는 ㉠부터 ㉦까지의 규정을 적용하지 아니한다.

㉨ 국토교통부장관은 ㉠부터 ㉦까지에서 규정한 것 외에 온수온돌의 설치에 관하여 필요한 사항을 정하여 고시할 수 있다.

㉯ 구들온돌

① 구들온돌이란 연탄 또는 그 밖의 가연물질이 연소할 때 발생하는 연기와 연소열에 의하여 가열된 공기를 바닥 하부로 통과시켜 난방을 하는 방식을 말한다.

② 구들온돌은 아궁이, 환기구, 공기흡입구, 고래, 굴뚝 및 굴뚝목 등으로 구성된다.

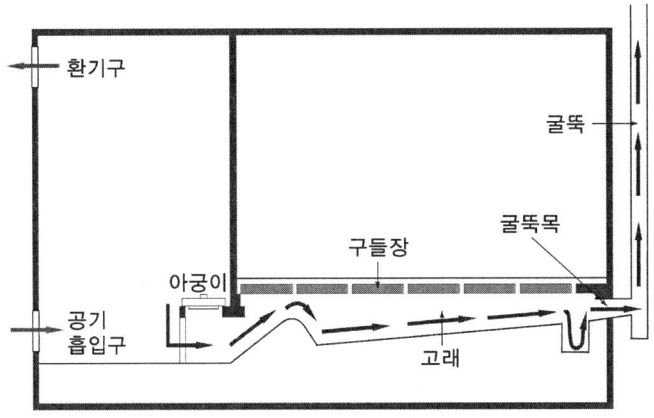

㉠ 아궁이란 연탄이나 목재 등 가연물질의 연소를 통하여 열을 발생시키는 부위를 말한다.

㉡ 환기구란 아궁이가 설치되는 공간에서 연탄 등 가연물질의 연소를 통하여 발생하는 가스를 원활하게 배출하기 위한 통로를 말한다.

ⓒ 공기흡입구란 아궁이가 설치되는 공간에서 연탄 등 가연물질의 연소에 필요한 공기를 외부에서 공급받기 위한 통로를 말한다.

ⓔ 고래란 아궁이에서 발생한 연소가스 및 가열된 공기가 굴뚝으로 배출되기 전에 구들 아래에서 최대한 균일하게 흐르도록 하기 위하여 설치된 통로를 말한다.

ⓜ 굴뚝이란 고래를 통하여 구들 아래를 통과한 연소가스 및 가열된 공기를 외부로 원활하게 배출하기 위한 장치를 말한다.

ⓗ 굴뚝목이란 고래에서 굴뚝으로 연결되는 입구 및 그 주변부를 말한다.

③ 구들온돌의 설치 기준

㉠ 연탄아궁이가 있는 곳은 연탄가스를 원활하게 배출할 수 있도록 그 바닥면적의 1/10 이상에 해당하는 면적의 환기용 구멍 또는 환기설비를 설치하여야 하며, 외기에 접하는 벽체의 아랫부분에는 연탄의 연소를 촉진하기 위하여 지름 10cm 이상 20cm 이하의 공기흡입구를 설치하여야 한다.

㉡ 고래바닥은 연탄가스를 원활하게 배출할 수 있도록 높이/수평거리가 1/5 이상이 되도록 하여야 한다.

㉢ 부뚜막식 연탄아궁이에 고래로 연기를 유도하기 위하여 유도관을 설치하는 경우에는 20° 이상 45° 이하의 경사를 두어야 한다.

㉣ 굴뚝의 단면적은 150cm² 이상으로 하여야 하며, 굴뚝목의 단면적은 굴뚝의 단면적보다 크게 하여야 한다.

㉤ 연탄식 구들온돌이 아닌 전통 방법에 의한 구들을 설치할 경우에는 1)부터 4)까지의 규정을 적용하지 아니한다.

㉥ 국토교통부장관은 ㉠부터 ㉤까지에서 규정한 것 외에 구들온돌의 설치에 관하여 필요한 사항을 정하여 고시할 수 있다.

2.4 지역난방

열병합 발전소에서 열공급 시설의 열발생 장치를 통하여 고압의 증기로 중온수를 생산한 다음, 일정지역을 대상으로 건물의 열설비로 보내어 공급된 중온수를 열교환기를 통해서 저온수로 열교환을 하여 공급하는 난방 방식이다. 공장이나 병원 또는 학교 아파트 등 난방에서 시가지 전 지역에 걸쳐서 난방하는 것을 지역난방이라 한다.

㉮ 지역난방의 장점

① 각각의 건물에 보일러를 설치하는 경우에 비해 대규모 설비로 되어 관리도 완벽히 할 수 있어 열효율이 좋고 연료비가 절감된다.
② 각 건물에 보일러실 연돌이 필요 없으므로 건물의 유효면적이 증대된다.
③ 설비의 고도화에 따라 도시 매연이 감소된다.
④ 인건비가 경감된다.
⑤ 각 건물의 난방운전이 합리적으로 된다.

㉯ 지역난방의 열매체

① 증기 : 게이지 압력 $1kg/cm^2$에서 $15kg/cm^2$까지 사용된다.
② 온수 : 100℃ 이상의 고온수가 주로 사용된다.

제3장

난방설비

3.1 난방설비 배관

1) 보일러 주위의 배관

하트포드 접속법(Hartford Connection)은 보일러의 물이 환수관에 역류하여 보일러 속의 수면이 저수위 이하로 내려가는 경우가 있는데 이것을 방지하기 위하여 증기관과 환수관 사이에 표준수면에서 50mm 아래로 균형관(밸런스관)을 설치하여 증기압력과 환수관의 균형을 유지시키기 위한 접속법이다.

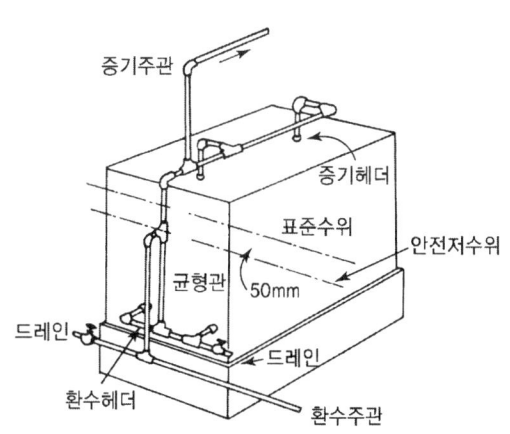

※ 그림 3-1 하트포드 접속

2) 방열기 주변배관

방열기 지관은 스위블 이음을 이용해 따내고 지관의 구배는 증기관은 끝올림 환수관은 끝내림으로 한다. 주형방열기는 벽에서 50~60mm 떼어서 설치한다. 또한 벽걸이형은 방바닥에서 150mm 높게 설치하여야 하고 컨벡터는 90mm 높게 설치한다.

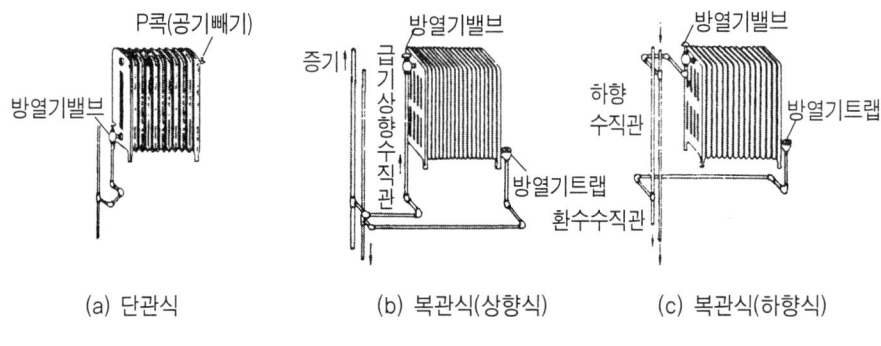

*그림 3-2 방열기 주변배관

3) 감압밸브의 설치

감압밸브(pressure reducing valve)는 고압관과 저압관 사이에 설치하여 고압측 압력을 필요한 압력으로 낮추어 저압측의 압력을 일정하게 유지시키는 밸브이다. 감압밸브는 고압측과 저압측의 압력비를 2 : 1 이내로 하고 초과할 경우 2개의 감압밸브를 직렬로 사용하여 2단 감압시키는 것이 바람직하며 압력제어 방법에 따라 자력식과 타력식이 있다.

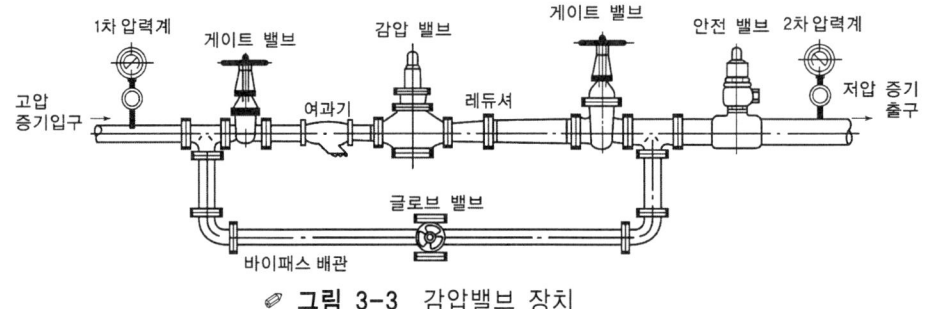

*그림 3-3 감압밸브 장치

※ 레듀셔(reducer)를 이용하는 원인 : 감압밸브 2차측에 레듀셔를 사용하는 것은 증기가 감압되어 증기의 부피가 증가하므로 사용

4) 리프트 피팅(Lift Fitting)

리프트 피팅에서 응축수를 끌어올리는 높이가 1.5m 이하 시에는 1단 리프트 피팅을 하고 3m 이하일 때는 2단 리프트 피팅을 한다.

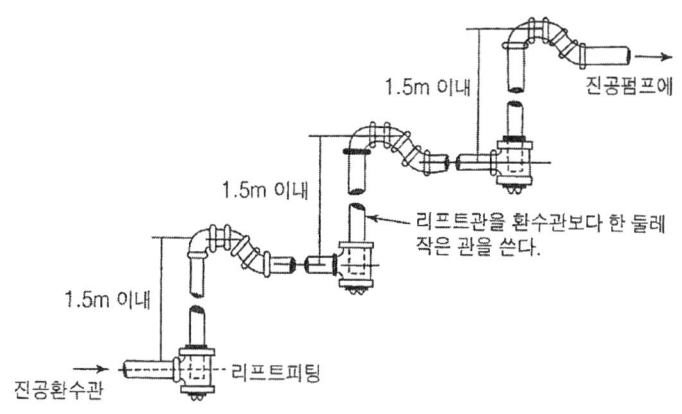

그림 3-4 리프트 이음(lift fitting)

5) 증기주관 관말트랩 장치 배관

① 드레인 포켓과 냉각관(Cooling leg)

증기주관에서 응축수를 건식 환수관에 배출하려면 주관과 동경으로 100mm 이상 내리고 하부로 150mm 이상 연장해 드레인 포켓을 만들어 준다. 냉각관은 트랩 앞에서 1.5m 이상 떨어진 곳까지 나관 배관한다.

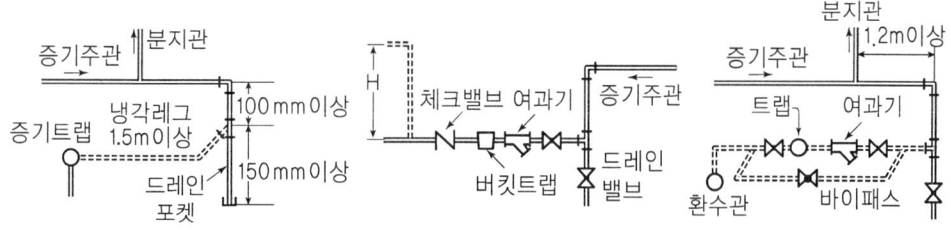

그림 3-5 증기트랩 주위배관

② 바이패스관 설치

트랩이나 제어밸브장치, 수량계 등의 고장, 수리, 교환 등에 대비하기 위해 설치해 준다.

③ 증기주관 도중의 입상개소에 트랩배관

드레인 포켓을 설치해 준다. 건식 환수관일 때는 반드시 트랩을 경유시킨다.

④ 증기주관 도중의 입하관 분기배관

T 이음은 상향 또는 45° 상향으로 세워 스위블 이음을 경유하여 입하 배관한다.

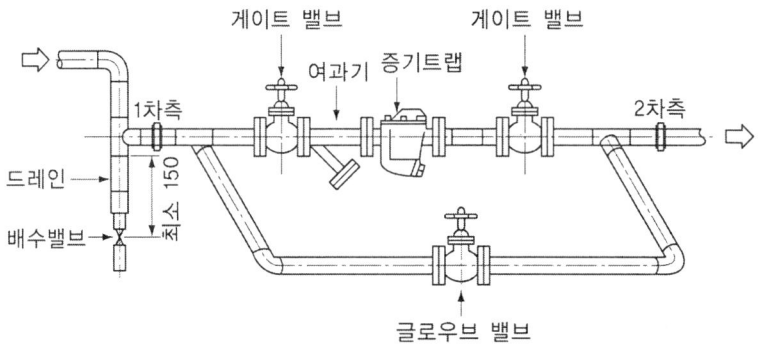

◎ 그림 3-6 증기(버킷)트랩 주위배관

6) 증발탱크(Flash tank)

고압증기 환수관을 그대로 저압증기의 환수관에 직결해서 생기는 증발을 막기 위해 증발탱크(플래시 탱크)를 설치하며, 이때 증발탱크의 크기는 보통 직경 100~300mm, 길이 900~1800mm이다.

7) 방열기기(Radiator)

실내에 설치하여 증기나 온수를 순환시켜 복사 및 대류작용에 의해 열을 방출하여 실내온도를 높여 난방의 목적을 달성하는 기기이다.

㉮ 방열기의 분류

① 열매에 의한 분류 : 증기용, 온수용
② 재료에 의한 분류 : 주철제, 강판제, 알루미늄제, 구리제 등
③ 형상에 의한 분류 : 주형, 벽걸이형, 길드형, 대류형, 관방열기, 베이스보드 방열기 등

㉯ 방열기의 특징

① 주형(柱形) 방열기(column radiator) : 기둥의 수와 크기에 따라 2주형, 3주형, 3세주형, 5세주형이 있고, 3세주형과 5세주형이 많이 사용된다.
② 벽걸이형 방열기(wall radiator) : 주철제로 수평형과 수직형이 있으며 수평형의 폭은 540mm, 수직형은 360mm, 설치수는 15쪽까지 조립하여 사용한다.
③ 길드 방열기(Gilled radiator) : 길이 1m 정도의 주철관 외부에 공기와 접촉하는 전열면적을 넓히기 위해 핀을 부착시켜 방열량을 증가시키고 양쪽 끝에 플랜지가 붙어 있다.

(a) 2주형   (b) 3주형   (c) 3세주형   (d) 5세주형

📎 그림 3-7 주형 방열기

[횡형]   [종형]
(a) 벽걸이형 방열기   (b) 길드 방열기

[콘벡터(대류형 방열기)]   [베이스보드형 방열기]   [팬코일유닛]
(c) 대류 방열기

📎 그림 3-8 방열기 종류

④ 강판제 방열기 : 외형이 주철제 방열기와 비슷하고 2주, 3주, 4주의 종류가 있고 프레스로 성형하여 용접으로 제작한다.
⑤ 강관제 방열기 : 고압 증기에도 사용이 가능하며, 강관을 조립하여 사용한다.
⑥ 알루미늄 방열기 : 알루미늄으로 제작된 섹션을 조립하므로 외관이 미려하고 경량이므로 많이 사용되어지고 있다.
⑦ 대류 방열기(Convector) : 강판제 캐비닛 속에 핀튜브형의 가열기가 있어 여기에 증기나 온수를 통과시켜 대류작용으로 난방하며 캐비닛 히터라고 하며, 특히 높이가 낮은 대류 방열기를 베이스보드형 히터라 한다.

⑧ 유닛 히터(Unit heater) : 공장이나 창고 등과 같이 높고 넓은 공간에 주로 사용하는 강제대류식 방열기로서 팬, 가열코일, 케이싱으로 구성되어 있다.

⑨ 팬코일 유닛(Fan Coil Unit) : 냉각·가열코일, 송풍기, 공기여과기를 케이싱 내 수납한 것으로 냉·온수를 코일에 공급받아 온풍 또는 냉풍을 실내로 공급하는 강제대류형 냉난방 기기이다.

㉰ 방열기의 설치

① 설치위치 : 실내공기가 대류작용에 의해 순환되도록 외기에 접한 창문 아래쪽에 설치하여 유리창면으로부터의 콜드드래프트나 창틈 사이에서 침입하는 냉기를 방지하며 방열기는 가급적 20쪽 이상을 설치하지 않는 것이 좋다.

② 이격거리 : 주형방열기의 경우 벽면에서 50~60mm 떨어져 설치하고, 벽걸이형 방열기는 바닥에서 보통 150mm 정도 높게 설치한다.

㉱ 방열기 호칭 및 도시법

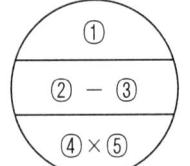

상단 : ① 쪽수(섹션수)
중앙 : ② 종별, ③ 형(치수, 높이)
하단 : ④ 유입관지름, ⑤ 유출관 지름
　　　⑥ 설치개수

구 분	종 별	도시기호
주형	2주형	II
	3주형	III
	3세주형	3
	5세주형	5
벽걸이형(W)	수평형	H
	수직형	V

✐ 그림 3-9 방열기의 표시

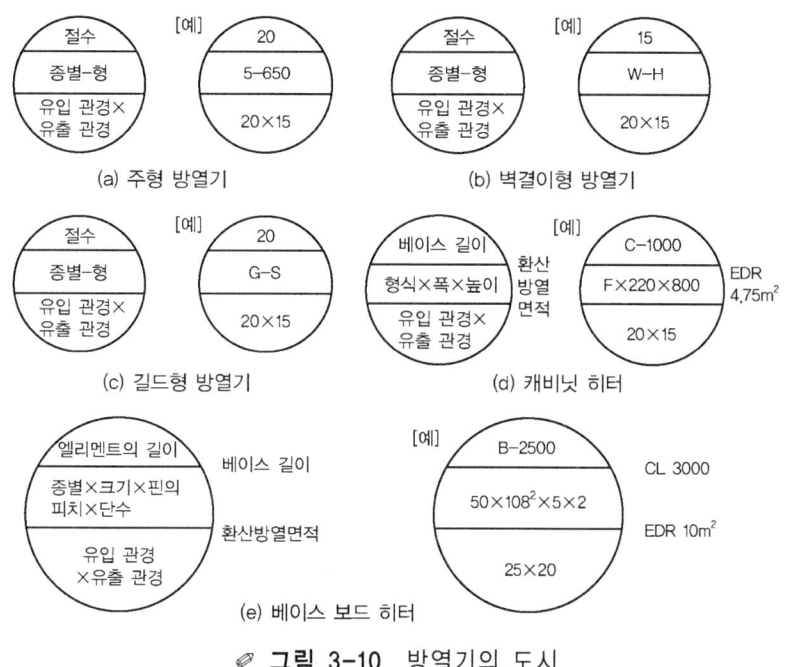

그림 3-10 방열기의 도시

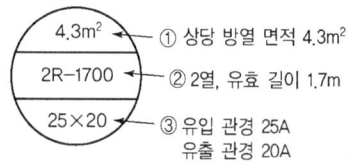

그림 3-11 컨벡터의 도시

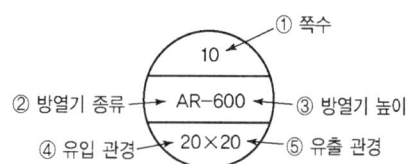

그림 3-12 알루미늄 방열기의 도시

(마) 방열기의 부속

① 방열기 밸브 : 방열기 입구에 설치해서 증기나 온수의 유량을 수동으로 조절하며 앵글밸브 형식이다.

② 방열기 트랩 : 방열기 출구에 설치하는 열동식 트랩(Thermostatic Trap)이며 에테르 등의 휘발성 액체를 넣은 벨로우즈를 부착하여 이것에 접촉되는 열의 고저에 의한 팽창이나 수축작용으로 벨로우즈 하부의 밸브가 개폐됨으로써 응축수를 환수관에 보내는 역할을 하는 트랩이다.

③ 공기빼기밸브(air vent valve) 및 에어핀(air pin)

그림 3-13 방열기 앵글밸브 및 유니온 엘보(온수)

8) 팽창탱크

팽창탱크는 온수보일러의 안전장치로서 온수의 온도가 상승하여 온수체적이 증가하여 수압의 상승에 의한 보일러의 파열사고를 방지하기 위해 설치된다.

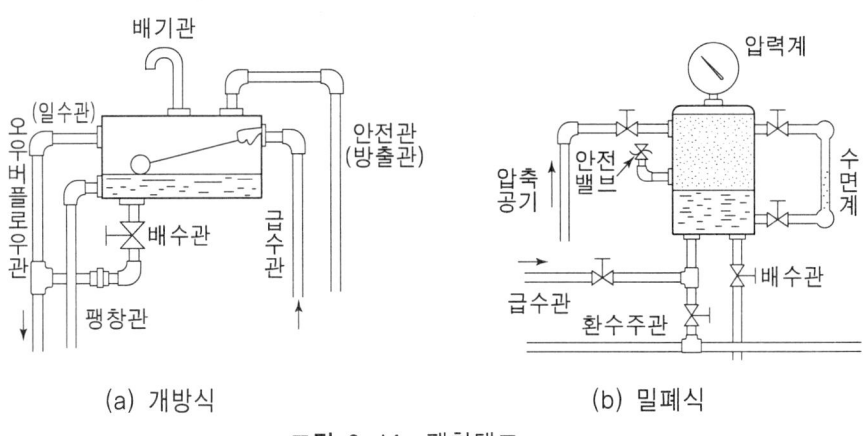

(a) 개방식　　　　　　　　　(b) 밀폐식

◎ 그림 3-14 팽창탱크

㉮ 설치목적

① 보일러 운전 중 장치 내의 온도상승에 의한 체적팽창이나 이상팽창의 압력을 흡수한다.
② 운전 중 장치 내를 일정한 압력으로 유지하고 온수온도를 유지한다.
③ 팽창한 물의 배출을 방지하여 장치 내의 열손실을 방지한다.
④ 보충수를 공급하여 준다.
⑤ 공기를 배출하고 운전정지 후에도 일정압력이 유지된다.

㉯ 팽창탱크의 종류

- 구조에 따라 : 개방식, 밀폐식
- 재질에 따라 : 강철제, 내열성 합성수지

① 개방식 팽창탱크

일반주택 등에서 저온수 난방시에 주로 사용되며 대기에 개방된 개방관은 팽창탱크에 두고 온수팽창에 의한 팽창압력을 외부로 배출하며 탱크설치 시 주의사항은 다음과 같다.

㉠ 최고 부위 방열기나 방열관보다 1m 이상 높게 설치한다.
㉡ 100℃ 이상의 온도에 견딜 수 있는 재료를 선택한다.
㉢ 팽창탱크 내부의 수위를 알 수 있는 구조이어야 한다.

② 용량은 온수 팽창량의 2배 정도가 되어야 한다.
⑤ 동결에 의한 방지조치가 필요하다.
⑥ 필요시 자동급수 장치를 갖추는 것을 원칙으로 한다.
⑦ 팽창탱크에는 상부에 통기구멍을 설치한다.
⑧ 팽창탱크의 과잉수에 의해 화상을 당하지 않게 하기 위하여 오버플로관을 설치한다.
⑨ 탱크에 연결되는 팽창 흡수관은 탱크 바닥면보다 25mm 이상 높게 설치한다.
⑩ 수도관이나 급수관이 보일러나 배관 등에 직접 연결되지 않도록 한다.

② 밀폐식 팽창탱크
주로 고온수 난방에 사용되며 설치위치에 관계없이 설비가 가능하다. 팽창압력을 압축공기 등으로 흡수해야 하기 때문에 여기에 다음의 부대장치가 필요하다.
㉠ 수위계   ㉡ 안전밸브   ㉢ 압력계
㉣ 압축 공기관   ㉤ 급수관   ㉥ 배수관

③ 팽창탱크 용량계산
㉠ 개방식

$$\Delta V = \alpha \cdot V \cdot \Delta t, \quad \Delta V = (\frac{1}{\rho_2} - \frac{1}{\rho_1}) \times V$$

여기서, α : 물의 팽창계수(0.5×10^{-3}/℃)
Δt : 온도차(운전온도 - 시동전 온도)(℃)
V : 보유수량(전수량)(l)
ρ_1 : 시동전 물의 밀도(kg/l)
ρ_2 : 운전 중 물의 밀도(kg/l)

㉡ 밀폐식

$$E.T = \frac{\Delta V}{\frac{P_a}{P_a + 0.1h} - \frac{P_a}{P_t}} (l)$$

여기서, ΔV : 온수 팽창량(l)
P_a : 대기압(kg/cm²) = 1(kg/cm²·abs)
h : 팽창탱크로부터 최고부까지 높이(m)
Pt : 보일러의 최고 허용압력(kg/cm²·abs)

ⓒ 밀폐식 팽창탱크에 필요한 공기압

$$H_r = h + h_t + \frac{1}{2}h_p + 2$$

여기서, H_r : 필요한 공기압(mH₂O)
h : 최고부까지의 높이(m)
h_p : 펌프의 양정(m)
h_t : 온수온도에 상당하는 포화증기압(mH₂O)

9) 공기 방출기

온수보일러 등에서 장치 내에 침입하는 공기를 외부로 방출하기 위하여 설치한다.

㉮ 구조상의 종류

① 자동 에어벤트 : 물과 공기와의 비중차를 이용한다.
② 에어핀 : 수동으로 공기를 제거시킨다.
③ 공기 방출관 : 공기가 스스로 배기되나 고층에서는 활용가치가 없다.

㉯ 설치방법

① 상향식 보일러 : 공기방출기는 환수주관부 가장 높은 곳에 설치한다.
② 하향식 보일러 : 공기방출기는 팽창탱크와 겸하여 보일러 바로 위에 설치한다.
  (팽창탱크와 별도로 설치하면 더욱 좋다.)
③ 공기방출기 설치위치
  ㉠ 개방식은 팽창탱크 수면보다 50cm 이상 높게 한다.
  ㉡ 인접주관식 배관의 상향순환식은 한 갈래마다 공기방출기가 필요하다.

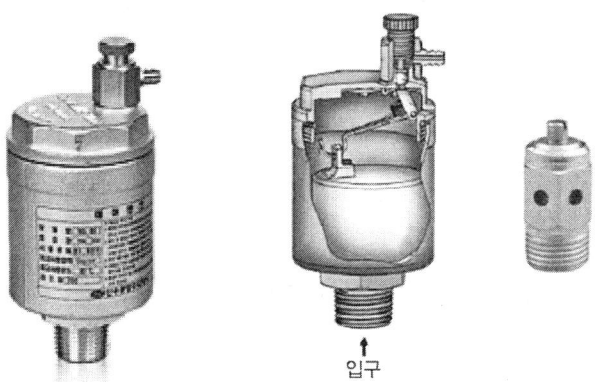

✎ 그림 3-15 공기빼기밸브(air vent valve) 및 에어핀(air pin)

3.2 급탕설비

급탕을 필요로 하는 개소에는 세면기, 욕조, 샤워, 요리싱크 등이 있고 특히 호텔이나 병원 등에서도 급탕설비는 반드시 하고 있다. 온수의 온도는 용도별로 차이가 있지만 보통 70~80℃의 온수를 공급하여 사용 장소에서 냉수를 혼합하여 적당한 온도로 용도에 맞게 사용한다. 급탕방법을 나누면 개별식과 중앙식으로 대별된다.

1) 개별식 급탕법(Local Hot Water Supply System)

가스나, 전기, 증기 등을 열원으로 하여 욕실이나 싱크대, 세면기 등 더운 물이 필요한 곳에 탕비기를 설치하여 짧은 배관시설에 의하여 기구 급탕전에 연결하여 사용하는 간단한 방법이며 특징은 다음과 같다.

① 배관길이가 짧아서 열손실이 적다.
② 필요한 적소에 간단하게 설비가 가능하다.
③ 급탕개소가 적을 때는 설비비가 싸다.
④ 소규모설비에 급탕이 용이하다.

2) 중앙식 급탕법(Central Hot Water Supply System)

이 방식은 건물의 지하실 등 일정한 장소에 탕비장치를 설치하여 배관으로 사용처에 급탕하며 열원은 증기, 석탄, 중유 등이 사용된다.

① 장점
  ㉠ 대규모 건축물에 급탕개소가 많을 때 사용이 가능하다.
  ㉡ 급탕량이 많아 사용하는 데 용이하다.
  ㉢ 비교적 연료비가 싼 연료로서 급탕이 가능하다.
  ㉣ 다른 설비 기계장치와 같은 장소에서 설치하여도 가능하기 때문에 보수관리가 편리하다.

② 급탕분류
  ㉠ 직접 가열식(소규모 건물용)
  ㉡ 간접 가열식(대규모 건물용)
  ㉢ 기수 혼합법(증기열원을 이용) : 소음발생의 결점을 방지하기 위하여 스팀사일렌서(Steam Silencer)를 사용한다. 그리고 다량의 급탕이 요구되는 곳에 사용된다.

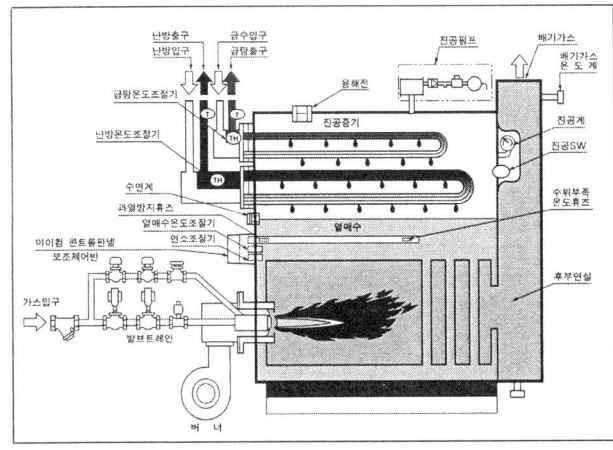
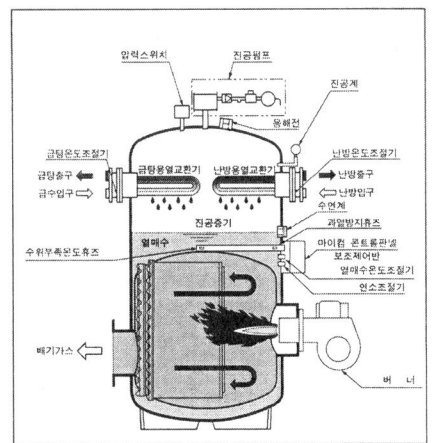

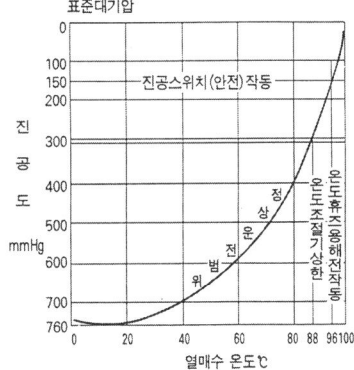

진공보일러는 열매수 온도 10℃ 진공도 750mmHg 전후에서 초기 시동되고 온도가 상승되면서 상대적으로 진공은 떨어지며 온도 콘트롤 상한치 88℃(진공도 300mmHg) 부근에서 온도부하 변동에 따라 작동 정지를 반복하는 자동운전을 한다.

이 과정에서 열매수는 비등 → 증발상승 → 열교환기 → 응축낙하 → 비등 → 증발상승 등의 상(Phase) 변화를 반복하므로 열교환기를 통하여 온수가 가열된다. 만일 운전중 열매수 또는 내부 스팀온도가 88℃를 훨씬 넘어 96℃에 이르도록 운전이 계속되면 온도 휴즈가 녹아 버너가 정지되고 용해전이 녹아내려 내부스팀을 외부로 방출하는 안전운전을 한다.

진공펌프는 1일 3회 3분 주기적으로 가동하여 직접 진공도를 유지시키되 진공도 150mmHg 이하에서 진공펌프가 다시 가동되는 이중의 진공유지 시스템으로 운전된다.

◎ 그림 3-16 진공보일러의 작동 및 운전

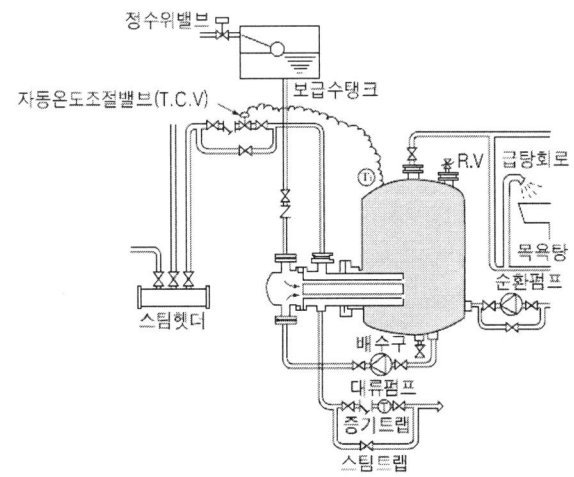

◎ 그림 3-17 간접 가열식 급탕탱크 주위 배관

제4장 난방부하

난방부하란 실내의 온도를 적절히 유지하기 위하여 공급하여야 할 열량을 말한다. 난방시스템의 설계에 앞서 각 실이나 난방을 필요로 하는 공간에 대하여 최대 손실 열량(난방부하)을 계산한다.

구 분	부하 발생요인
실내손실부하	벽체를 통한 전도 손실열량 (외벽, 내벽, 지붕, 바닥, 유리창, 문 등)
	틈새바람(극간풍)에 의한 손실열량
외기부하	외기의 도입(환기)에 의한 손실열량

4.1 난방부하 계산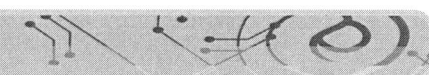

1) 벽체나 외기도입에 따른 난방부하 계산

① 벽체 부하

㉠ 외벽, 지붕, 유리창에서의 손실열량

$$q_1 = K \times A \times \Delta t \times 방위계수$$

- q : 손실열량(kcal/h)
- K : 열통과율(kcal/m$^2 \cdot$ h $\cdot$ ℃)
- A : 면적(m^2)
- Δt : 온도차(℃)

여기서, 방위계수는 남=1.0, 동·서=1.1, 북=1.2, 남동·남서=1.05, 북동·북서=1.15, 지붕 1.2로 한다.

㉡ 내벽, 문, 바닥에서의 손실열량

$$q_2 = K \times A \times \Delta t$$

여기서, 인접실과의 온도차(Δt)에서 중간에 비난방실(복도)이 있을 경우에는 비난방실의 온도는 실내외 온도차의 1/2로 한다.

② 틈새바람 및 외기 부하

$$q_3 = G \cdot C \cdot \Delta t = G \cdot 0.24 \cdot \Delta t$$
$$= \gamma Q \cdot C \cdot \Delta t = 0.288 \cdot Q \cdot \Delta t$$

- G : 극간풍량(kg/h)
- Q : 극간풍량(m^3/h)
- γ : 공기의 비중량(1.2kgf/m^3)
- C : 공기의 비열(0.24kcal/kg℃)
- Δt : 실내외 온도차(℃)

2) 상당방열면적(EDR : Equivlent Dirert Radiation)으로 계산

① EDR : 상당방열면적이라고 하며 표준방열량을 말하며 방열면적 1m^2를 1EDR이라 한다.
   ㉠ 온수난방의 경우 : 450kcal/m^2h
   ㉡ 증기난방의 경우 : 650kcal/m^2h

② 표준방열량

구분	표준방열량 (kcal/m^2h)	방열기내 평균온도(℃)	실내온도(℃)	방열계수 (kcal/m^2h℃)	표준온도차(℃)
증기	650	102	18.5	8	83.5
온수	450	80	18.5	7.2	61.5

③ 방열량 계산
   ㉠ 방열기의 방열계수(kcal/m^2h℃) × 방열면적(m^2) × 온도차(℃)
   ㉡ 온도차(Δt) 계산

$$온도차 = \frac{방열기\ 입구온도 + 방열기\ 출구온도}{2} - 실내온도$$

④ 방열기에 의한 난방부하(kcal/h)

$$Q = 상당방열면적(m^2) \times 방열기의\ 방열량(kcal/m^2h)$$

⑤ 상당방열면적(m^2)

$$EDR = \frac{난방부하(kcal/h)}{방열기의\ 방열량(kcal/m^2h)}$$

⑥ 방열기 쪽수(온수 난방 시)

$$쪽수 = \frac{난방부하}{450 \times 쪽당\ 표면적}$$

⑦ 난방부하 계산(kcal/h)

$$난방부하 = EDR(m^2) \times 방열기의\ 방열량(kcal/m^2h)$$

⑧ 온수순환량 계산(kg/h)

$$순환량 = \frac{시간당\ 난방부하(kcal/h)}{온수의\ 비열(kcal/kg℃) \times (송수온도 - 환수온도)(℃)}$$

3) 열손실열량으로 난방부하 계산

벽체, 천장, 바닥, 유리창, 중간벽, 실내환기 등에서 손실을 총 열손실 난방부하라고 한다.

① 난방부하 계산(kcal/h)

$$Q = K \cdot A \cdot \Delta t$$

여기서, K : 열통과율(kcal/m²h℃)
A : 면적(m²)
Δt : 온도차(℃)

4) 간이식으로 난방부하 계산

① 난방부하 계산(kcal/h)

$$Q = 열손실\ 지수(kcal/m^2h) \times 난방면적(m^2)$$

② 열손실 지수(kcal/m²h)

열손실 지수란 일반주택의 경우 각 지역별 보온 단열 상태에 따라 정한 값이며 일반주택에서는 모든 자료를 종합한 열량이다.

4.2 열관류율(열통과율) 계산

$$Q = K \cdot A \cdot \Delta t$$

$$열관류율(K) = \frac{1}{R} = \frac{1}{\dfrac{1}{\alpha_1} + \dfrac{l_n}{\lambda_n} + \dfrac{1}{\alpha_2}} (kcal/m^2h℃)$$

여기서, K : 열관류율(kcal/m²h℃)
A : 전열면적(m²)
Δt : 온도차(℃)

4.3 보일러의 용량계산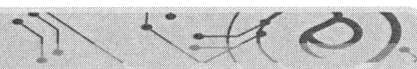

1) 보일러 효율과 난방부하 계산

㉮ 온수보일러에서 보일러의 효율계산

① 열효율, $\eta = \dfrac{G_W \cdot C \cdot (t_2 - t_1)}{G_f \cdot H_l} \times 100(\%)$

여기서, G_W : 온수 출탕량(kg/h)
　　　　C : 물의 비열(kcal/kg℃)
　　　　t_2 : 온수의 평균 출구온도(℃)
　　　　t_1 : 온수의 평균 입구온도(℃)
　　　　G_f : 연료 소비량(kg/h)
　　　　H_l : 연료의 저위발열량(kcal/kg)

㉯ 온수보일러의 출력계산

① 난방출력

$Q_h = G_h \cdot C \cdot (t_2 - t_1)$

여기서, Q_h : 보일러의 출력(kcal/h)
　　　　G_h : 출탕량 또는 급수량(kg/h)
　　　　C : 물의 평균비열(kcal/kg℃)
　　　　t_2 : 난방 출구온도(℃)
　　　　t_1 : 급수온도(℃)

② 연속 급탕출력

$Q = G_w \cdot C \cdot (t_2 - t_1)$

여기서, Q : 급탕출력(kcal/h)
　　　　C : 물의 평균비열(kcal/kg℃)
　　　　G_W : 급탕량(kg/h)
　　　　t_1 : 급수온도(℃)
　　　　t_2 : 급탕 출구온도(급탕 평균온도(℃))

2) 난방용 보일러의 출력계산

① 정격출력 = $Q_1 + Q_2 + Q_3 + Q_4$ (난방부하 + 급탕부하 + 배관부하 + 예열, 시동부하)

② 상용출력 = $Q_1 + Q_2 + Q_3$ (난방부하 + 급탕부하 + 배관부하)

③ 정미출력 = $Q_1 + Q_2$ (난방부하 + 급탕부하)

④ 난방부하

　㉠ EDR이용 계산

　　$Q = $ 상당방열면적(EDR) × 방열기의 방열량

　㉡ 외벽을 통한 손실열량 계산

　　$Q = K \cdot A \cdot \Delta t \times k$

　　여기서, K : 열관류율(kcal/m²h℃)
　　　　　A : 벽체, 바닥 등의 면적(m²)
　　　　　Δt : 실내외의 온도차(℃)
　　　　　k : 방위에 따른 부가계수(방위계수 : 외벽에만 적용)

　　$K(열관류율) = \dfrac{1}{R} = \dfrac{1}{\dfrac{1}{\alpha_1} + \dfrac{l_n}{\lambda_n} + \dfrac{1}{\alpha_2}}$

　　여기서, α_1 : 실내측 열전달률(kcal/m²h℃)
　　　　　α_2 : 실외측 열전달률(kcal/m²h℃)
　　　　　λ : 벽체의 열전도율(kcal/mh℃)
　　　　　l : 벽체의 두께(m)
　　　　　R : 열저항계수(열저항)(m²h℃/kcal)

⑤ 급탕부하 계산(Q_2)

　$Q_2 = G \cdot C \cdot \Delta t$ (kcal/h)

　여기서, G : 시간당 급탕량(kg/h)
　　　　　C : 물의 비열(kcal/kg℃)
　　　　　Δt : 출탕온도 − 급수온도(℃)

⑥ 배관부하(Q_3)

배관부하는 배관에서 생기는 열손실이며 난방, 급탕 등의 목적으로 온수를 배관을 통하여 공급하는 경우에 온수의 온도와 배관주위의 공기와 접하는 온도차로 인하여 많은 열손실이 생긴다. 그러나 배관부하는 적을수록 좋다.

㉠ 배관부하 = $(Q_1 + Q_2) \times (0.25 \sim 0.35)$

㉡ 배관부하 = $K \cdot A \cdot L \cdot \Delta t$

여기서, K : 관의 표면 열통과율($kcal/m^2 h℃$)
A : 배관의 나관의 1m 표면적(m^2)
L : 배관의 길이(m)
Δt : 관의 표면온도 – 접촉공기의 온도차(℃)

⑦ 예열부하(시동부하 : Q_4)

보일러 가동 전 냉각된 보일러를 운전온도가 될 때까지 가열하는 데 필요한 열량으로 보일러, 배관 등의 전 철의 무게가 예열되는 데 필요한 열량과 보일러 내부의 보유수의 물을 가열하는 데 소비되는 총 열량을 시동부하라 한다.

㉠ $Q_4 = (G_I \cdot C_I + G_W \cdot C_W)(t_2 - t_1)(kcal)$

여기서, G_I : 철의 무게(kg)
C_I : 철의 비열(kcal/kg℃)
G_W : 물의 무게(kg)
C_W : 물의 비열(kcal/kg℃)
t_2 : 보일러 가동상태의 물의 온도(℃)
t_1 : 보일러 가동전 물의 온도(℃)

㉡ $Q_4 = (Q_1 + Q_2 + Q_3) \times (0.25 \sim 0.35)$

㉰ **정격출력 계산(보일러 용량계산)**

$$Q_m = \frac{(Q_1 + Q_2)(1+\alpha)\beta}{k}$$

여기서, Q_1 : 난방부하(kcal/h)
Q_2 : 급탕부하(kcal/h)
α : 배관 부하율(0.25~0.35)
β : 예열부하(여력계수 : 1.40~1.65)
k : 출력 저하계수

㉱ **보일러 예열에 필요한 시간**

$$H = \frac{Q_4}{Q_m - \frac{1}{2}(Q_1 + Q_3)}(hr)$$

여기서, Q_m : 정격출력(kcal/h)
Q_1 : 난방부하(kcal/h)
Q_3 : 배관부하(kcal/h)
Q_4 : 예열부하(kcal/h)
$\frac{1}{2}(Q_1 + Q_3)$: 예열시간 중의 평균 열손실(kcal/h)

⑪ 온수 순환량 계산(kg/h)

$$순환량 = \frac{시간당\ 난방부하(kcal/h)}{온수의\ 비열(kcal/kg℃) \times (송수온도 - 환수온도)(℃)}$$

⑫ 자연순환 수두(mmAq)

$$H = (\gamma_1 - \gamma_2) \cdot h$$

※ 비중이 주어지면 곱하기 1000을 한다.

여기서, γ_1 : 보일러 가동 전 물의 비중량(kgf/m³)
γ_2 : 보일러 가동 후 물의 비중량(kgf/m³)
h : 배관의 수직높이(m)

⑬ 온수 팽창량의 계산

$$\Delta V = (\frac{1}{\rho_2} - \frac{1}{\rho_1}) \times V$$

여기서, ΔV : 온수 팽창량(L)
ρ_2 : 가열 후의 물의 밀도(kg/L)
ρ_1 : 가열 전의 물의 밀도(kg/L)
V : 전 수량(L)

⑭ 개방식 팽창탱크의 용량계산

ET = 온수 팽창량(l)×안전율(2~2.5배)

⑮ 밀폐식 팽창탱크의 용량

$$V = \frac{온수\ 팽창량}{\frac{P}{P+0.1h} - \frac{P}{보일러\ 최고\ 허용압력(kg/cm^2 \cdot abs)}} (l)$$

여기서, P : 대기압(1kg/cm²·abs)
h : 배관 최고 수직높이(m)

제5장

보일러 시공 실기 예상문제

01 다음 각 강관의 KS 규격 기호를 아래 보기에서 찾아 그 번호를 쓰시오.

(1) 배관용 탄소강관
(2) 압력 배관용 탄소강관
(3) 고온 배관용 탄소강관
(4) 고압 배관용 탄소강관
(5) 보일러 및 열교환기용 탄소강관

> 보기 ① SPPH   ② SPA   ③ SPP   ④ SPHT
>   ⑤ STBH   ⑥ SPPS ⑦ STHA ⑧ SPLT

해답 (1) ③   (2) ⑥   (3) ④   (4) ①   (5) ⑤

02 다음은 열사용 기자재 관리규칙에 의한 유류 연소용 온수보일러의 팽창탱크 설치시공에 대한 기준 설명이다. ( ) 안에 적당한 말을 써 넣으시오. (단, 팽창탱크가 보일러에 내장된 경우가 아님.)

(1) 팽창탱크 용량은 보일러 및 배관 내의 보유수량이 200*l*까지는 (①)*l*, 보유수량이 200*l*를 초과하는 경우 그 초과량 100*l*마다 (②)*l*씩 가산한 용량 이상이어야 한다.
(2) 팽창관의 끝부분은 팽창탱크 바닥면보다 (   )mm 정도 높게 배관되어야 한다.
(3) 밀폐식의 경우 배관계통 내의 압력이 제한압력 이상으로 되면 자동적으로 (①)를 배출시킬 수 있도록 (②)(을)를 설치해야 한다.

해답 (1) ① 20, ② 10
         (2) 25
         (3) ① 과잉수, ② 방출밸브

03

어느 주택의 거실 면적이 50m², 방열기 온수의 평균온도 80℃, 실내온도가 20℃일 때 난방부하(kcal/h)를 계산하시오. (단, 방열계수는 7.2kcal/h·m²·℃이다.)

해답 Q = 방열계수×난방면적×평균 온도차 = 7.2×50×(80−20) = 21600kcal/h

04

다음 공식은 주철제 온수난방 방열기의 소요쪽수 계산식이다. 다음 물음에 답하시오.

$$H_w = \frac{H_l}{450 \cdot a}$$

(1) a는 무엇을 뜻하는가?
(2) H_l은 소요열량이다. 단위는 어떻게 표시하는가?

해답
(1) 1쪽당 방열기 표면적
(2) kcal/h

05

다음은 강관, 굽힘 가공을 위해 쓰이는 기계에 관한 설명이다. ( ) 안에 알맞은 말을 써 넣으시오.

강관의 굽힘가공을 위해 사용되고 있는 파이프 벤딩머신은 센터 포머, 앤드 포머, 램 실린더, 잭 또는 유압펌프 등으로 구성된 이동식 현장용인 (①)식과 공장에서 동일 모양의 굽힘된 제품을 다량 생산할 때 사용하는 (②)식으로 구분된다.

해답 ① 램 ② 로터리

06

경납땜의 납땜에 관하여 물음에 답하시오.

(1) 경납땜의 용접재료를 3가지만 쓰시오.
(2) 납 재료의 용접에 의한 경납(brazing)과 연납(soldering)의 구분 온도는 몇 ℃인가?

해답 (1) ① 은납 ② 황동납 ③ 인동납 ④ 알루미늄납
(2) 450℃

참고 경납와 은납의 용융온도
① 경납땜 : 700~850℃ ② 연납땜 : 200~300℃

07

어느 주택에서 1일당 부하를 측정한 결과 난방부하가 216000kcal/day, 시동부하 38400kcal/day, 배관 부하가 50400kcal/day, 급탕부하가 7200kcal/day일 때 보일러 용량(kcal/h)을 구하시오.

해답
$$Q = \frac{216000 + 38400 + 50400 + 7200}{24} = 13000 \text{kcal/h}$$

08

실내온도 조절기 설치 시 주의사항 3가지를 써라.

해답
① 직사광선을 피할 것
② 방열기 상단이나 현관을 피할 것
③ 수직으로 설치할 것
④ 바닥으로부터 1.5m 높이에 설치할 것

09

관이음 방법에서 나사 이음, 플랜지 이음, 턱걸이 이음, 유니언 이음의 표시방법을 나타내시오.

① 나사 이음 :   ② 플랜지 이음 :

③ 소켓(턱걸이) 이음 :   ④ 유니언 이음 :

해답
① 나사 이음 : —┼—   ② 플랜지 이음 : —╫—
③ 소켓(턱걸이) 이음 : —⊂—   ④ 유니언 이음 : —╫╂—

10

배관의 지지쇠인 서포트(support) 종류 4가지 쓰시오.

해답
① 스프링 서포트
② 리지드 서포트
③ 롤러 서포트
④ 파이프 슈

11

호칭 20A 강관을 반지름(r) 120mm로 90° 가공하려 할 때 굽힘부의 곡선길이(mm)를 계산하시오.

해답
$$l = 2\pi r \times \frac{\theta}{360} = 2 \times 3.14 \times 120 \times \frac{90}{360} = 188.4 \text{mm}$$

12 주철제 5세주형 방열기를 높이가 650mm, 쪽수가 20개인 것을 조립하고, 유입측 관경 25mm, 유출측 관경이 20mm일 때 방열기의 도시기호로 표현하시오.

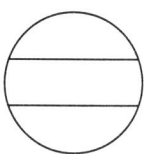

해답

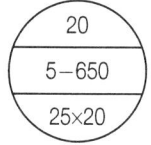

13 보일러 시공업자가 온수 보일러를 설치, 시공한 후 가동 전에 확인하여야 할 사항 5가지를 쓰시오. (단, 온수보일러 설치 시공기준에 맞추어 답할 것)

해답
① 수압 및 안전장치   ② 연료계통의 누설상태
③ 보일러 연소 및 배기성능 관계   ④ 온수순환
⑤ 자동제어에 의한 성능관계

14 어떤 건물의 난방부하가 63000kcal/h인데 주철제 방열기로 온수난방을 하려고 한다. 주철제 온수방열기의 방열량이 450kcal/m²h이라면, 필요한 방열면적은 몇 m²인지 계산하시오.

해답
$$EDR = \frac{난방부하}{방열기\ 방열량} = \frac{63000}{450} = 140 m^2$$

15 어떤 난방설비에서 배관의 보온 전 방열량이 650kcal/h이고, 보온 후의 결과 손실열량이 416kcal/h일 때 보온효율(%)을 계산하시오.

해답
보온효율 = $\frac{보온전\ 열손실 - 보온후\ 열손실}{보온전\ 열손실}$ 이므로

$$\eta = \frac{Q_1 - Q_2}{Q_1} \times 100 = \frac{650 - 416}{650} \times 100 = 36\%$$

16 온수방열기의 입구측의 온도가 93℃, 출구측의 온도가 71℃일 때 실내를 18℃로 유지하기 위하여 주철제 방열기를 설치하려한다. 이 방열기의 방열량은 몇 kcal/m²h인가? (단, 표준 온도차는 62℃로 하며, 답은 소수점 첫째자리에서 반올림하여 정수로 쓰시오.)

해답 방열기 평균온도 − 실내온도 $= \dfrac{93+71}{2} - 18 = 64\,℃$

∴ $450 \times \dfrac{64}{62} = 464.52 = 465\,\text{kcal/m}^2\text{h}$

17 화염 검출기에 대한 다음의 설명의 ( ) 안에 알맞은 말을 넣으시오.

"화염 검출기란 연소실의 화염 상태를 감시하는 장치로서 그 종류에는 (①), (②), (③) 등이 있으며, 화염의 상태가 고르지 못하거나 화염이 실화 되었을 경우 (④)에 연락하여 연료의 공급을 차단한다."

해답
① 플레임 아이
② 플레임 로드
③ 스택 스위치
④ 전자밸브

18 다음은 연도의 설치 기준에 대한 내용이다. ( )을 완성하시오.

연도의 굽힘부의 수는 가능한 한 (①) 이내로 하고 수평부의 경사는 (②) 기울기 이상으로 하여야 한다. 다만, 보일러 자체가 가압통풍식으로 화실 내의 연소 압력이 (③)보다 높은 경우에는 예외로 할 수 있다.

해답 ① 3개소　② $\dfrac{1}{10}$　③ 대기압

19 온수보일러의 용량 산정 시 고려해야 할 부하의 종류 중 정미출력 2가지를 기술하시오.

해답
① 난방부하
② 급탕부하

20

전수량이 1800L인 온수난방에서 가열 전 온도가 6℃인 온수를 86℃로 가열하여 난방할 때 보일러수의 팽창량(L)을 계산하시오. (단, 6℃ 물의 밀도는 0.99997kg/L, 86℃ 온수의 밀도는 0.968kg/L이다.)

해답

$$\Delta V = (\frac{1}{\rho_2} - \frac{1}{\rho_1}) \times V = (\frac{1}{0.968} - \frac{1}{0.99997}) \times 1800 = 59.45 \text{L}$$

여기서, ΔV : 온수 팽창량(L)
V : 전 수량(L)
ρ_2 : 가열 후의 물의 밀도(kg/L)
ρ_1 : 가열 전의 물의 밀도(kg/L)

21

동관의 연납(soldering) 이음 시 필요한 작업 공구를 3가지 쓰시오.

해답 ① 튜브커터 ② 쇠톱 ③ 리머 ④ 사이징툴 ⑤ 확관기 ⑥ 자 ⑦ 가스용접기

22

어떤 배관의 관경이 20mm이고 흐르는 유체의 유속이 1.5m/sec일 때 유량은 몇 m^3/h 인가?

해답

$$Q = A \cdot V = \frac{\pi}{4} D^2 \cdot V$$
$$= \frac{3.14}{4} \times 0.02^2 \times 1.5 \times 3{,}600 = 1.695 = 1.70 \text{m}^3/\text{h}$$

23

배관의 지지쇠인 서포트의 종류를 쓰시오.

① (   ) : 파이프로 배관에 직접 접속하여 배관의 수평부와 곡관부를 지지
② (   ) : 강성이 큰 빔 등으로 만든 지지대
③ (   ) : 배관의 축 방향의 이동을 자유롭게 하기위한 지지대
④ (   ) : 파이프의 하중변화에 따라 상하 이동을 다소 허용하는 지지대

해답 ① 파이프 슈 ② 리지드 서포트 ③ 롤러 서포트 ④ 스프링 서포트

24

여과기(스트레이너, strainer)의 종류를 3가지로 분류하여 쓰시오.

해답 ① Y형 ② U형 ③ V형

제2편 보일러 시공 실기

25 온수난방에서 개방식 팽창탱크에 연결된 관의 종류를 4가지만 쓰시오.

해답 ① 방출관   ② 급수관   ③ 배수관
       ④ 팽창관   ⑤ 오버플로관   ⑥ 배기관

26 온수난방의 장점을 4가지만 쓰시오.

해답 ① 실내의 쾌감도가 좋다.
       ② 난방의 부하변동에 따른 온도조절이 용이하다.
       ③ 증기트랩을 설치하지 않으므로 고장이 적다.
       ④ 보일러의 취급이 용이하고 안전하다.
       ⑤ 방열기를 예열하는 데 시간은 걸리지만 쉽게 식지 않는다.

27 온수난방의 난방부하가 16200kcal/hr이며 방열기의 방열면적이 쪽당 $0.24m^2$일 때 방열기의 방열쪽수를 구하시오.

해답 $$쪽수 = \frac{난방\ 부하}{450 \times 방열기\ 쪽당면적} = \frac{16200}{450 \times 0.24} = 150쪽$$

28 주철제 방열기에서 쪽수가 20, 3세주형 650mm이며 방열기 입구, 출구의 배관지름이 각각 25A의 방열기를 5개 설치할 때 방열기를 도시 하시오.

해답 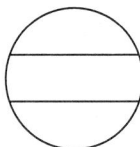 × 5

29. 온수보일러의 용량을 구하려고 할 때 필요한 정격출력 4가지를 쓰시오.

해답
① 난방부하 ② 급탕부하
③ 배관부하 ④ 예열(시동)부하

30. 다음 도면은 온수 보일러 설치 개략도이다. ①~⑤의 명칭을 쓰시오.

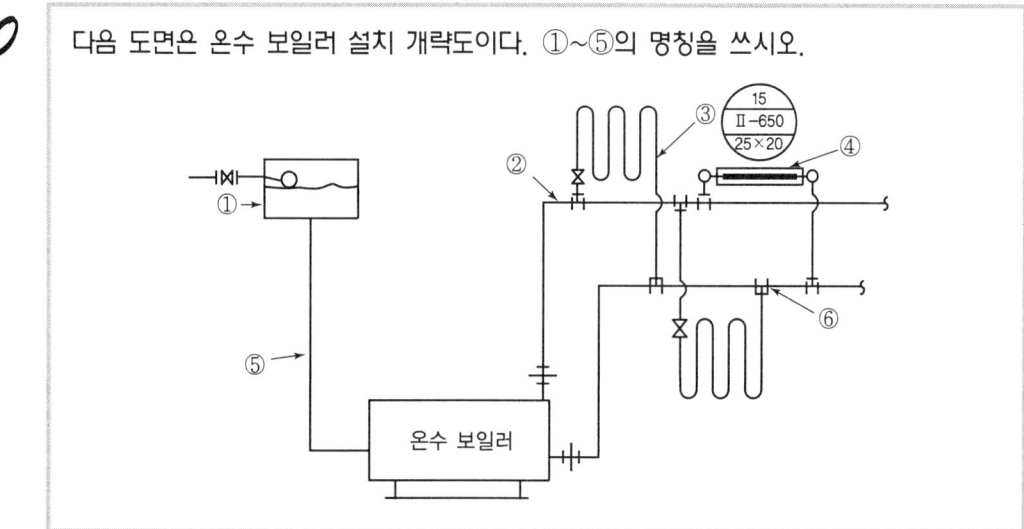

해답 ① 팽창 탱크 ② 송수주관 ③ 방열관 ④ 방열기 ⑤ 팽창관

31. 온수 보일러의 최고사용압력이 0.8kg/cm²일 때 수압시험은 몇 kg/cm²인가?

해답 수압시험압력=최고사용압력의 2배=0.8×2=1.6kg/cm²
2kg/cm² 이하므로 2kg/cm²

32. 자연 순환식 온수배관에서 저항을 많이 받는 부위(부속) 3가지만 쓰시오.

해답 ① 엘보, ② 티, ③ U밴드, ④ 레듀셔, ⑤ 밸브 중 3가지

33. 방열관 배관에서 방열관 형식 3가지를 쓰시오.

해답
① 직렬식
② 병렬식
③ 사다리꼴식

34 동관의 이음 방법 3가지만 쓰시오.

> **해답**
> ① 땜 이음
> ② 플레어(압축) 이음
> ③ 플랜지 이음

35 벽의 두께가 150mm 열전도율이 0.2kcal/mh℃, 내측 열전달률이 8kcal/m²h℃, 외측 열전달률이 20kcal/m²h℃일 때 열관류율은 몇 kcal/m²h℃인가?

> **해답**
> $$K = \dfrac{1}{\dfrac{1}{\alpha_i} + \dfrac{l_n}{\lambda_n} + \dfrac{1}{\alpha_o}} = \dfrac{1}{\dfrac{1}{8} + \dfrac{0.15}{0.2} + \dfrac{1}{20}} = 1.08 \text{kcal/m}^2\text{h℃}$$

36 열팽창에 의한 배관의 이동을 구속 또는 제한하는 배관 지지물인 리스트레인트의 종류 3가지를 쓰시오.

> **해답** ① 앵커 ② 스톱 ③ 가이드

37 다음 주형방열기에서 나타내는 기호가 무슨 뜻인지 쓰시오.

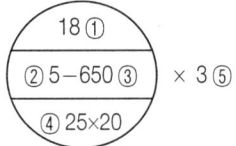

> **해답**
> ① 쪽수 18개
> ③ 방열기 높이 650mm
> ⑤ 방열기 설치개수
> ② 5세주형
> ④ 유입관경 25, 유출관경 20

38 온수보일러 등에서 사용되는 팽창탱크를 구조상으로 분류하여 2가지만 쓰시오.

> **해답** ① 개방식 ② 밀폐식

39
온수보일러에서 송수, 환수주관 및 급탕관의 크기에 대하여 써넣으시오.

① 송환수주관 30000kcal/h 이하(　　)A 이상
　　　　　　　 30000kcal/h 초과(　　)A 이상
② 급탕용관 50000kcal/h 이하(　　)A 이상
　　　　　　 50000kcal/h 초과(　　)A 이상

해답　① 25, 30　② 15, 20

40
강관의 나사 접합 시 접합부에서의 누수를 방지하기 위하여 사용되는 나사용 패킹재료 3가지를 쓰시오.

해답　페인트, 일산화연, 액상합성수지

41
프로텍터 릴레이 기능과 아쿠아스탯의 기능을 합한 자동 제어장치는?

해답　콤비네이션 릴레이

42
다음은 동합금 이음쇠에 대한 설명이다. 물음에 답하시오.

(1) 한쪽은 수나사로 되어 있어 강관 부속에 나사이음되고, 다른 쪽은 동관이 삽입되어 용접되도록 되어 있는 이음쇠의 명칭은 무엇인가?
(2) 한쪽은 암나사로 되어 있어 강관의 수나사와 연결되고, 다른 쪽은 동관이 삽입되어 용접되도록 되어 있는 이음쇠의 명칭은 무엇인가?

해답　(1) CM 어댑터　　(2) CF 어댑터

43
신축이음쇠(Expansion Joint)에 대한 다음 물음에 답하시오.

(1) 설치 목적을 쓰시오.
(2) 신축이음쇠의 종류 4가지를 쓰시오.

해답 (1) 관속을 흐르는 유체의 온도변화에 따른 신축의 발생으로 배관의 파손을 방지
(2) ① 루프형 ② 슬리브형 ③ 벨로스형 ④ 스위블형

44 순환펌프를 설치할 경우에는 당해 보일러에서 발생되는 온수를 충분히 순환시킬 수 있는 용량의 것을 다음의 방법에 따라 설치하여야 한다. ( ) 안에 알맞은 내용을 써넣으시오.

(1) 순환펌프는 보일러, (①), 연도 등에 의한 방열에 의해 영향을 받을 우려가 없는 곳에 설치하여야 한다.
(2) 순환펌프는 (②) 회로를 설치하여야 한다. 다만 자연순환이 불가능한 구조에서는 (②)를 설치하지 아니할 수 있다.
(3) 순환펌프의 흡입측에는 (③)를 설치하여야 하며, 펌프의 양측에는 (④)를 설치하여야 한다.
(4) 순환펌프는 방출관 및 팽창관의 작용을 폐쇄하거나 차단하여서는 아니되며 (⑤)에 설치함을 원칙으로 한다.

해답 ① 본체 ② 바이패스 ③ 여과기 ④ 밸브 ⑤ 환수주관

45 복사난방의 장점을 3가지만 쓰시오.

해답 ① 실내 온도분포가 균등하여 쾌감도가 높다.
② 방열기가 필요하지 않으므로 바닥면의 이용도가 높다.
③ 공기의 대류가 적으므로 바닥면의 먼지가 상승이 적다.
④ 실이 개방되거나 천장이 높은 실에서도 난방효과가 있다.
⑤ 평균온도가 낮아 열손실이 적다.

참고 복사난방의 단점
① 외기온도 변화에 따른 방열량 조절이 어렵다.
② 배관을 매립하므로 시공이 어렵고 설치비가 많이든다.
③ 고장(누수)을 발견하기 어렵다.
④ 열손실을 막기 위한 단열층이 필요하다.

46 온수난방의 난방부하가 5400kcal/h이며 방열기의 쪽당 표면적이 0.24m²일 때 방열기의 소요쪽수를 구하시오. (단, 방열기 방열량은 표준방열량으로 한다.)

해답 $N_w = \dfrac{H_l}{450 \cdot a} = \dfrac{5400}{450 \times 0.24} = 50$ 개

47 동관의 특징을 3가지만 쓰시오.

해답
① 유연성이 커서 가공하기가 쉽다.
② 내식성 및 열전도율이 크다.
③ 외부 충격에 약하다.

48 열관류율 1.8kcal/h·m²·℃인 벽체의 내·외면의 온도가 28℃와 -5℃일 때 벽체 50m²에 대한 손실열량(kcal/h)을 계산하시오.

해답 $Q = K \cdot A \cdot \Delta t = 1.8 \times 50 \times (28+5) = 2970 \, \text{kcal/h}$

49 급탕량이 70kg인 온수 보일러에서 급수온도가 18℃이고 출탕온도가 55℃일 때 이 보일러의 하루 급탕출력(kcal)을 계산하시오. (단, 물의 비열은 1kcal/kg·℃이다.)

해답 $Q = G \cdot C \cdot \Delta t = 70 \times 1 \times (55-18) \times 24 = 62160 \, \text{kcal/day}$
하루 급탕출력을 요구하므로 24시간을 곱해주어야 한다.

50 어떤 난방설비에서 배관의 보온 전의 열손실이 4700kcal/h이고 보온 후의 결과 열손실이 900kcal/h일 때 보온 효과는 몇 %인가?

해답 $\eta = \dfrac{\text{보온전손실열} - \text{보온후손실열}}{\text{보온전손실열}} = \dfrac{Q_1 - Q_2}{Q_1} \times 100 = \dfrac{4700 - 900}{4700} \times 100 = 80.85\%$

51 다음의 결과를 보고서 사무실의 난방부하(kcal/h)를 구하시오.

조건 바닥면적 48m², 천장면적 48m², 창문을 포함한 벽체의 면적이 75m²고 열관류율이 5kcal/m²h℃, 실내온도 18℃, 외기온도 -5℃이며 방위에 따른 부가계수가 1.1이다.

해답
$Q = K \times A \times \Delta t \times k_s$
$= 5 \times (48+48+75) \times \{18-(-5)\} \times 1.1$
$= 21631.5 \, \text{kcal/h}$

52 실내벽 표면온도 19℃, 실외벽 표면온도 2℃, 열전달 면적 8m², 두께 20cm인 콘크리트벽의 열전도 열량(kcal/hr)은 얼마인가? (단, 실내 표면 열전달계수 $\alpha_i = 8\text{kcal/m}^2\text{h℃}$, 실외 표면 열전달계수 $\alpha_o = 29.3\text{kcal/m}^2\text{h℃}$, 콘크리트의 열전도율은 $1.1\text{kcal/m}^2\text{h℃}$이다.)

해답
$$K = \frac{1}{\frac{1}{\alpha_i} + \frac{l}{\lambda} + \frac{1}{\alpha_o}} = \frac{1}{\frac{1}{8} + \frac{0.2}{1.1} + \frac{1}{29.3}} = 2.93\text{kcal/m}^2\text{h℃}$$
$$Q = K \times A \times \Delta t = 2.93 \times 8 \times (19-2) = 398.48\text{kcal/h}$$

53 열전도율이 0.68kcal/mh℃이고 두께가 5mm인 유리를 통하여 흐르는 열량은 몇 kcal/h인가? (단, 이 유리의 열전달 면적은 10m²이고 실내외의 유리 표면 온도차는 10℃이다.)

해답
$$Q = \frac{\lambda \cdot A \cdot \Delta t}{l} = \frac{0.68 \times 10 \times 10}{0.005} = 13600\text{kcal/h}$$

54 다음은 가정용 온수 보일러(유류 연소용)의 자동제어장치 부품들이다. 이들이 부착 되는 위치를 각각 쓰시오.

(1) 콤비네이션 릴레이 :
(2) 프로텍트 릴레이 :
(3) 스텍 릴레이 :

해답
(1) 보일러 본체
(2) 버너
(3) 연소가스 배출구 상단 300mm

55 다음 열의 3대 이동(전달방식)에 대해 기술한 것이다. 무슨 전달 방식을 뜻하는가?

(1) 열선에 의하여 열이 전달되는 방식 :
(2) 고체에서의 열의 이동방식 :
(3) 유체에서의 열의 이동방식 :

해답 (1) 복사 (2) 전도 (3) 대류

56

다이헤드형 나사 절삭기로 작업할 수 있는 작업내용을 3가지 쓰시오.

해답 ① 파이프 절단 ② 거스러미 제거 ③ 나사 절삭

57

다음 주어진 조건을 참조하여 계산하시오.

조건
- 방열기 소요방열면적 120m²
- 방열기 평균온도 80℃
- 쪽당 방열면적 0.25m²
- 방열계수 7.2kcal/m²h℃
- 실내온도 20℃

가. 난방부하(kcal/h)를 계산하시오.
나. 온수방열기 소요쪽수를 계산하시오.

해답
가. $Q = K \cdot A \cdot \Delta t = 7.2 \times 120 \times (80 - 20) = 51840 \text{kcal/h}$

나. $쪽수 = \dfrac{난방부하}{450 \times 쪽당\,방열면적} = \dfrac{51840}{450 \times 0.25} = 460.8 = 461쪽$

58

온수난방으로 방의 실내온도를 18℃로 유지하는데 소요되는 열량이 시간당 21000kcal가 소요된다. 송수주관의 온도를 측정하니 88℃이고 환수주관의 온도는 18℃이었다. 온수의 순환량은 시간당 몇 kg인가?

해답 $G = \dfrac{Q}{C \cdot \Delta t} = \dfrac{21000}{1 \times (88 - 18)} = 300 \text{kg/h}$

59

온수보일러 설치·시공기준 중 순환펌프 설치방법을 열거한 것이다. ( ) 안에 알맞은 말을 보기에서 골라 써 넣으시오.

보기 역귀팬, 최대, 온수공급관, 여과기, 수평, 바이패스, 최소, 트랩, 환수주관, 수직

"순환펌프에는 자연순환이 불가능한 구조를 제외 하고는 (①)회로를 설치해야 하며, 펌프와 전원 콘센트간의 거리는 가능한 한 (②)로 하고, 누전 등의 위험이 없어야 할 뿐만 아니라, 순환펌프의 모터부분을 (③)으로 설치함은 원칙으로 한다. 또한 펌프의 흡입측에는 (④)를 설치하여야 하며, (⑤)에 설치함을 원칙으로 한다."

해답 ① 바이패스 ② 최소 ③ 수평 ④ 여과기 ⑤ 환수주관

60

다음은 콤비네이션 릴레이(combination relay)에 대한 설명이다. ( ) 안에 알맞은 용어를 쓰시오.

"콤비네이션 릴레이는 (①)와 아쿠아스탯의 기능을 합한 것으로 (②)의 주안전 제어 장치로서 고온차단, (③), 순환펌프 회로가 한 개의 제어기로 만들어진 것으로 내부에 high, low 설정기가 장치되어 있다. high 온도는 (④)온도이고 low 온도는 (⑤)온도이다."

해답 ① 프로텍터 릴레이   ② 버너   ③ 저온점화
④ 버너 정지   ⑤ 순환펌프 작동

61

다음 그림은 보일러 주위 배관도(하아트포드 연결법)이다. 물음에 답하시오.

(1) 증기 주관은 몇 번인가?
(2) 균형관 및 표준 수위면은 몇 번과 몇 번인가?
(3) 환수주관의 분기 설치 위치는 표준수면에서 몇 mm 하부에 설치하는가?

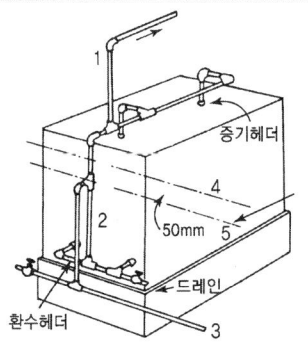

해답 (1) 1번   (2) 2번, 4번   (3) 50

62

다음에서 설명하는 신축이음쇠(expansion joint)의 종류를 쓰시오.

(1) 오프셋 배관을 이용해서 관의 신축을 흡수하는 방법이며 물, 증기, 기름 등의 30kgf/cm² 의 압력과 사용온도 220℃ 정도까지 사용되며 평면상의 변위뿐만 아니라 입체적인 변위까지도 안전하게 흡수하므로 어떠한 형상에 의한 신축에도 배관이 안전하며 설치 공간이 적다.
(2) 관의 팽창, 수축은 본체 속을 슬라이드(slide)하는 이음쇠 파이프에 의해 흡수되며 신축량이 크고 직선으로 이음하므로 배관에 곡선 부분이 있으면 비틀림이 생겨 파손의 원인이 된다.
(3) 팩레스 신축이음쇠라고도 하며 관의 신축에 따라 슬리브와 함께 신축하며 슬라이드 사이에서 유체가 누설되는 것을 방지한다. 설치공간을 넓게 차지하지 않으며 고압배관에는 부적당하며 자체 응력 및 누설이 없다.

해답 (1) 볼조인트
(2) 슬리브형 신축이음쇠
(3) 벨로우즈형 신축이음쇠

63 온수난방에서 온수의 온도가 100℃ 이상일 때 팽창탱크는 어떤 형식으로 하여야 하는가?

해답 밀폐형 팽창탱크

64 온수온돌을 시공하려고 한다. 다음 물음에 답하시오.
(1) 받침재를 설치하는 거리는 동관과 강관의 경우 각각 얼마 정도(m)인가?
(2) 동관으로 방열관의 설치 시 방열관 피치(mm)는 얼마 정도가 좋은가?
(3) 팽창탱크는 방열 코일면에서 몇 m 이상에 설치하는가? (단, 개방식 팽창탱크임)

해답
(1) 동관 1, 강관 1.5
(2) 200±20
(3) 1

65 팽창탱크를 설치하는 목적 3가지를 적어라.

해답
① 물의 팽창에 따른 배관의 파손 방지
② 장치 내를 일정압력을 유지하며 배관 내에 보충수를 공급하여 공기의 침입을 방지
③ 팽창수의 배출을 방지하여 열손실을 방지

66 다음 설명에 해당하는 밸브의 명칭을 쓰시오.
(1) 유체를 한쪽 방향으로만 흐르게 하며 유체의 압력 또는 중력에 의하여 유로를 폐쇄하는 밸브의 명칭을 쓰시오.
(2) 파이프의 횡단면에 평행하게 작동되며, 일명 게이트 밸브라 하며 유량 조절이 부적당하고 완전히 개방하면 유체의 저항이 작게 걸리는 밸브의 명칭을 쓰시오.
(3) 밸브의 리프트(lift)가 작아 개폐시간이 짧고 누설이 적으며 유량 조절에 적당하나 유체의 흐름이 급격히 변화하여 유체의 저항이 많이 작용하는 밸브로 일명 스톱 밸브라 불리는 것은 무엇인지 쓰시오.

해답
(1) 역류방지 밸브(체크 밸브, check valve)
(2) 슬루스 밸브(sluice valve)
(3) 글로브 밸브(glove valve)

67 다음 도면을 보고 물음에 답하라.

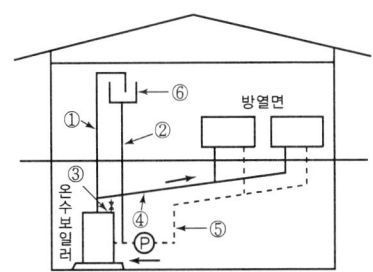

(1) 순환방식은?
(2) 각부의 명칭을 써라.

해답　(1) 강제순환식
　　　　(2) ① 방출관　　② 팽창관　　③ 방출밸브(릴리이프밸브)
　　　　　　④ 송수주관　⑤ 환수주관　⑥ 팽창탱크

68 다음 도시기호를 쓰시오.

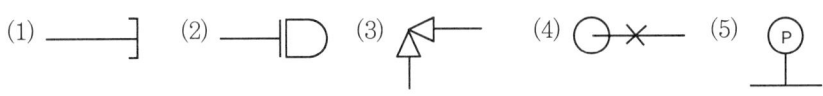

해답　(1) 나사 캡　　(2) 플러그　　(3) 앵글밸브
　　　　(4) 가는 용접엘보　(5) 압력계

69 강관, 동관 등을 파이프 커터로 절단하면 절단면의 관 내부에 거스러미(burr)가 생겨 유체의 흐름을 방해하므로 거스러미를 제거해야 하는데, 이 때 사용되는 공구의 명칭을 쓰시오.

해답　리머

70 동관의 압축(플레어) 이음 작업 시 필요한 공구 3가지를 적으시오.

해답　튜브커터, 플레어링툴세트, 몽키스패너, 리머, 자

71 온수보일러의 수압시험 압력에 대하여 써라.

> **해답** 최고 사용압력의 2배(단, 그 값이 2kg/cm² 가 되지 아니하면 2kg/cm² 로 한다.)

72 연료소비량 Q(kg/h), 온수순환량 G(kg/h), 송수온도 t_2(℃), 환수온도 t_1(℃), 연료의 발열량은 H_l(kcal/kg), 보일러 효율 E(%)이다. 연료소비량을 구하는 공식을 완성하여라.

> **해답** $Q = \dfrac{G \times (t_2 - t_1)}{E \times H_l}$

73 보일러 및 압력용기의 부속기기 및 장치에서 댐퍼의 설치목적과 종류 2가지를 서술하시오.

(1) 설치목적 :
(2) 종   류 :

> **해답** (1) 통풍력을 조절하며 배기(연소)가스의 흐름을 차단하거나 교체한다.
> (2) 회전식, 승강식

74 증기난방의 분류 중 압력에 따라 (1) (   )식, (   )식, 배관방식에 따라 (2) (   )식, (   )식, 응축수의 환수방법에 따라 (3) (   )식, (   )식, (   )식으로 분류된다. (   ) 속에 적당한 용어를 기술하시오.

> **해답** (1) 고압증기식, 저압증기식
> (2) 단관식, 복관식
> (3) 중력환수식, 기계환수식, 진공환수식

75 굴뚝에서 나오는 연기의 농도를 측정하는 데 쓰이는 농도표로서 굵기가 다른 흑선을 0도에서 5도까지 여섯가지 농도로 구분하여 연소상황의 좋고 나쁨을 측정할 수 있는 농도표는 무엇인가?

> **해답** 링겔만 매연 농도표

76 급수장치에서 급수량계 설치 시 부착할 때의 (1) 배관도를 작성하고 (2) 필요공구를 써라.

해답 (1) [배관도]

(2) ① 자   ② 쇠톱   ③ 오스터
    ④ 파이프 바이스   ⑤ 파이프 렌치   ⑥ 몽키스패너
    ⑦ 파이프 커터   ⑧ 파이프 리머(②를 쓰면 ⑦, ⑧ 제외)

77 실내온도조절기 설치 시 주의사항이다. ( ) 안에 적당한 용어를 쓰시오.

"온도조절기 설치 시 방열기(①)(이)나 (②) 등을 피하고, 바닥으로부터 (③)m 위치에 (④)설치하여야 한다."

해답 ① 상단   ② 현관   ③ 1.5   ④ 수직

78 어느 주택에서 온수 보일러의 난방부하가 20000kcal/d, 급탕부하 10000kcal/d, 배관부하가 4000kcal/d, 예열부하(시동부하)가 2000kcal/d일 때 이 보일러의 정격용량 kcal/h을 계산하시오.

해답 $Q = Q_1 + Q_2 + Q_3 + Q_4 = \dfrac{(20000 + 10000 + 4000 + 2000)}{24} = 1500 \text{kcal/h}$

79 난방부하 4400kcal/h이고, 방열계수 7.5kcal/m²h℃, 온수온도 71℃, 실내온도 21℃일 경우 소요방열면적은?

해답 $A = \dfrac{Q}{K \cdot \Delta t} = \dfrac{4400}{7.5 \times (71 - 21)} = 11.73 \text{m}^2$

80 온수보일러 설치 후 설치 시공확인에서 명시된 시공검사 항목 5가지를 쓰시오.

해답
① 수압 및 안전장치   ② 보일러의 연소 및 배기성능 관계
③ 연료계통의 누설   ④ 온수순환
⑤ 자동제어에 의한 성능관계   ⑥ 보온상태

81 실내온도조절기(room thermostat)를 구조에 따라 분류하여 2가지만 쓰시오.

해답
① 바이메탈 스위치식
② 바이메탈 머큐리 스위치
③ 다이어프램 팽창식

82 압력계에 U자형의 곡관 또는 사이펀관(siphon tube)을 설치하는 이유를 간단히 설명하시오.

해답 보일러에서 발생한 증기나 고온수로부터 압력계의 파손을 방지하기 위하여

83 다음은 배관지지장치에 대한 설명이다. 해당하는 배관지지물의 명칭을 쓰시오.
(1) 배관의 중량을 위에서 끌어당겨 지지하는 경우
(2) 열팽창에 의한 배관의 측면 이동을 구속하고 제한하는 경우
(3) 배관의 중량을 아래에서 위로 떠받쳐 지지하는 경우

해답 (1) 행거 (2) 리스트레인트 (3) 서포트

84 다음 물음에 답하시오.
(1) 섬유가 거칠고 굳어서 부스러지기 쉬우며 보냉용의 것은 특히 방습을 위하여 아스팔트 가공을 한 보온재의 명칭을 쓰시오.
(2) 열관류율의 단위를 쓰시오.
(3) 내화물의 기준이 되는 제겔콘 넘버와 그 온도를 쓰시오.

해답 (1) 암면   (2) $kcal/m^2 \cdot h \cdot ℃(W/m^2 \cdot K)$ (3) SK26, 1580℃

85

다음 배관 도시기호에 대한 명칭을 쓰시오.

해답
① 전동 밸브　　② 감압밸브
③ 글로우브형 앵글밸브(수평)　　④ 콕
⑤ 소켓(나사이음)　　⑥ (동심)레듀셔
⑦ 가는 티

86

다음 도면을 보고 물음에 답하시오.

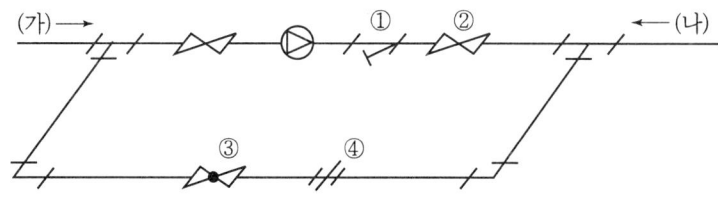

(1) 도면의 ①~④의 부품 명칭을 쓰시오.
(2) 유체의 흐름 방향은 (가), (나) 중 어느 방향인가?

해답
(1) ① 스트레이너(여과기)
　　② 게이트 밸브
　　③ 글로우브 밸브(스톱 밸브)
　　④ 유니온
(2) (나)

87

수동 나사절삭기의 종류 3가지를 쓰시오.

해답 ① 오스터형　② 리드형　③ 베이비 리드형

88 강관에 비교한 동관의 장점 3가지를 쓰시오.

해답
① 담수(淡水)에 대한 내식성은 우수하나, 연수(軟水)에는 부식된다.
② 열전도율이 좋고, 가공성이 좋아 배관시공이 용이하다.
③ 아세톤, 프레온 가스 등 유기약품에 침식되지 않는다.
④ 내표면에서 마찰저항이 적다.

89 다음은 유류용 온수보일러(전열면적 $14m^2$ 이하)의 설치 및 시공기준에 관한 사항이다. 다음 물음에 답하라.

(1) 연료 배관에서 복관식에 대하여 설명하라.
(2) 설치 시공확인서에 명시된 설치시공 검사항목 5가지를 써라.

해답
(1) 연료탱크와 오일펌프 사이에 2개의 배관으로 하는 방식으로 연료탱크가 오일펌프보다 낮은 위치에 있을 때 사용하는 배관방식으로 공기배출장치가 필요 없다.

(2) ① 수압 및 안전장치
② 보일러의 연소 및 배기 성능검사
③ 연료계통의 누설상태 검사
④ 순환펌프에 의한 온수 순환시험
⑤ 자동제어에 의한 작동검사
⑥ 보온상태

90 다음의 도시기호의 명칭을 쓰시오.

(1) —┼—   (2) —→—   (3) —╫—   (4) —╫╫—

해답
(1) 나사 이음   (2) 턱걸이(소켓) 이음
(3) 플랜지 이음   (4) 유니언 이음

제2편 보일러 시공 실기

91 다음 도면(난방장치 배관)에 대한 물음에 답하라.

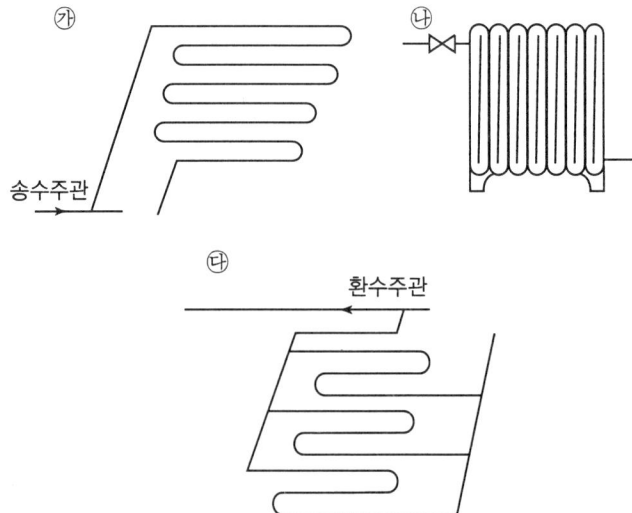

(1) ㉮는 온수온돌 배관방식 중 어떤 방식인지 그 명칭을 쓰고, 이 배관방식의 특징을 써라.
(2) ㉯(방열기)는 벽에서 얼마정도 떨어진 곳에 설치하는 것이 가장 좋은가?
(3) ㉮, ㉯, ㉰가 같은 층에 설비되어 있을 경우 난방수가 송수주관에서 ㉮, ㉯, ㉰를 거쳐 환수주관에 이르기까지의 미완성된 배관을 완성하라.

해답 (1) 직렬식
① 난방면적 $10m^2$ 이하에 적당하다.
② 배관저항이 크다.
③ 배관비용이 적고 작업이 용이하다.
(2) 50~60mm
(3)

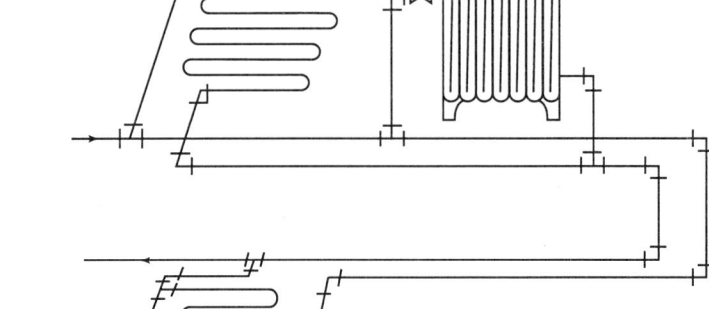

92
자동제어에서 신호 전송 방법 3가지를 신호전달 거리가 먼 것부터 차례로 쓰시오.

해답 전기식, 유압식, 공기압식

93
다음 [보기]를 참고하여 온수 팽창량을 구하라. (단, 2개의 식을 써야만 정답임)

[보기] ΔV : 온수 팽창량 α : 팽창계수(0.5×10^{-2})
ρ_1 : 시동시 온수밀도 ρ_2 : 가동후 온수밀도
V : 장치 내 전수량 Δt : 상승온도

해답
(1) $\Delta V = \alpha \cdot V \cdot \Delta t$
(2) $\Delta V = \left(\dfrac{1}{\rho_2} - \dfrac{1}{\rho_1} \right) \times V$

94
온수보일러 설비 중 난방형식을 순환방식(방향)에 따라 2가지로 구분하여 쓰시오.

해답 상향식, 하향식

95
다음은 방열기 쪽수를 구하는 공식이다. 물음에 답하시오.

$$N_W = \frac{H_l}{450 \cdot a}$$

(1) H_l의 내용과 단위를 쓰시오.
(2) a의 내용과 단위를 쓰시오.

해답
(1) H_l : 난방부하, kcal/h(Watt)
(2) a : 쪽당 방열면적, m²/쪽

96
난방용 배관재료 중 가격은 비싸지만 열전도율이 가장 높고 작업하기 편리하며, 인건비가 절약되는 관(pipe)은?

해답 동관

97

수평형 벽걸이 5섹션을 조합했고, 유입관 지름이 20mm이고, 유출관의 지름이 15mm인 방열기를 도시기호로 표시하라.

해답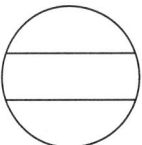

98

다음의 방열기 형식을 배관 도시기호로 표시하라.

① 2주형　　② 3세주형　　③ 5세주형
④ 벽걸이형　⑤ 수직형　　⑥ 수평형

해답
① Ⅱ　② 3　③ 5
④ W　⑤ V　⑥ H

99

다음은 온수 보일러의 시공도이다. ①~⑤의 명칭을 쓰시오.

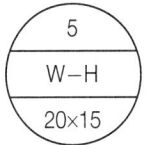

해답
① 버너
② 온수 순환펌프
③ 공기빼기 밸브
④ 팽창 탱크
⑤ 방열기

100
배관의 스케줄 번호를 나타내는 공식이다. 기호에 따른 명칭과 단위를 쓰시오.

$$Sch-NO = \frac{P}{S} \times 10$$

① P :
② S :

해답
① P : 최고사용압력(kg/cm²)
② S : 허용응력(kg/mm²)

101
보온재는 무기질, 금속질, 유기질 3가지가 있는데 그 중 유기질 보온재의 종류 3가지를 쓰고 사용온도의 범위를 쓰시오.

해답
(1) 종류 : 기포성수지, 탄화콜크, 우모펠트, 텍스류
(2) 온도 : 130℃ 이하

102
다음은 보일러 자동제어 시스템의 신호전송 방법의 특성을 설명한 것이다. 각 설명에 해당되는 전송방법을 쓰시오.

(1) 관로의 저항으로 전송이 지연될 수 있으며, 자동 제어에는 용이하나 원거리 전송이 곤란하다.
(2) 신호전달 지연이 거의 없으며, 원거리 전송이 용이하나 가격이 비싸다.
(3) 신호전달 지연이 적으나 인화의 위험성이 있으며, 조작력이 강하고, 응답이 빠르다.

해답 (1) 공기압식 (2) 전기식 (3) 유압식

103
온수 순환펌프의 나사이음 바이패스(by-pass) 배관도를 다음의 부속을 사용하여 간단히 도시하시오.

펌프(Ⓟ) : 1개   밸브(⋈) : 3개   스트레이너(▽) : 1개
유니언(╫) : 3개   티(⊥) : 2개   엘보(└) : 2개

해답
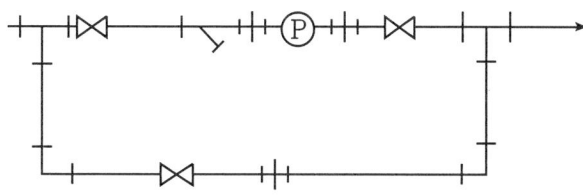

104. 가정용 온수 보일러에 사용되는 압력 분무식 버너 종류 2가지를 쓰시오.

해답 건타입 버너, 공기 분무식 버너

105. 다음 물음에 답하시오.
(1) 운전 중 장치 내의 온도상승에 의한 체적팽창, 이상 팽창 압력을 흡수하여 부족한 온수를 보충해 주는 탱크
(2) 팽창탱크와 환수주관 사이에 있는 관
(3) 보일러에서 발생한 온수를 난방개소에 매설된 방열관에 공급하는 관
(4) 방열관 등을 통하여 냉각된 온수를 재가열하기 위하여 온수를 회수하는 관
(5) 순환수 중에 함유된 공기를 외부로 배출시키는 장치

해답 (1) 팽창탱크 (2) 팽창관 (3) 송수주관 (4) 환수주관 (5) 공기방출기

106. 온수보일러의 출력은 P(kcal/hr), 시간당 연료 소비량을 S(kg/hr), 연료의 저위발열량을 H(kcal/hr)라 할 때 보일러 효율 E(%)를 구하는 식을 쓰시오.

해답 $E(\%) = \dfrac{P}{S \times H} \times 100$

107. 병원이나 공장에서 증기를 열원으로 하는 경우 저탕조 내에 증기를 공급하여 증기와 물을 혼합시켜 끓여주는 중앙식 급탕법은?

해답 기수 혼합법(스팀 사이렌서법)

108. 열전도율은 밀도가 클수록 (①), 습도가 많을수록 (②), 온도가 높을수록 (③). ( ) 안에 크다, 적다, 같다 중 골라 쓰시오.

해답 ① 크다. ② 크다. ③ 크다.

109 다음은 보일러 주변기기에서 중유 서비스탱크의 주위 배관도를 그린 것이다. 각 (　) 안에 해당하는 기기 부속명칭을 기입하시오.

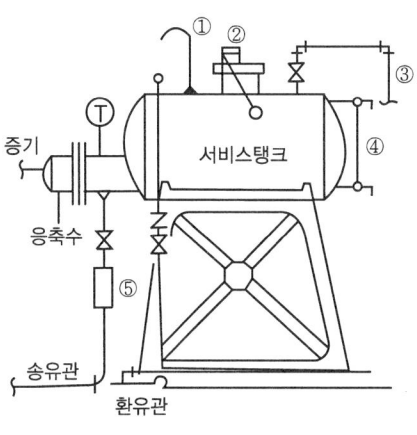

해답　① 배기관(통기관)　② 플로트 스위치(자동 유면 조절 스위치)
　　　③ 급유관(이송관)　④ 유면계
　　　⑤ 플랙시블 조인트(진동 흡수관)

110 다음 (　) 안에 알맞은 내용을 순서대로 써라.

> 보일러를 정상 가동시킨 후 온수의 (①)를 점검한다. 방열관의 표면온도를 (②)나 (③) 감각으로 조사하여 순환이 적합하지 않으면 보조 받침제를 사용하여 (④)를 조정하거나 순환펌프 (⑤)을 결정하여 순환 상태를 양호하게 하여야 한다.

해답　① 순환상태　② 표면온도계　③ 손　④ 경사　⑤ 용량

111 그림과 같이 호칭지름이 20A인 강관으로 양쪽에 20A를 45° 엘보와 90° 엘보를 사용하여 중심선의 길이를 210mm로 할 때, 파이프의 실제 절단 길이는 얼마인가? (단, 부속중심거리는 90° 엘보 32mm, 45° 엘보 25mm이며 나사삽입길이는 13mm이다.)

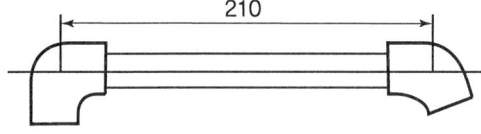

해답　$l = L - \{(A-a) + (B-b)\} = 210 - \{(32-13) + (25-13)\} = 179\text{mm}$

112. 밸브를 지나는 유체의 흐름방향을 직각으로 바꿔 주는 밸브는?

해답 앵글밸브

113. 다음 도면은 온수 보일러의 계통도이다. 다음 물음에 답하시오.

(1) A와 A'사이에 분리주관식 방열관을 작도하시오.
(2) ①~④의 명칭을 쓰시오.

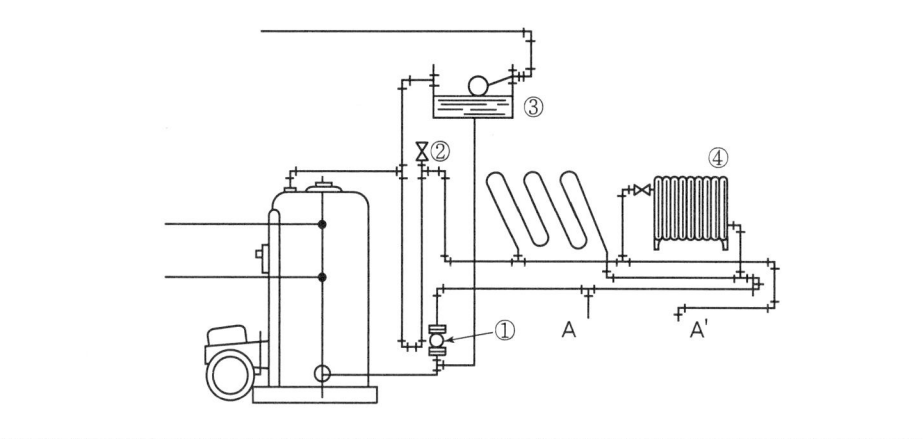

해답 (1) A와 A' 분리주관식 방열관

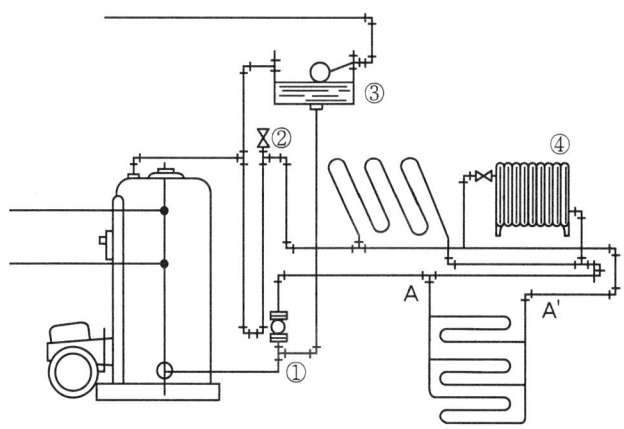

(2) ① 순환 펌프 ② 에어벤트
　　 ③ 팽창 탱크 ④ 방열기

114

동관 작업에 필요한 공구명칭을 쓰시오.

(1) 소구경 동관의 끝을 교정하는 데 사용한다.
(2) 동관의 끝을 나팔관 모양으로 만들 때 사용한다.
(3) 동관의 끝을 필요한 크기로 확관할 때 사용된다.

해답 (1) 사이징툴 (2) 플레어링툴 (3) 확관기(익스펜더)

115

다음 물음에 답하시오.

(1) 순환펌프 흡입측에 설치 하는것 2가지를 써라.
(2) 오일탱크와 버너 사이에 설치 하는것 3가지를 써라.

해답 (1) 여과기, 밸브
(2) 스트레이너(여과기), 유수분리기, 밸브

116

다음 내용은 난방배관에 대한 설명이다. (   ) 안에 들어갈 적당한 용어를 써 넣으시오.

> **보기**
> – 공동주택이나 건물 혹은 시가지에서 특정지역 전부에 걸쳐 특정의 보일러에서 열매체를 보내 전체를 난방하는 일종의 중앙식 난방법은 (①)난방법이다.
> – 응축수환수방식에 따라 증기난방법을 분류하면 중력환수, 기계환수, (②)으로 나눌 수 있다.
> – 보통 고온수식 난방은 (③)℃ 이상의 고온수를 사용하며, 밀폐식 팽창탱크를 설치한다.

해답 ① 지역 ② 진공환수 ③ 100

117

다음은 강관배관 작업을 하기위한 배관 부속을 쓰시오.

(1) 배관이음 종류 2가지 :
(2) 동일 관경 이음의 종류(나사 이음 시) 2가지 :
(3) 지름이 다른 관을 직선 연결하는 부속의 종류(나사 이음 시) 2가지 :
(4) 관 끝을 막을 때 2가지 :

해답 (1) 나사 이음, 용접 이음, 플랜지 이음
(2) 소켓, 유니온, 니플, 플랜지
(3) 레듀셔(이경소켓), 부싱
(4) 플러그, 캡, 막힘(맹)플랜지

118
다음에 설명한 내용에 맞는 용어를 써라.

(1) 보일러를 한 곳에 설치하여 전체 주택을 난방하는 방식
(2) 보일러에서 발생한 온수를 난방개소에 매설된 방열관에 공급하는 관
(3) 방열관 등을 통하여 냉각된 온수를 재가열하기 위하여 온수를 회수하는 관
(4) 순환수 중에 함유된 공기를 외부로 방출시키는 장치
(5) 온수의 온도 변화에 따른 체적팽창 또는 이상팽창에 의한 압력을 흡수하는 탱크

해답 (1) 중앙 집중식(중앙난방) (2) 송수주관 (3) 환수주관
(4) 공기 방출기 (5) 팽창탱크

119
난방부하 5400kcal/h, 쪽당 방열면적 $0.24m^2$일 때 온수보일러의 쪽수는?

해답 쪽수 = $\dfrac{\text{난방부하}}{\text{방열기 쪽당 면적} \times \text{방열기 방열량}} = \dfrac{5400}{0.24 \times 450} = 50$쪽

120
연료 배관에는 단관식과 복관식이 있는데 단관식 방법에는 연료탱크의 위치가 버너의 설치위치보다 (①)데 설치하여 공기빼기가 (②)하다.

해답 ① 높은 ② 필요

121
증기감압밸브를 설치 시공할 때 필요한 부속품 5가지를 쓰시오.(엘보, 티, 레듀셔 등의 관이음쇠는 제외한다.)

해답 압력계, 안전밸브, 게이트 밸브, 글로우 밸브, 여과기

122
복사 난방이란 무엇인가 간단하게 쓰시오.

해답 천장, 벽, 바닥패널에 온수를 공급하여 패널에서 방출하는 복사열로 난방하는 방식

123
보일러 배관에서 순환 펌프, 유량계, 수량계, 감압 밸브 등의 설치위치에 고장, 보수 등에 대비하여 설치하는 회로의 명칭을 쓰시오.

해답 바이패스(by-pass) 회로

124
온수난방설비에 설치하는 팽창탱크에 대한 물음이다. 답하시오.

(1) 방열기나 방열코일의 위치에 관계없이 설치할 수 있는 팽창탱크는 개방식인가 밀폐식인가?
(2) 밀폐식 팽창탱크에서 압력이 제한압력 이상으로 되면 자동으로 과잉수를 배출할 수 있는 밸브의 명칭은?
(3) 밀폐식 팽창탱크에는 압축공기가 필요하다. 공기 대용으로 사용할 수 있는 기체는?
(4) 팽창관 설치 시에 팽창관에 설치해서는 안되는 부품 1가지는?

해답 (1) 밀폐식   (2) 릴리프밸브(방출밸브)
         (3) 질소   (4) 밸브

125
밀폐식 팽창탱크의 주위 배관도를 작도하고, 각 관의 용도에 따른 명칭을 써라.

해답

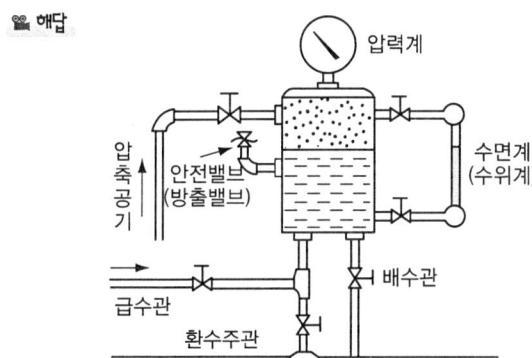

126
다음은 복사난방의 바닥 구조의 단면도이다. 각층의 명칭을 써라.

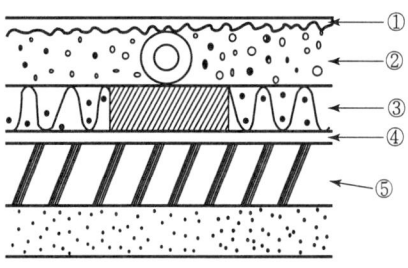

해답 ① 시멘트 몰탈 ② 자갈층 ③ 보온층 ④ 방수층 ⑤ 배관기초(콘크리트)층

127. 보일러 연소 시에 통풍력 손실이 되는 원인 3가지를 쓰시오.

해답
① 외기온도가 높을 때
② 연소가스 온도가 낮을 때
③ 굴뚝의 높이가 낮을 때
④ 연돌의 단면적이 너무 적을 때
⑤ 연도의 굴곡부분이 너무 많을 때
⑥ 연도에 폐열회수장치 등이 설치되어 있을 때

128. 실제통풍력과 이론통풍력의 비는 어느 정도인가?

해답 이론통풍력의 70~80%

129. 관의 높이 표시방법 5가지를 문자로 쓰시오.

해답 EL, GL, FL, TOP, BOP

130. 온수 보일러에서 팽창탱크 설치에 관한 다음 설명의 ( ) 안에 알맞은 말을 쓰시오.

> 팽창탱크는 (①)℃의 온수에도 충분히 견딜 수 있어야 하며, 개방식의 경우 방열면보다 (②)m 이상 높은 곳에 설치하며, 팽창관의 끝부분은 팽창탱크 바닥면보다 (③)mm 정도 높게 배관되어야 한다.

해답 ① 100 ② 1 ③ 25

131. 다음은 동관 작업에 대한 설명이다. 각 작업에 필요한 공구명을 쓰시오.

(1) 동관의 끝을 원형으로 정형한다.
(2) 동관의 끝을 나팔관 모양으로 만든다.
(3) 동관의 관 끝 직경을 확대한다.

해답
(1) 사이징 툴
(2) 플레어링 툴
(3) 확관기(익스펜더)

132 보일러 배관을 시공할 때 같은 지름의 관을 직선 연결할 때 사용되는 관 이음쇠의 종류를 3가지 쓰시오.

해답 소켓, 니플, 유니온, 플랜지

133 전열면적 14m² 이하의 유류 연소용 온수보일러에 설치할 개방식 팽창탱크의 주위 배관도를 작도하고 각 관의 용도에 따른 명칭을 쓰시오.

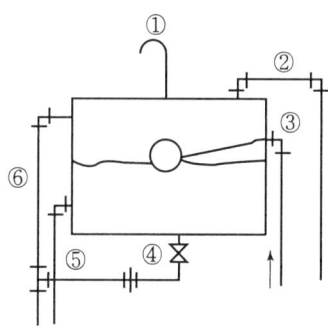

해답 ① 배기관(통기관)   ② 방출관(안전관)   ③ 급수관
④ 배수관   ⑤ 팽창관   ⑥ 오버플로우관

134 동관의 끝을 나팔관 모양으로 가공하는 공구와 그 접합방법은 무엇인가?

해답 (1) 공구 : 플레어링툴
(2) 접합방법 : 플레어 이음(압축이음)

135 다음 물음에 답하시오.

(1) 방출관 및 팽창관의 크기는 보일러 용량이 30000kcal/h 이하인 경우 (   )A, 150000kcal/h 초과인 경우 (   )A로 하여야 한다.
(2) 연도는 굽힘부의 수를 (   )개소 이내로 하며, 수평부의 기울기는 (   ) 이상으로 한다.
(3) 전열면적 10m² 이하인 온수보일러의 최고 사용압력이 2.5kg/cm²일 때 수압시험은 (   )kg/cm²이어야 한다.

해답 (1) 15, 30   (2) 3, 1/10   (3) 5

제2편 보일러 시공 실기

136 부르동관 압력계에 U자형의 곡관 또는 사이펀관(siphon tube)을 설치하는데, 이 관 속에 넣는 (1) 물질 및 관의 설치 (2) 목적을 간단히 설명하시오.

해답 (1) 물질 : 물
(2) 설치목적 : 고온의 증기나 물로부터 압력계 변형방지

137 동관을 땜이음 하고자 할 때 어떠한 현상을 이용하는가?

해답 모세관현상

138 온수보일러의 정격용량을 구하려고 할 때 필요한 부하 4가지를 쓰시오.

해답 ① 난방부하 ② 급탕부하
③ 배관부하 ④ 예열부하(시동부하)

139 파이프 바이스와 수평바이스의 크기는 어떻게 나타내는가?

(1) 파이프 바이스 :
(2) 수평 바이스 :
(3) 파이프 렌치 :

해답 (1) 파이프 바이스 : 물릴 수 있는(고정 가능한) 관경의 크기
(2) 수평 바이스 : 물릴 수 있는 조(jaw)의 크기
(3) 파이프 렌치 : 조우(jaw)를 최대로 벌린 전체 길이

140 다음은 구멍탄용 보일러의 팽창탱크에 관한 사항 이다. (   ) 안을 완성하라.

(1) 팽창탱크는 온수가 역류되지 않도록 (①)의 하단 부에서 (②)자형으로 하향시켜야 하며, 탱크 아래쪽은 (③)나 (④)와 같은 것을 절대로 설치하여서는 안 된다.
(2) 하향식 배관의 경우 팽창탱크는 (①) 바로 위에 두고, (②)나 (③)를 겸한 구조로 하는 것이 좋다.

해답 (1) ① 환수주관 ② U ③ 밸브 ④ 체크 밸브
(2) ① 보일러 ② 팽창탱크 ③ 공기방출기

141
보일러 배관 작업 시 다음의 각 경우에 사용해야 할 배관지지물을 설명하시오.
(1) 행거 :
(2) 리스트레인트 :
(3) 서포트 :

해답 (1) 배관의 하중을 위에서 걸어당겨 지지
(2) 신축으로 인한 배관의 이동을 구속하고 제한하는 장치
(3) 배관의 하중을 아래에서 위로 지지

142
보일러의 수위 제어방식 3가지를 적어라.

해답 ① 단요소식 ② 2요소식 ③ 3요소식

143
온수보일러의 출력량 또는 급수량이 G(kg/hr), 물의 평균비열 C(kcal/kg·℃)일 때 보일러의 출력 Q_h를 구하는 식을 쓰시오. (단, 급수온도는 t_1(℃), 난방출탕 온도 t_2(℃))

해답 $Q_h = G \times C \times (t_2 - t_1)$

144
동관이음의 종류 3가지를 쓰시오.

해답 플레어(압축) 이음, 납땜 이음, 플랜지 이음

145
팽창탱크가 개방식일 때 팽창탱크의 높이는 방열 코일면보다 얼마 이상 높은 곳에 설치해야 하는가?

해답 1m 이상

146

다음 도면은 온수 보일러의 배관 방법이다. ①~⑩번 까지의 명칭을 쓰시오.

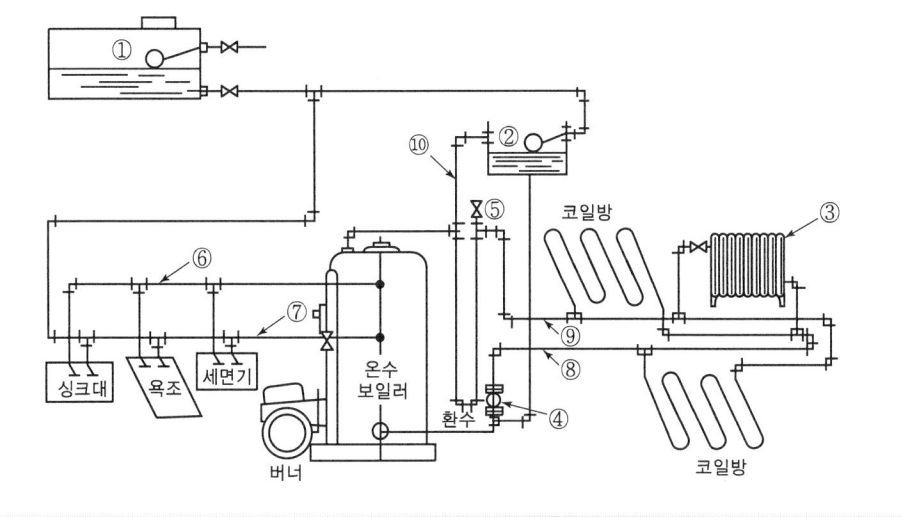

해답
① 옥상물탱크　② 팽창 탱크　③ 방열기
④ 순환펌프　⑤ 공기빼기밸브　⑥ 급탕관
⑦ 냉수공급관　⑧ 환수주관　⑨ 송수주관
⑩ 방출관

147

전열면적 $14m^2$ 이하의 유류 연소용 온수보일러의 설치 후 실시해야 하는 검사항목 5가지만 쓰시오.

해답
① 수압시험
② 자동제어 작동 상태 점검
③ 보온 상태
④ 연료계통의 누설 유무
⑤ 연소 및 배기 성능 상태

148

상향 공급식 중력순환의 온수난방에서 온수의 온도가 90℃이고 환수의 온도가 70℃이다. 실내온도를 20℃로 할 경우 방열기의 소요방열면적은? (단, 방열계수 $7kcal/m^2 \cdot h \cdot ℃$, 난방부하 $3000kcal/h$이다.)

해답 $A = \dfrac{Q}{K \cdot \Delta t} = \dfrac{3000}{7 \times \left(\dfrac{90+70}{2} - 20\right)} = 7.14m^2$

149 온수 순환 방식에 따라 (①) 순환식과 (②) 순환식이 있으며, 배관방식에 따라 (③)식과 (④)식이 있으며, 온수공급방식에 따라 (⑤)식과 (⑥)식이 있다.

해답 ① 자연(중력)   ② 강제   ③ 단관   ④ 복관
      ⑤ 상향   ⑥ 하향

참고 온수난방의 분류
      ① 온수 온도에 의한 분류: 보통온수식, 고온수식
      ② 온수 순환방식에 의한 분류: 중력(자연)순환식, 강제순환식
      ③ 배관방식에 의한 분류: 단관식, 복관식
      ④ 온수 공급방식에 의한 분류: 상향순환식, 하향순환식

150 다음 공구들의 규격(크기) 표시는 어떻게 나타내는지 간단히 쓰시오.

(1) 파이프 커터 :
(2) 쇠톱 :
(3) 파이프 바이스 :
(4) 탁상 바이스 :
(5) 파이프 렌치 :

해답 (1) 파이프 커터 : 절단 가능한 관지름 치수를 호칭번호로 표시
      (2) 쇠톱 : 피팅홀의 간격(고정구멍 사이의 거리)
      (3) 파이프 바이스 : 물릴 수 있는 관경의 크기를 호칭번호로 표시
      (4) 탁상 바이스 : 조(jaw)의 폭으로 표시
      (5) 파이프 렌치 : 사용할 수 있는 최대의 관을 물었을 때의 전 길이로 표시

151 배관의 길이가 100m, 1m당 $0.2m^2$, 손실열량이 4800kcal/h, 배관 내 물의 온도가 80℃, 실내온도가 20℃이다. 이때 배관의 열관류율($kcal/m^2 \cdot h \cdot ℃$)은? (단, 방열계수 $7kcal/m^2 \cdot h \cdot ℃$, 난방부하 3000kcal/h이다.)

해답 $K = \dfrac{4800}{(100 \times 0.2) \times (80-20)} = 4kcal/m^2 \cdot h \cdot ℃$

152 개방식 팽창탱크의 주위에 사용한 부속장치 6가지를 써라.

해답 ① 오버 플로우관   ② 배기관(개방관)   ③ 배수관(드레인관)
      ④ 팽창관   ⑤ 안전관   ⑥ 급수관

153
펌프에서 발생하는 진동으로 인한 배관계의 진동을 억제하고 지진 등의 충격을 완화하는 데 사용하는 관 지지물은?

해답 브레이스

154
신축이음 부분에 설치하여 축과 직각 방향으로 이동하는 것을 구속하는 데 사용하는 리스트레인트는?

해답 가이드

155
보일러에 폐열회수장치를 설치할 경우 보일러 본체로부터 가장 설치하여야 하는 순서대로 쓰시오.

본체-(①)-(②)-(③)-(④)-연돌

해답 ① 과열기 ② 재열기 ③ 절탄기 ④ 공기예열기

156
보일러에서 절탄기를 설치하였을 때의 단점을 2가지 쓰시오.

해답
① 배기가스 통풍저항이 증가한다.
② 저온부식을 초래한다.
③ 연도의 청소가 어렵다.
④ 설비비가 많이 든다. 중 2가지

157
보일러 급수제어에서 3요소식은 무엇을 검출하는가?

해답 수위, 증기량, 급수량

158
증기보일러에서 사용하는 증기트랩의 역할을 쓰고 기계식트랩의 종류 3가지를 쓰시오.

(1) 역할 :
(2) 종류 :

해답
(1) 역할 : 증기중에 발생한 응축수를 제거하여 배관의 부식방지, 수격작용방지, 열손실을 방지한다.
(2) 종류 : 상향식 버킷트랩, 하향식 버킷트랩, 레버 플로우트트랩, 프리 플로우트트랩

159
분출장치의 설치 목적 5가지를 쓰시오.

해답
① 고수위를 방지한다. ② 보일러 수의 농축을 방지한다.
③ 스케일 및 슬러지 고착을 방지한다. ④ 관수의 순환을 촉진시킨다.
⑤ 포밍이나 프라이밍을 방지한다.

160
유량계의 나사이음 바이패스 배관도를 다음의 부속을 이용하여 도시하시오.

유량계 1개, 밸브 3개, 스트레이너 1개, 유니언 3개, 티 2개, 엘보 2개

해답
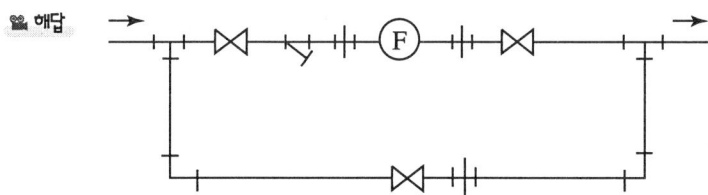

161
보일러에 가까운 방열기는 순환이 잘되고 먼 방열기에는 순환이 나쁜 결점이 있다. 이러한 결점을 보완하기 위한 배관 방식은?

해답 역환수배관방식(리버스리턴방식)

162
온수보일러에 설치하는 팽창탱크의 기능(역할)을 3가지만 쓰시오.

해답
① 보충수 공급 ② 체적팽창에 따른 압력상승 흡수
③ 보일러의 파열사고 방지 ④ 공기의 누입방지

제2편 보일러 시공 실기

163 중앙식 난방법의 종류를 3가지만 쓰시오.

> 해답 ① 직접식   ② 간접식   ③ 복사식

164 다음 그림은 온수온돌의 시공층 단면도이다. ①~⑤번까지의 명칭을 쓰시오.

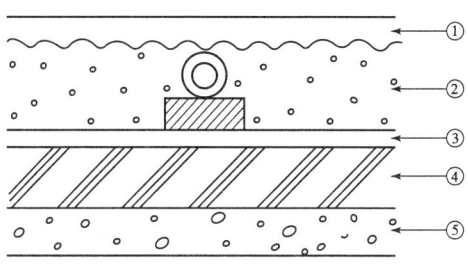

> 해답 ① 시멘트 몰탈층   ② 자갈층   ③ 방수층
>   ④ 콘크리트층(배관기초)   ⑤ 흙바닥

165 다음 온수 B의 배관도를 보고 물음에 답하시오.

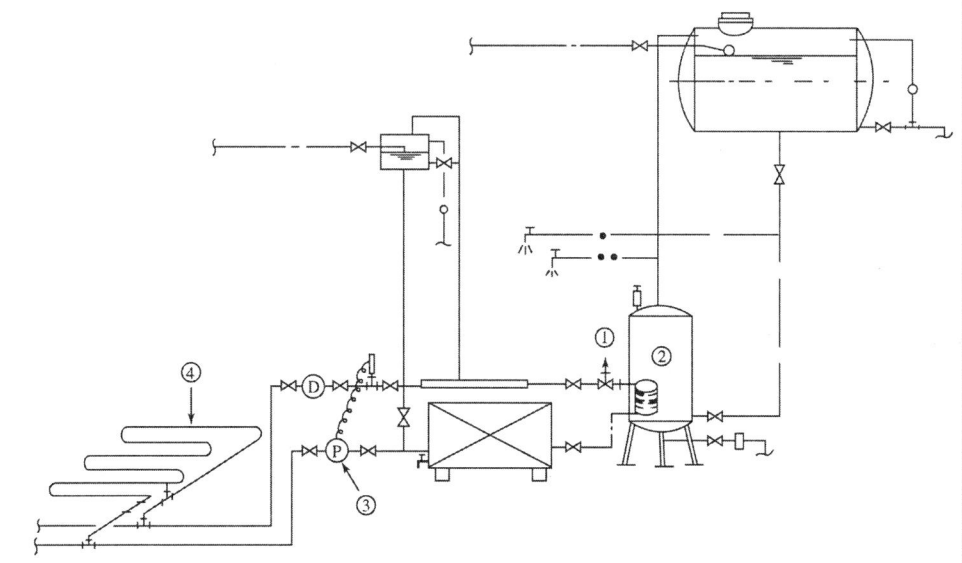

(1) 도면에서 ①~④까지의 명칭을 쓰시오.
(2) 도면 중에서 밸브가 설치되어서는 안 되는 곳에 설치되어 있는 밸브가 있다. 어느 부위인지 쓰시오.

해답 (1) ① 공기빼기밸브　　② 간접가열식 온수탱크
　　　　③ 난방수 순환펌프　④ 직렬식 방열코일
(2) 팽창관

166 난방부하가 17000kcal/h인 주택에 효율 85%인 온수보일러를 설치하려 한다. 소요 가스량은 몇 Nm³/h인가? (단, 가스의 저위발열량은 8000kcal/Nm³이다.)

해답 $G_f = \dfrac{Q}{\eta \times H_l} = \dfrac{17000}{0.85 \times 8000} = 2.5 \mathrm{Nm^3/h}$

167 난방 바닥면적이 48m²인 주택에 온수 보일러를 설치하여 외기온도가 −5℃일 때, 실내온도를 18℃로 유지하려 한다. 벽체(창문, 문을 포함한 벽)의 전열면적이 70m²이고, 천장면적은 난방 바닥면적과 같을 때 다음 조건을 참고하여 난방부하를 계산하시오.

- 벽체의 열관류율 : 5kcal/m² · h · ℃
- 방위에 따른 부가계수 : 1.1
- 벽, 천장, 바닥, 창문, 문의 열관류율은 동일한 것으로 한다.

해답 $Q = 5 \times (48 + 70 + 48) \times (18 + 5) \times 1.1 = 20999 \mathrm{kcal/h}$

168 다음 조건에 맞게 방열기 도시기호를 완성하시오.

　방열기 형식 : 5세주형　　방열기 높이 : 650mm
　방열기 길이 : 1050mm　　유입측 관경 : 25mm
　유출측 관경 : 20mm　　　소요 쪽수 : 20개

해답
```
    20
5−650
 25×20
```

169 온수난방의 시공법에서 배관방법 중 편심이음에 대한 물음에 답하시오.

(1) 온수관의 수평배관에서 올림기울기로 배관할 때에는 관의 어느 면과 맞추어 접속하는가?
(2) 온수관의 수평배관에서 내림기울기로 배관할 때에는 관의 어느 면과 맞추어 접속하는가?

해답 (1) 윗면 (2) 아랫면

170 온수를 이용하여 난방을 하는 방열기의 입구 온수온도가 85℃, 출구 온수온도가 41℃이다. 이때 온수 순환량이 1500kg/h라면, 난방부는 몇 kcal/h인지 계산하시오. (단, 온수의 평균비열은 0.995kcal/kg℃로 한다.)

해답 $Q = G \cdot C \cdot \Delta t = 1500 \times 0.995 \times (85 - 41) = 65670 \text{kcal/h}$

171 어느 주택에서 1일 부하를 측정한 결과 난방부하가 246000kcal/day, 시동부하가 47400kcal/day, 배관부하가 59400kcal/day 및 급탕부하가 7200kcal/day이 있다. 이 주택에 온수보일러를 설치할 경우 보일러 용량은 최소(kcal/h)가 되어야 하는지 계산하시오.

해답 $Q = (Q_1 + Q_2 + Q_3 + Q_4)[\text{kcal/day}]$
$= (246000 + 7200 + 59400 + 47400 \div 24)$
$= 15000 \text{kcal/h}$

172 동관 작업 시 사용되는 다음의 공구 명칭을 쓰시오.

가. 동관의 끝 부분을 원형으로 정형하는 공구
나. 동관의 관 끝 직경을 크게 확대하는 데 사용하는 공구
다. 동관을 압축 이음하기 위하여 관 끝을 나팔 모양으로 만드는 데 사용하는 공구

해답 가. 사이징툴
나. 익스펜더(확관기)
다. 플레어링툴

173 다음 도면은 유류용 온수보일러의 난방 구조도이다. 아래 물음에 답하시오.

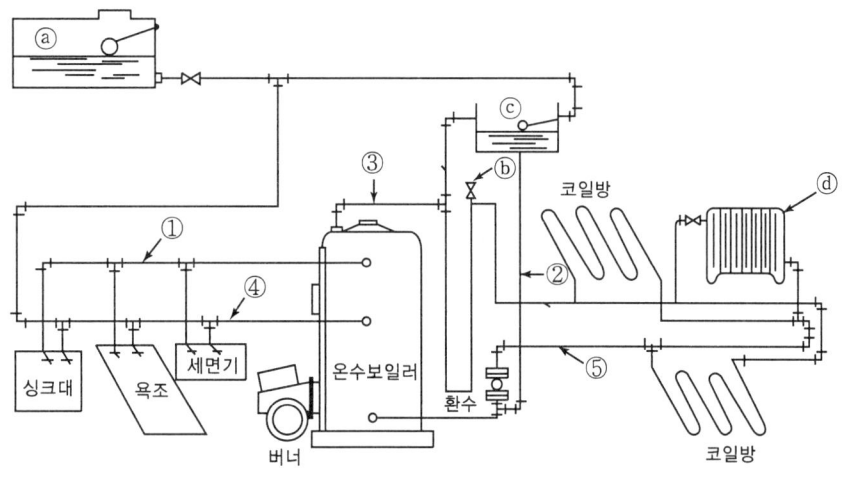

가. ⓐ~ⓓ의 명칭을 적으시오.
나. ①~⑤의 관의 종류를 용도에 맞게 쓰시오.

해답
가. ⓐ 물탱크   ⓑ 공기빼기밸브
   ⓒ 팽창탱크   ⓓ 방열기
나. ① 급탕송수관   ② 팽창관   ③ 송수주관
   ④ 냉수공급관   ⑤ 난방환수관

174 다음은 강철제 보일러시공 시 수압시험 요령을 설명한 것이다. ( ) 안에 알맞은 숫자를 쓰시오.

> 최고사용압력이 4.3MPa 이하 보일러의 압력시험은 그 최고사용압력의 (①)배의 압력으로 한다. 다만, 그 시험압력이 (②)MPa 미만일 경우는 0.2MPa 압력으로 하고, 공기를 빼고 물을 채운 후 천천히 압력을 가하여 규정된 시험 수압에 도달한 후 (③)분이 경과된 후 검사를 실시하여 검사가 끝날 때까지 그 상태를 유지한다.

해답 ① 2   ② 0.2   ③ 30

175 EDR이 7.5m²일 때 난방부하(kcal/h)를 구하시오. (단, 온수난방 시)

해답 $Q = EDR \times$ 표준방열량 $= 7.5 \times 450 = 3375$ kcal/h

176
다음에서 설명하는 난방방식을 쓰시오.

(1) 지하실 등의 특정장소에서 공기를 가열하고, 이 공기를 덕트(duct)를 통해 각방으로 공급하여 난방하는 방식은?
(2) 천장, 벽, 바닥의 코일에 온수를 넣어 전달하는 방식은?

해답 (1) 온풍난방(간접난방) (2) 복사난방

177
보일러 배관 작업 시 다음 각 경우에 사용해야 할 배관 지지물을 쓰시오.

(1) 배관의 중량을 위에서 끌어당겨 지지하는 경우
(2) 열팽창에 의한 배관의 측면이동을 구속하고 제한하는 장치
(3) 배관의 중량을 아래에서 위로

해답 (1) 행거   (2) 리스트레인트   (3) 서포트

178
다음 배관 이음의 도시기호를 그려 넣으시오.

(1) 플랜지 이음 (2) 나사 이음 (3) 유니언 이음 (4) 소켓 이음 (5) 용접 이음

해답 (1) ─┤├─   (2) ─┼─   (3) ─┤├─   (4) ─⊂─   (5) ─●─

179
다음의 방열기의 번호에 따른 명칭을 쓰시오.

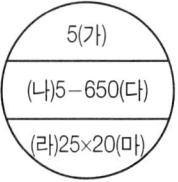

해답 (가) 쪽수   (나) 형식
(다) 높이   (라) 유입관경
(마) 유출관경

180

다음 그림은 온수보일러 계통도이다. 다음 물음에 답하시오.

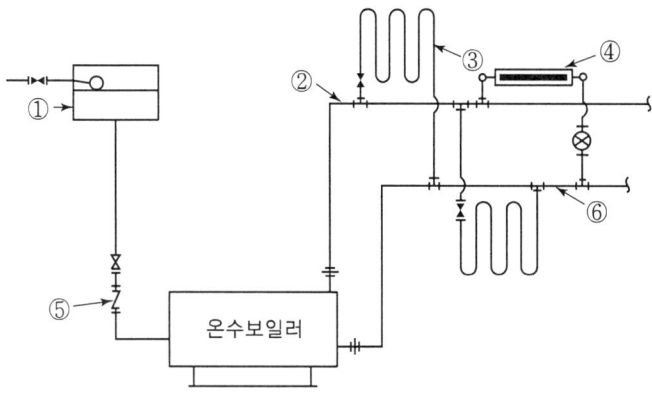

(1) 도면 ①~⑤까지의 명칭을 쓰시오.
(2) ①~⑥의 부품 중 설정되어서는 안 되는 부품의 번호와 명칭을 쓰시오.

해답
1) ① 팽창탱크　　　② 송수주관
   ③ 방열관　　　　④ 방열기
   ⑤ 플랜지이음 체크 밸브　⑥ 환수주관
2) ⑤ 체크 밸브(플랜지이음)

181

다음에서 설명하는 밸브의 명칭을 쓰시오.

(1) 유체의 흐름을 90° 방향으로 전환할 수 있고 유량을 조절할 수 있는 밸브는?
(2) 핸들이 상하로 움직여 밸브 디스크를 움직여 단면변화로 유량을 조절할 수 있으며, 증기 배관에 많이 사용되는 밸브는?
(3) 밸브 디스크만 상하로 움직이며, 유량조절이 어려우며, 슬러지가 퇴적되지 않으며, 액체 배관에 사용되는 밸브는?

해답
(1) 앵글 밸브
(2) 글로브 밸브
(3) 슬루스 밸브(게이트 밸브)

182

다음 유류 연소용 온수보일러의 ①~⑥부위 명칭을 쓰시오.

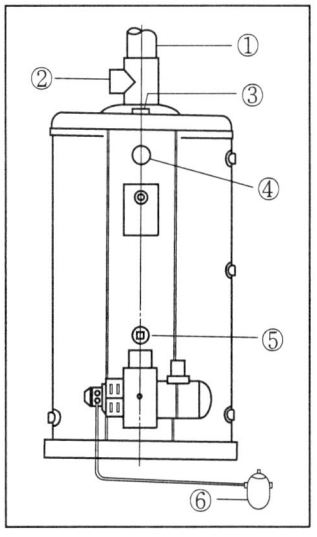

해답 ① 연통   ② 댐퍼   ③ 난방용공급구
④ 온도계   ⑤ 투시구(감시창)   ⑥ 기름여과기

183

다음은 보일러 자동제어 시스템의 신호전송방법의 특성을 설명한 것이다. 각 설명에 해당되는 전송방법을 쓰시오.

(1) 관로의 저항으로 전송이 지연될 수 있으며, 자동제어에는 용이하나 원거리 전송이 곤란하다.
(2) 신호전달지연이 거의 없으며, 원거리 전송이 용이하나 가격이 비싸다.
(3) 신호전달지연이 적으나 인화의 위험성이 있으며, 조작력이 강하고, 응답이 빠르다.

해답 (1) 공기압식
(2) 전기식
(3) 유압식

184
다음 보일러의 명칭을 써 넣으시오.(유류용 온수 보일러)

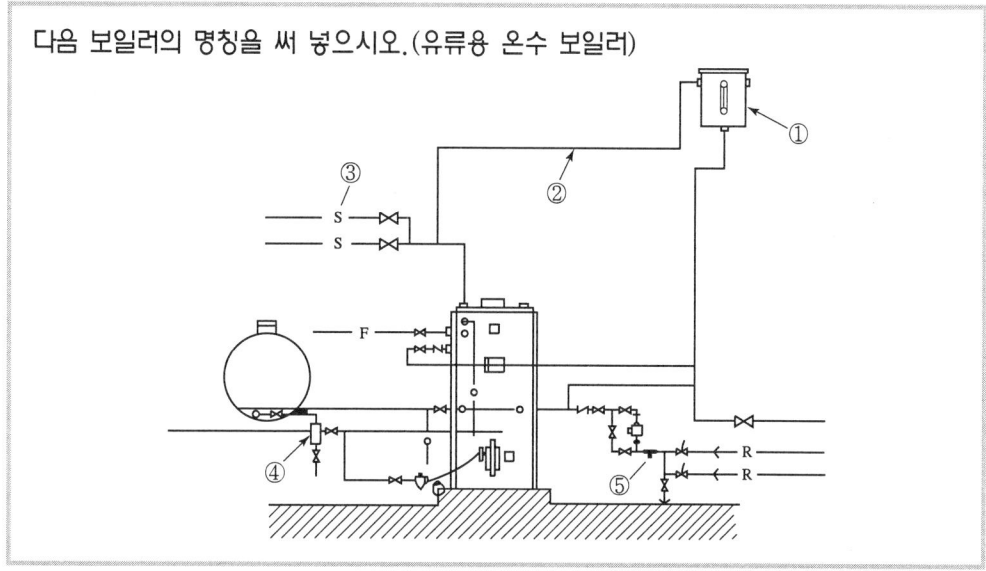

해답 ① 팽창탱크 ② 방출관(안전관) ③ 송수주관 ④ 유수분리기 ⑤ 여과기

185
상용출력이 121600kcal/h이고, 여열계수 1.25, 출력저하계수가 1일 때 정격출력(kcal/h)은?

해답 $Q = \dfrac{(Q_1 + Q_2)(1+\alpha)}{k} = \dfrac{121600 \times 1.25}{1} = 152000\text{kcal/h}$

186
다음의 설명은 보일러의 각각 어떤 장치에 대한 설명인지 쓰시오.

(1) 보일러 파열사고의 방지, 보충수의 공급 및 장치 내 공기를 제거하는 기능을 갖고 있는 장치
(2) 순환수 장치 내에 침입한 공기를 수동으로 외부로 방출하기 위한 장치(부속품)

해답 (1) 팽창탱크   (2) 공기빼기밸브

187
순환펌프 설치 시 주의사항 3가지를 쓰시오.

해답
① 전원 콘센트와의 거리는 최단거리로 할 것
② 바이패스회로를 설치할 것
③ 수평으로 설치할 것
④ 환수주관에 설치할 것

188. 난방용 방열기의 종류를 형상에 따라 크게 나눌 때, 3가지만 쓰시오.

해답 주형, 벽걸이형, 길드형, 대류형, 관방열기, 베이스보드 방열기 등

189. 강관 공작용 기계에서 동력나사절삭기의 종류 3가지를 쓰시오.

해답 다이헤드식, 오스터식, 호브식

190. 다음 온수 보일러의 배관도를 보고 물음에 답하시오.

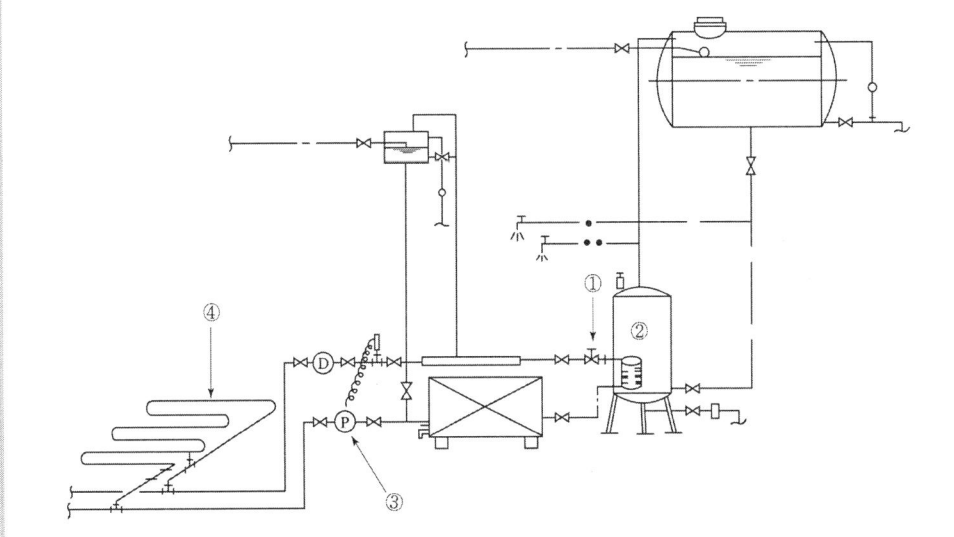

(1) 도면에서 ①~④까지의 명칭을 쓰시오.
(2) 도면에서 밸브가 설치되어서는 안 되는 곳이 있다. 어느 부위인지 쓰시오.

해답 (1) ① 온수온도 자동조절밸브 ② 온수탱크
          ③ 온수순환펌프   ④ 방열관
       (2) 팽창관에 설치된 밸브

191. 거스러미 제거, 관의 절단, 나사절삭을 할 수 있으며 연속적인 작업이 가능한 나사절삭기는?

해답 다이헤드식

192

다음은 보온재의 특성에 관한 내용으로 ( ) 안을 증가 또는 감소로 쓰시오.

> 열전도율은 밀도가 클수록 (①), 두께가 클수록 (②), 습도가 많을수록 (③), 온도가 높을수록 (④), 기포가 많을수록 (⑤).

해답 ① 증가   ② 감소   ③ 증가
         ④ 증가   ⑤ 감소

193

다음은 온수난방설비에 대한 설명이다. ( ) 속에 알맞은 말을 쓰시오.

> 온수난방의 종류는 온수의 순환방식에 따라 (①)순환식, (②)순환식으로 나눌 수 있으며, 급탕관과 환수관을 동일관으로 하느냐, 별개의 관으로 하느냐에 따라 (③)식과 (④)식으로 분류할수 있고, (⑤)방향에 따라 상향식과 하향식으로 구분한다.

해답 ① 자연   ② 강제   ③ 단관   ④ 복관   ⑤ 공급

194

난방부하가 20000kcal/h인 온수보일러에서 온수의 온도가 85℃, 환수의 온도가 18℃ 온수의 비열 0.998kcal/kg℃일 때 온수 순환량은?

해답
$$G = \frac{20000}{0.998 \times (85-18)} = 299.1 \text{kg/h}$$

195

다음 분리 주관식과 인접 주관식을 도시하시오.

해답

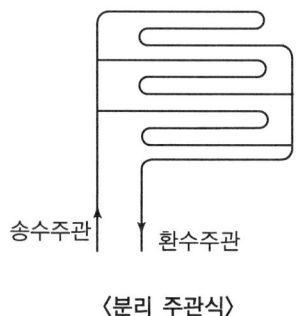

〈분리 주관식〉　　　　〈인접 주관식〉

196. 다음 동관 용접에 관한 물음에 답하시오.

가. 경납 용접재의 종류 2가지를 쓰시오.
나. 납 재료의 용접에 의한 연납(soldering)과 경납(brazing)의 구분 온도는 몇 ℃인가?

해답
가. 인동납, 은납
나. 450℃

197. 온수순환펌프의 나사이음 바이패스(by-pass)배관도를 다음의 부속을 사용하여 간단히 도시하시오.

펌프(Ⓟ) : 1개   밸브(⋈) : 3개   스트레이너(▽) : 1개
유니언(┤├) : 3개   티(⊥) : 2개   엘보(└) : 2개

해답
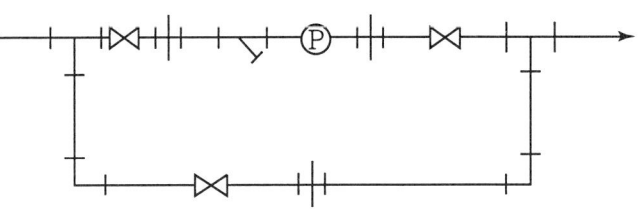

198. 열정산에서 입열에 포함되는 사항을 5가지 쓰시오.

해답
① 연료의 연소열
② 연료의 현열
③ 공기의 현열
④ 급수의 현열
⑤ 노내 분입 증기의 보유열

199. 보일러의 중요한 열손실 3가지를 기재 하시오.

해답
① 배기가스 손실열
② 불완전연소에 의한 손실열
③ 미연소분에 의한 손실열
④ 회분에 의한 손실열

200
보일러용량이 50000kcal/h 이상일 때 다음에 해당하는 관경의 크기 몇 mm인가?

가. 팽창관 : 　　　　　나. 방출관 :
다. 급탕관 : 　　　　　라. 송수주관 :
마. 환수주관 :

해답 가. 25　　나. 25
　　　　다. 15　　라. 30
　　　　마. 30

201
온수난방방식의 분류에 있어 다음의 따른 배관 방법을 쓰시오?

1) 배관방식에 따른 분류 :
2) 온수공급방식에 따른 분류 :

해답 1) 단관식, 복관식 2) 상향식, 하향식

202
난방부하 18000kcal/h, 섹숀수가 20개인 온수방열기를 설치할 경우 방열기 수는? (단, 쪽당 방열면적 $0.25m^2$, 방열량은 표준방열량으로 한다.)

해답
$$방열기수 = \frac{난방부하}{쪽당\ 방열면적 \times 방열량 \times 쪽수}$$
$$= \frac{18000}{0.25 \times 20 \times 450} = 8개$$

203
난방열량 3500kcal/h, 송수온도 85℃, 환수온도 60℃, 실내온도 15℃, 물의 비열이 1kcal/kg일 경우 온수 순환량(ℓ/min)은?

해답
$$G = \frac{Q}{C \cdot \Delta t} = \frac{3500}{1 \times (85-60) \times 60} = 2.33 l/min$$

204

온수보일러 급탕량이 2.5ton/h이고, 난방용 온수량이 1.5ton/h인 보일러에서 경유 소모량이 18kg/h일 때, 다음의 조건을 참고하여 이 보일러 효율(%)을 계산하시오.

> **조건**
> - 급탕수의 입구온도 : 20℃
> - 난방용 송수온도 : 65℃
> - 경유의 저위발열량 : 10500kcal/kg
> - 급탕공급온도 : 60℃
> - 환수온도 : 40℃
> - 물의 평균비열 : 1kcal/kg · ℃

해답

$$\eta = \frac{(급탕부하+난방부하)}{연료소비량 \times 저위발열량} \times 100$$

$$= \frac{\{2.5 \times 1000 \times (60-20)\} + \{1.5 \times 1000 \times (65-40)\}}{18 \times 10500} \times 100$$

$$= 72.75\%$$

205

도면은 유류용 온수보일러의 배관도이다. 도면을 보고 각 번호에 따른 명칭을 쓰시오.

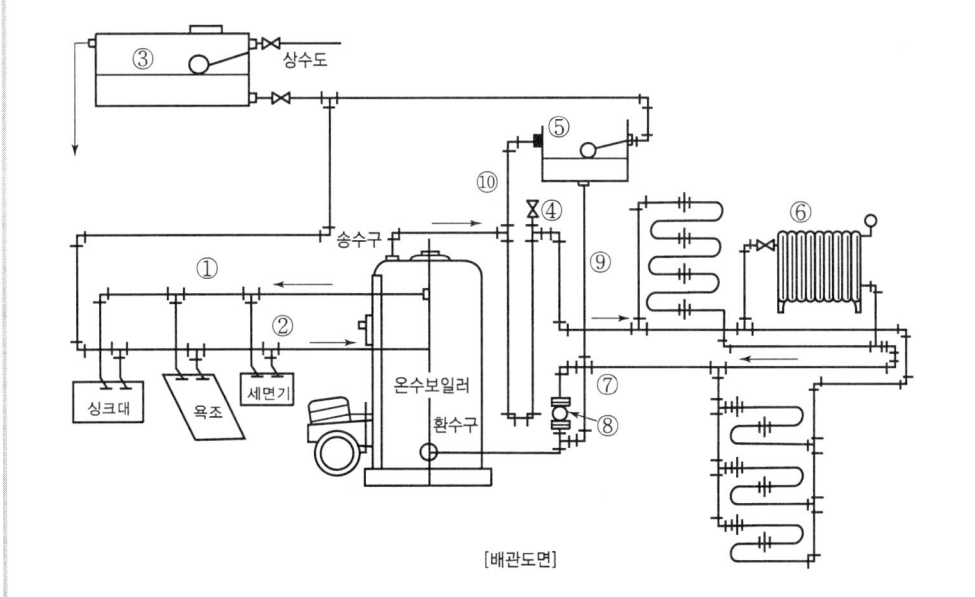

[배관도면]

해답
① 급탕공급라인   ② 급수(냉수)라인
③ 옥상물탱크(급수탱크)   ④ 에어핀(공기빼기밸브)
⑤ 팽창탱크   ⑥ 방열기
⑦ 난방환수라인   ⑧ 순환펌프
⑨ 팽창관   ⑩ 방출관

206 다음 난방장치에 대하여 난방수가 송수주관에서 ㉮, ㉯, ㉰을 거쳐 환수주관으로 이르기까지의 배관을 완성하시오.

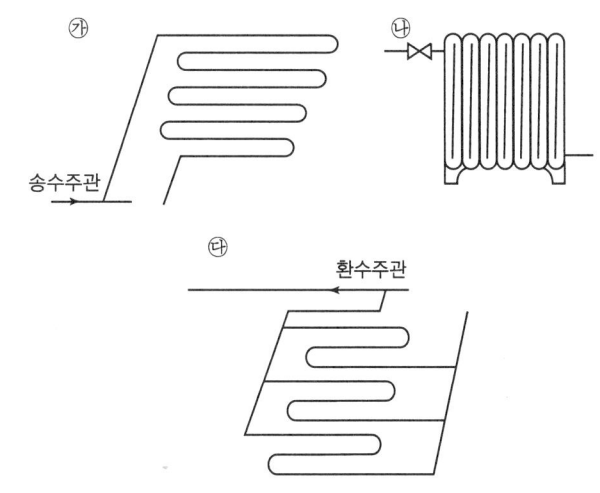

해답

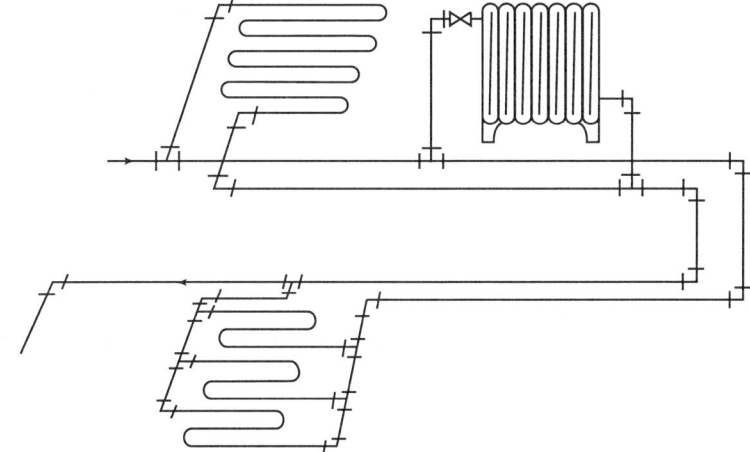

207 다음에서 설명하는 기기의 명칭을 쓰시오.

> 오일탱크에는 물과 기름을 분리하는 (①)가 있어야 한다. (①)에는 (②)가 있어야 하고 버너 전에는 찌꺼기를 거르기 위하여 (③)필요하다.

해답   ① 유수분리기   ② 드레인 밸브   ③ 여과기(스트레이너)

208

증기난방과 비교한 온수난방의 특징 3가지를 쓰시오.

해답
① 부하변동에 따른 온도조절이 쉽다.
② 동결의 우려가 적다.
③ 쾌감도가 좋다.
④ 소규모 주택에 적합하다.
⑤ 보일러의 취급이 용이하다.

209

보일러 제어장치 방식 중 앞 단계에서 이상이 있으며 다음 단계로 진행하지 못하도록 막아주는 것을 인터록(inter lock)제어라고 한다. 증기 보일러에 많이 사용되는 인터록 장치 5가지를 쓰시오.

해답 ① 저수위 ② 저연소 ③ 불착화 ④ 프리퍼지 ⑤ 압력초과

210

LNG 또는 LPG를 저장할 수 있는 가스홀더의 종류 3가지를 쓰시오.

해답 유수식, 무수식, 고압홀더

211

다음은 온수온돌의 시공순서이다. 순서에 알맞게 ( ) 안에 알맞은 작업명을 적어 넣어라.

① 배관기초	② ( )	③ 단열처리
④ ( )	⑤ 배관작업	⑥ ( )
⑦ 보일러설치	⑧ ( )	⑨ 굴뚝설치
⑩ ( )	⑪ 온수순환시험 및 경사조정	⑫ ( )
⑬ 시멘트 모르터 바르기	⑭ 양생건조 작업	

해답
② 방수처리   ④ 받침대 설치
⑥ 공기 방출기 설치   ⑧ 팽창탱크 설치
⑩ 수압시험   ⑫ 골재(자갈)충전

212
보일러 난방방식에는 개별난방과 중앙난방방식이 있다. 이 중 중앙난방방식의 종류를 쓰시오.

해답 ① 직접난방, ② 간접난방, ③ 복사난방

213
보일러용량을 구하려고 할 때 상용출력 3가지만 쓰시오.

해답 ① 난방부하 ② 급탕부하 ③ 배관부하

214
보일러 주변을 하트포드 배관 방식으로 하는 목적을 2가지 쓰시오.

해답
① 보일러 수위 역류를 방지한다.
② 환수 주관내의 불순물이 보일러로 유입되는 것을 방지

215
버너 입구의 가장 인접한 위치에 설치하여 전자기식에 의해 밸브가 개폐되는 솔레노이드 밸브(soleniod valve, 전자밸브)는 어떤 경우에 연료공급 차단동작을 하는지 3가지 쓰시오.

해답 ① 저수위시 ② 불착화시 ③ 압력초과시 ④ 프리퍼지 부족시 중 3가지

216
온수난방에서 보일러, 방열기 및 배관의 전 장치 내에 있는 전수량이 1000l, 물의 비열 1kcal/l℃이고, 보일러, 방열기 및 배관 등을 구성하는 전철량이 4000kg, 철의 비열 0.12kcal/kg℃, 온수의 온도 80℃, 보일러 가동전의 온도가 5℃일 때 난방장치에 필요한 예열부하(kcal)를 구하시오.

해답 $Q = \{1000 \times 1 \times (80-5)\} + \{4000 \times 0.12 \times (80-5)\} = 111000$kcal

217

다음은 온수보일러에 필요한 개방식 팽창탱크의 주위 배관도로 각각의 명칭을 써라.

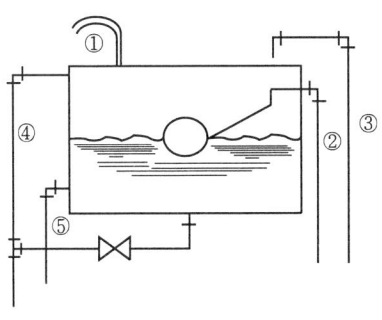

해답
① 통기관 ② 급수관
③ 안전관 ④ 오버플로우관
⑤ 팽창관

218

다음은 온수온돌의 시공층 단면도이다. 도면의 ①~⑦번까지의 명칭을 쓰시오.

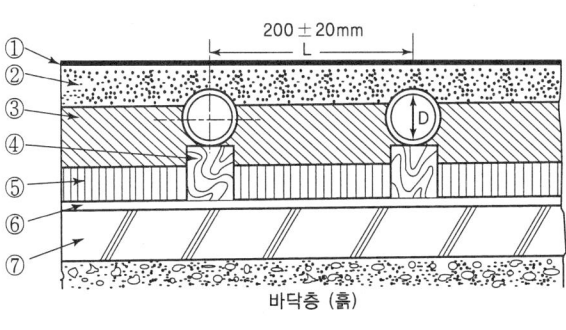

해답
① 장판층 ② 시멘트몰탈층
③ 자갈층 ④ 코일받침대
⑤ 단열층 ⑥ 방수층
⑦ 콘크리트층

219

열정산(열감정)에 의한 증기보일러의 보일러 효율 산정 방법을 2가지만 쓰시오.

해답
① 입출열법에 따른 효율
② 손실열법에 따른 효율

220

어떤 건물의 난방부하가 63000kcal/h일 때 주철제 방열기로 온수난방을 하려고 한다. 주철제 온수방열기의 방열량 450kcal/m²h이라면 필요한 방열면적은 몇 m²인지 계산하시오.

해답 $\text{EDR} = \dfrac{\text{난방부하}}{\text{방열기방열량}} = \dfrac{63000}{450} = 140\,\text{m}^2$

221

평균온도 85℃의 온수가 흐르는 길이 150m의 온수관에 효율 80%의 보온 피복을 하였다. 외기온도가 25℃이고, 내관의 열관류율이 11kcal/m²h℃인 경우, 보온 피복한 후의 시간당 손실열량(kcal/h)을 계산하시오. (단, 내관의 표면적은 0.22m²/m 길이이다.)

해답 $Q = (1-0.8) \times 11 \times (150 \times 0.22) \times (85-25) = 4356\,\text{kcal/h}$

222

호칭지름 15A 관으로서 다음 그림과 같이 나사이음을 할 때 중심 간의 길이를 600mm로 하려면 관의 절단길이(l)을 얼마로 하면 되는지 계산하시오. (단, 호칭 15A 엘보의 중심선에서 단면까지의 길이는 27mm, 나사에 물리는 최소의 길이는 11mm이다.)

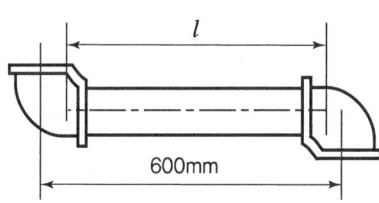

해답 $l = L - 2(A-a) = 600 - \{2 \times (27-11)\} = 568\,\text{mm}$

223

다음 [보기]를 보고 물음에 (   )를 채우시오.

유기질 보온재에는 펠트, 콜크, (가) 등이 있으며, 무기질 보온재에는 석면 (나), 규조토, (다), 탄산마그네슘 등이 있으며, 무기질 보온재에는 일반적으로 (라) 온도에 사용하고 유기질 보온재는 비교적 (마) 온도에 사용하는 보온재가 있다.

보기
① 낮은 ② 기포성 수지 ③ 타르 ④ 광명단
⑤ 암면 ⑥ 에폭시 ⑦ 그라스울 ⑧ 높은

해답 가 : ②   나 : ⑦   다 : ⑤
라 : ⑧   마 : ①

224. 강관 이음시 분기관시 분기관의 부속 3가지를 적으시오.

해답 티이, 와이, 크로스

225. 어떤 실내 난방의 실내온도가 25℃이고, 외기 온도가 −10℃이고 외기와 벽체 면적은 20m²이다. 벽체의 손실 열량(kcal/h)을 구하시오. (단, 벽체 평균 열관류율은 15kcal/m²h℃이다.)

해답 Q=K·A·△t=15×20×{25−(−10)}=10500kcal/h

226. 다음 도면은 온수보일러의 배관 방법이다. ①~⑩번까지의 명칭을 쓰시오.

해답
① 옥상물탱크 ② 팽창탱크 ③ 방열기
④ 순환펌프 ⑤ 공기빼기밸브 ⑥ 급탕관
⑦ 냉수공급관 ⑧ 환수주관 ⑨ 송수주관
⑩ 방출관

227 다음은 방열기에 대한 설명이다. ( ) 안의 말을 보기에서 고르시오.

> **보기** 2세주형, 3세주형, 4세주형, 5세주형, 35, 25, 10, 5

방열기는 (①), (②) 벽걸이형이 있고, 방열기 1개당 최대 (③)쪽이고, 주철제 보일러 최고사용압력은 (④)kg/cm² 이다.

해답 ① 3세주형 ② 5세주형 ③ 25 ④ 1

228 다음은 온수온돌을 시공할 때 배관의 나열방식에 따른 종류를 쓰시오. 다음은 온수온돌의 시공순서이다. 순서에 맞게 ( )에 알맞은 작업명(作業名)을 적어 넣으시오.

① 배관기초 → ② ( ) → ③ 단열처리 → ④ ( ) → ⑤ 배관작업 → ⑥ ( )→ ⑦ 보일러설치 → ⑧ ( ) → ⑨ 굴뚝설치 → ⑩ 수압시험 → ⑪ ( ) → ⑫ 골재충진작업 → ⑬ ( )→ ⑭ 양생건조작업

해답
② 방수처리   ④ 받침재 설치   ⑥ 공기방출기 설치
⑧ 팽창탱크설치   ⑪ 온수순환 및 경사조정
⑬ 시멘트모르타르 바르기

참고 온수온돌 시공순서
기초시공 → 방수처리 → 단열·보온처리 → 받침재 설치 → 배관작업 → 온수보일러 설치 → 수압시험 → 골재 충진작업 → 시멘트몰탈 바르기

229 다음은 온수온돌을 시공할 때 배관의 나열방식에 따른 종류를 쓰시오.

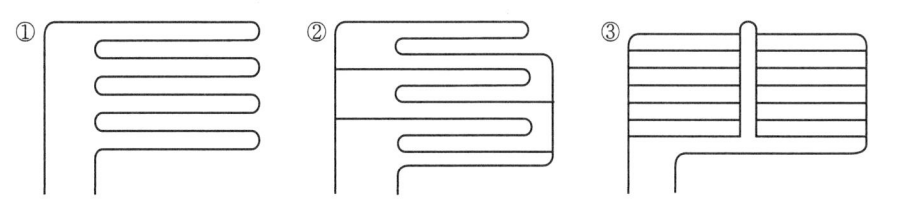

해답 ① 직렬식 ② 분리주관식 ③ 사다리꼴

230

그림과 같이 호칭지름이 20A인 강관으로 양쪽에 20A용 45° 엘보우와 90° 엘보우를 사용하여 중심 길이를 600mm로 할 때 파이프의 실제 절단치수는? (단, 45° 엘보 29mm, 90° 엘보 38mm, 삽입길이 15mm이다.)

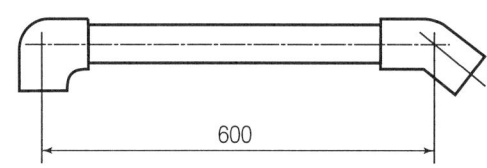

해답 $l = L - \{(A-a)+(B-b)\} = 600 - \{(29-15)+(38-15)\} = 563mm$

231

다음은 개방식 팽창탱크에 관한 설명이다. 내용에 따른 관의 명칭을 써라.

> **보기** 오버플로우관, 팽창관, 배수관, 배기관, 급수관, 압축공기관, 환수관, 급탕관, 안전관

① 팽창탱크에 일정수위 이상의 물이 되는 것을 방지하는 관 : (　　)
② 배관 내의 물의 압력이 이상 상승하는 것을 방지 하는 관 : (　　)
③ 팽창탱크에 물을 공급하는 관 : (　　)
④ 팽창탱크의 물을 전부 뺄수 있는 관 : (　　)
⑤ 팽창탱크의 수위가 높아지면서 압력이 상승하는 것을 방지하는 관 : (　　)

해답 ① 오버플로우관   ② 팽창관   ③ 급수관   ④ 배수관   ⑤ 배기관

232

벽체의 총 면적이 50m²인 건물이 다음과 같은 조건일 때 이 건물벽체의 난방부하는 몇 kcal/h인지 계산하시오.(조건 : 벽체의 열관류율 : 1.2kcal/m²·h·℃, 외기온도 : -10℃, 실내온도 : 20℃, 방위에 따른 부가계수 : 1.05)

해답 $Q = K \cdot A \cdot \Delta t \times k = 1.2 \times 50 \times \{20-(-10)\} \times 1.05 = 1890 \text{kcal/h}$

233

진공 환수식 증기 난방법에 대한 다음 물음에 답하시오.

(1) 진공펌프의 설치위치는?
(2) 방열기밸브는 어떤 것을 사용하는가?
(3) 환수관의 진공도는 어느 정도로 유지하는가?

해답 (1) 환수주관 끝부분   (2) 앵글밸브   (3) 100~250mmHg

234

하수관에서 유해가스나 악취가 실내로 유입되는 것을 방지하기 위하여 설치하는 배수트랩의 종류 5가지를 쓰시오.

해답 ① 관 트랩(P트랩, S트랩, U트랩)   ② 벨 트랩
③ 드럼 트랩   ④ 그리스 트랩   ⑤ 가솔린 트랩

235

보온재의 구비조건 5가지를 열거 하시오.

해답
① 열전도율이 적어야 한다.(보온능력이 커야한다.)
② 기계적 강도가 커야한다.
③ 흡습성이나 흡수성이 작아야 한다.
④ 가볍고 비중이 작아야 한다.
⑤ 다공질이며 기공이 균일해야 한다.
⑥ 사용온도에 견디고 변질되지 않아야 한다.

236

온수 순환량이 70kg/h, 환수온도 18℃, 송수온도 55℃, 1일 난방부하(kcal/day)는 얼마인가?

해답 $Q = G \cdot C \cdot \Delta t = 70 \times 1 \times (55 - 18) \times 24 = 62160 \, \text{kcal/day}$

237

평균온도 85℃의 온수가 흐르는 길이 150m의 관에 효율 80%의 보온 피복을 하였다. 외기온도가 25℃이고, 내관의 열관류율이 11kcal/m²h℃인 경우, 보온 피복한 후의 시간당 손실열량(kcal/h)을 계산하시오. (단, 내관의 표면적은 0.22m²/m이다.)

해답 손실열량, $Q = (1 - 0.8) \times 11 \times (0.22 \times 150) \times (85 - 25) = 4356 \, \text{kcal/h}$

238

동관과 강관을 직접 연결하면 이온화 현상으로 강관이 부식될 수 있다. 이것을 방지하기 위하여 사용하는 이음쇠의 명칭을 쓰시오.

해답 절연이음쇠

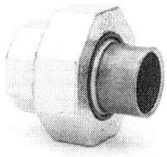

[동절연 유니온]

239. 온수난방에서 밀폐식 팽창탱크에 연결된 관의 종류 및 계기의 종류 5가지를 쓰시오.

해답
① 급수관 　② 배수관
③ 압력계 　④ 수면계
⑤ 압축공기관 　⑥ 안전밸브

240. 다음 그림은 복관식 중력 순환 온수난방법의 개략도이다. AV, RV가 뜻하는 것이 무엇인지 쓰시오.

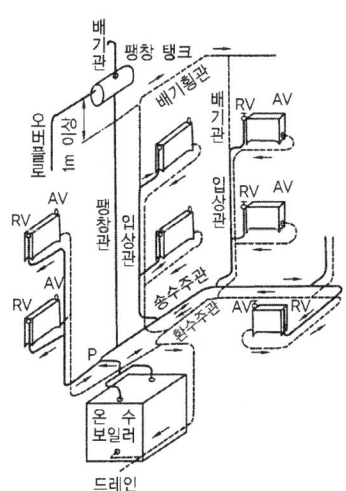

해답
① AV : 공기빼기밸브(air vent)
② RV : 방열기밸브(radiator valve)

241. 다음은 도면에 표시되는 유체의 종류를 나타내는 기호이다. 각각 유체의 명칭을 쓰시오.

(1) A　　(2) G　　(3) O　　(4) S　　(5) W

해답 (1) 공기 (2) 가스 (3) 기름(오일) (4) 수증기 (5) 물

242

동관을 두께별 및 질별로 분류한 다음의 ( ) 속에 알맞은 말을 쓰시오.

(1) 두께별 : K형, ( )형, ( )형
(2) 질 별 : 연질, ( )질, ( )질, ( )질

해답
(1) L, M
(2) 반연, 반경, 경

참고 동관의 질별 분류 : 연질(O), 반연질(OL), 반경질($\frac{1}{2}$H), 경질(H)

243

다음의 온수방열기를 역환수배관방식(reverse return)으로 배관하려고 한다. 도면을 보고 배관을 완성하시오.

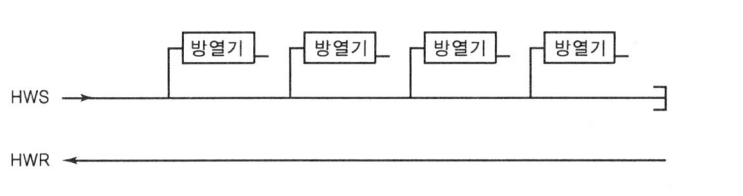

해답

244

그림과 같은 온수난방 설비에 대한 다음 물음에 답하시오.

(1) 온수 순환 방법의 종류는 무엇인가?
(2) 온수의 공급 방법(방향)에 따른 종류는 무엇인가?
(3) 보일러와 방열기 위치(높이)에 따른 종류는 무엇인가?

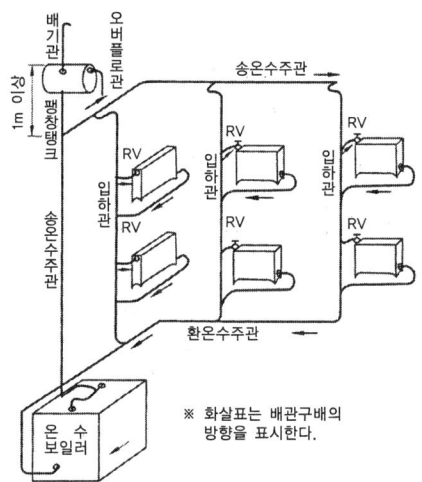

해답 (1) 자연 순환식
(2) 하향 공급식
(3) 상향 순환식

245
다음은 동관의 접합에 대한 설명이다. ( ) 안에 알맞은 용어를 쓰시오.

기계의 점검, 보수 또는 관을 분해할 경우에 대비한 접합방식은 (①)접합이며, 용접접합을 크게 나누어 (②)용접과 경납용접으로 나누며, 2방식 모두 (③)현상을 이용한다. 또한 경납 용접재료로는 (④) 또는 (⑤)이(가) 사용된다.

해답 ① 플랜지 ② 연납 ③ 모세관 ④ 붕산 ⑤ 붕소

246
배관에서 보온효율이 80%일 때 보온관의 열손실, 즉 배관부하가 4000kcal/h이다. 보온을 하지 않은 관이라면 배관을 통한 손실열량(kcal/h)은?

해답 $\eta = \dfrac{Q_1 - Q_2}{Q_1}$ 에서 $0.8 = \dfrac{Q_1 - 4000}{Q_1}$

$0.8Q_1 = Q_1 - 4000$, $400 = Q_1 - 0.8Q_1 = 0.2Q_1$

$Q_1 = \dfrac{4000}{0.2} = 20000 \text{kcal/h}$

247
어떤 빌딩의 방열기 총면적이 2000m^2 EDR(상당방열면적), 매시 급탕량의 최대가 $6,000\ell/h$일 때(급수온도 10℃, 출탕온도 70℃)이 건물에 보일러를 사용하여 난방을 하려고 할 때 보일러의 크기를 구하여라. (단, 배관부하 $\alpha=20\%$, 예열부하 $\beta=25\%$, 잠열량 539kcal/kg, 연료는 기름을 연소시키는 것으로 한다. 또한 출력저하계수 k=1.1로 한다.)

(1) 방열량(난방부하)은 몇 kcal/h인가?
(2) 급탕부하는 몇 kcal/h인가?
(3) 상용출력은 몇 kcal/h인가?
(4) 정격출력은 몇 kcal/h인가?

해답 (1) 난방부하=EDR×650=2000×650=1300000kcal/h
(2) 급탕부하=G·C·△t=6000×1×(70−40)=360000kcal/h
(3) 상용출력=(1300000+360000)×(1+0.2)=1992000kcal/h
(4) 정격출력=$\dfrac{(1300000+360000) \times (1+0.2) \times 1.25}{1.1}$ = 2263636.36 kcal/h

248

다음 중 온수난방과 관련된 사항으로 옳게 설명된 것을 5가지 골라 그 번호를 쓰시오.

① 운전이 정지되면 전체 배관 내에 공기가 채워진다.
② 물의 현열을 이용한다.
③ 대규모의 아파트 단지에 적합하다.
④ 운전 정지 후 일정시간 방열이 지속된다.
⑤ 예열부하가 크다.
⑥ 열매체의 잠열과 현열을 이용하는 난방법이다.
⑦ 방열기 표면 온도가 낮아 쾌감도가 높고 화상의 위험이 없다.
⑧ 배관방식에 따라 중력 순환식과 강제 순환식 온수난방으로 구분한다.
⑨ 방열기를 이용한 온수난방은 대류난방법에 속한다.

해답 ②, ④, ⑤, ⑦, ⑨

249

다음은 온수 보일러의 공급 방식(방향)에 대한 설명이다. 명칭을 쓰시오.

(1) 방열기 아래쪽에 송수주관을 설치하며, 송수주관을 올림 방향으로 배관하여 난방하는 방식
(2) 송수주관을 연직으로 설치하여 송수주관 수평부를 방열기보다 높은 쪽에 오게 하여 온수를 아래로 공급하여 난방하는 방식

해답 (1) 상향 순환식 (2) 하향 순환식

250

동관이나 강관을 파이프커터로 절단한 발생하는 거스러미를 제거하는 공구는?

해답 리이머

251

다음은 온수온돌 시공 방법이다. ( ) 안에 알맞은 숫자를 적으시오.

"온수온돌에서 방열관의 피치는 (①)mm이고, 받침재의 간격은 강관일 때 (②)m 이내, 동관 및 PVC일 때는 (③)m이다."

해답 ① 200±20 ② 1.5 ③ 1

252. 강철제 보일러의 최고사용압력이 0.25MPa일 때 수압시험압력은 몇 MPa인가?

해답 최고사용압력이 0.43MPa 이하이면 최고사용압력의 2배이므로
$0.25 \times 2 = 0.5$ MPa

참고 수압시험압력
① 강철제 보일러
  ㉠ 최고사용압력(P)이 0.43MPa(4.3kgf/cm^2) 이하 : 2P
  ㉡ 최고사용압력(P)이 0.43~1.5MPa(4.3~15kgf/cm^2) 이하 : 1.3P+0.3MPa(1.3P+3kg/cm^2)
  ㉢ 최고사용압력(P)이 1.5MPa(15kgf/cm^2) 초과 : 1.5P
② 주철제 보일러
  ㉠ 최고사용압력이 0.43MPa(4.3kgf/cm^2) 이하 : 2P
    (시험압력이 0.2MPa(2kgf/cm^2) 미만인 경우에는 0.2MPa(2kgf/cm^2))
  ㉡ 최고사용압력이 0.43MPa(4.3kgf/cm^2) 초과 : 1.3P+0.3MPa(1.3P+3kgf/cm^2)

253. 다음은 온수 보일러의 순환펌프 주위 배관도를 나타낸 것이다. ①~⑤의 부품 명칭을 쓰시오.

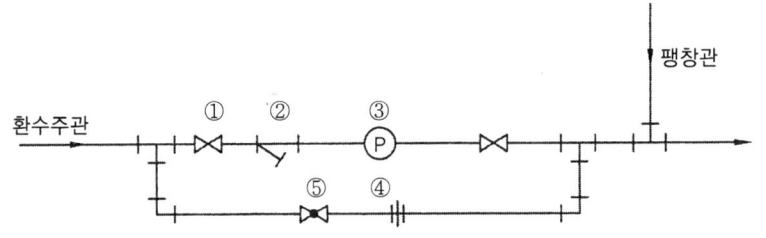

해답 ① 게이트 밸브(슬루스 밸브) ② 여과기(스트레이너)
③ 순환펌프 ④ 유니온
⑤ 글로브 밸브(스톱 밸브)

254. 다음 배관 작업용 공구들을 주철관용, 동관용, 연관(鉛管)용으로 구분하시오. (단, 주철관용이면 "주철관", 동관용이면 "동관", 연관용이면 "연관"으로 기입할 것)

(1) 턴핀 (2) 익스팬더 (3) 클립 (4) 벤드벤 (5) 사이징 툴

해답 (1) 연관 (2) 동관 (3) 주철관 (4) 연관 (5) 동관

255 배관 시공에서 나사 이음보다 용접 이음의 장점 3가지를 쓰시오.

해답
① 이음부의 강도가 크고, 하자 발생이 적다.
② 이음부 관 두께가 일정하므로 마찰저항이 적다.
③ 배관의 보온, 피복 시공이 쉽다.
④ 시공시간을 단축할 수 있고 유지비, 보수비가 절약된다.

참고 용접 이음의 단점
① 재질의 변형이 일어나기 쉽다.
② 용접부의 변형과 수축이 발생한다.
③ 용접부의 잔류응력이 발생한다.

256 다음은 대류난방과 비교한 복사난방의 특징을 설명한 것이다. ( ) 안의 내용 중 옳은 것은 ○표를 하시오.

"복사난방은 (공기, 구조체)를 가열대상으로 하므로 방의 높이에 따른 온도 편차가 (작고, 크고), 쾌감도가 좋다. 또한 환기에 따른 손실열량도 그 만큼(많게, 적게)든다. 가열대상의 열용량이 (크고, 작으므로) 필요에 따라 즉각적인 대응이 (곤란하고, 쉽고), 시공이 어려우며 하자 발생 위치를 확인하기(쉽다, 어렵다)."

해답 공기, 작고, 적게, 크고, 곤란하고, 어렵다.

257 지역난방의 특징 3가지를 쓰시오.

해답
① 각 건물마다 보일러 시설이 필요 없다.
② 대규모 열원설비로서 열효율이 좋다.
③ 연료비가 절약되고 관리가 용이하다.
④ 건물마다 보일러실과 굴뚝이 필요 없어 유효면적이 증가한다.
⑤ 대기오염을 줄일 수 있고 에너지를 안전하게 이용할 수 있다.
⑥ 위험물을 취급하지 않으므로 화재의 위험성이 없다.
⑦ 배관 도중의 열손실이 크다.
⑧ 초기 시설 투자비가 크다.

258 방열기 입구 온도가 80℃, 출구 온수 온도가 65℃, 방열기 중심까지의 높이가 3m이다. 이때 자연 순환 수두는 몇 mmH₂O인가? (단, 80℃ 물의 비중 0.9816, 65℃ 물의 비중 0.9876이다.)

해답 $H = (S_1 - S_2) \times 1000 \times h = (0.9876 - 0.9816) \times 1000 \times 3 = 18 \, \text{mmH}_2\text{O}$

259 다음 보일러 설비도에서 목욕탕에 급탕과 온수난방을 하고자 한다. 연결이 안 된 부분을 연결하고 유체의 흐름 방향도 도시하시오.

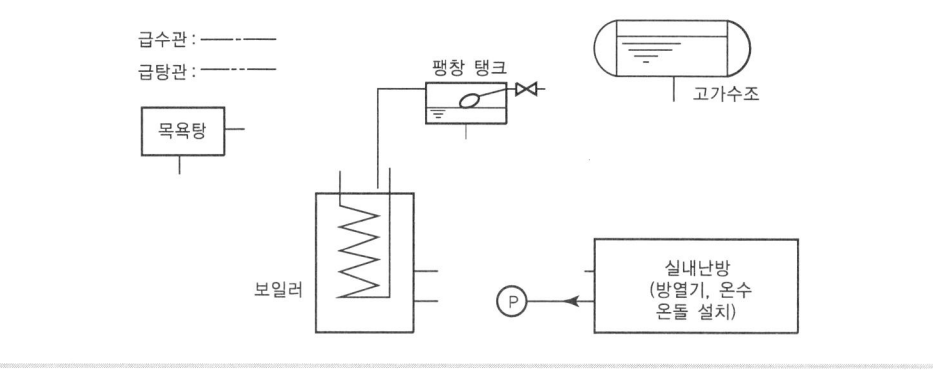

해답

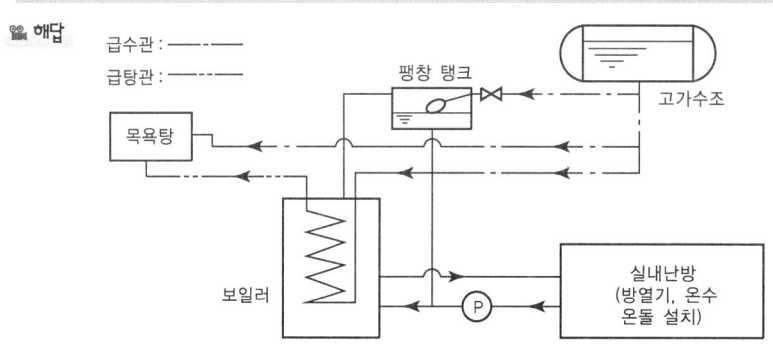

260 병원이나 공장에서 증기를 열원으로 하는 경우 저탕조 내에 증기를 공급하여 증기와 물을 혼합시켜 급탕하는 방법은?

해답   기수 혼합법(스팀 사이렌서법)

제3편

보일러 설비 계통도 및 관련 도면

에너지관리기능사 실기

제1장. 설비 계통도 및 관련 도면

제1장 설비 계통도 및 관련 도면

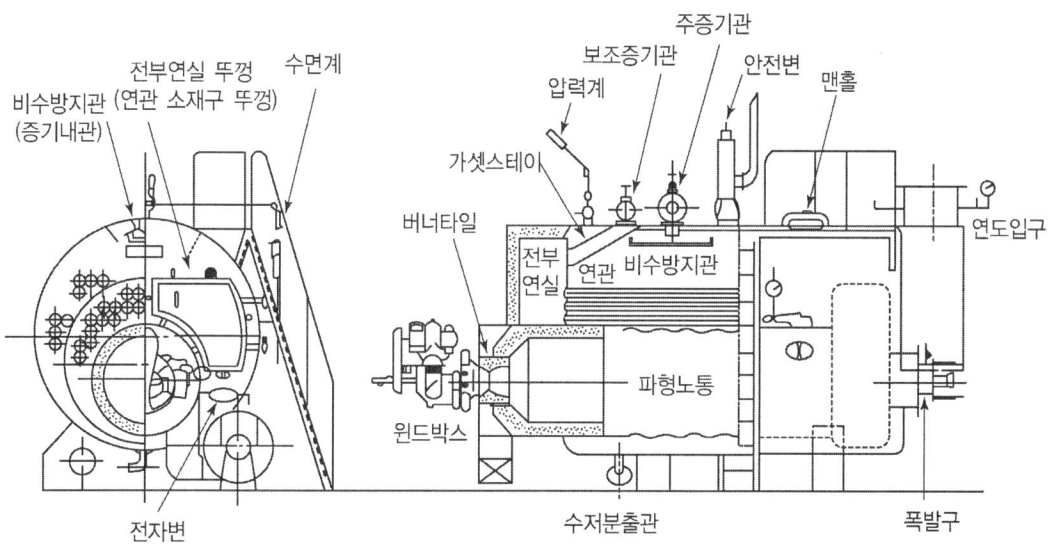

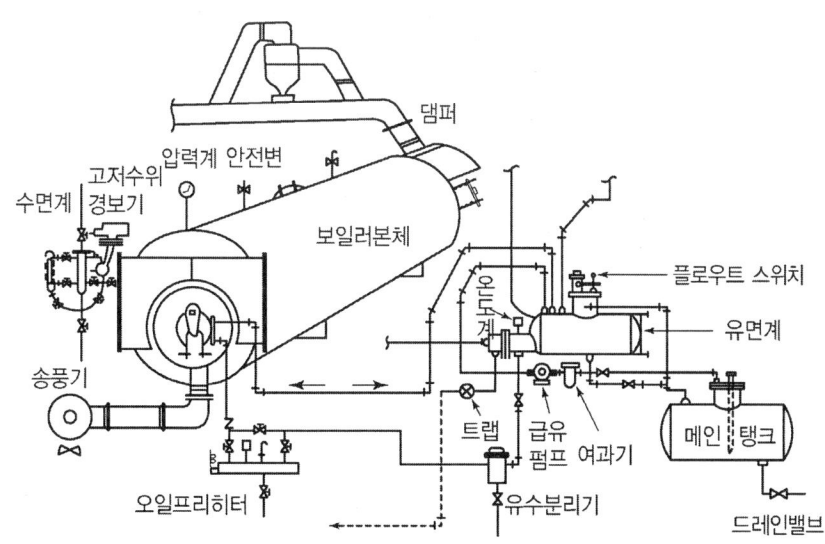

【 노통연관식 보일러 계통도 】

제3편 보일러 설비 계통도 및 관련 도면

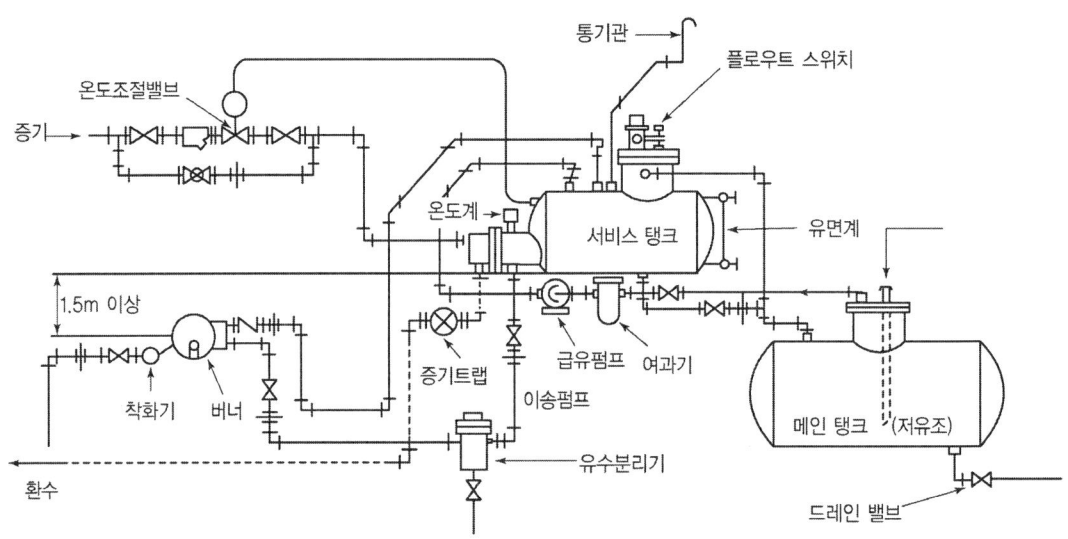

【 보일러 급유 장치 계통도 】

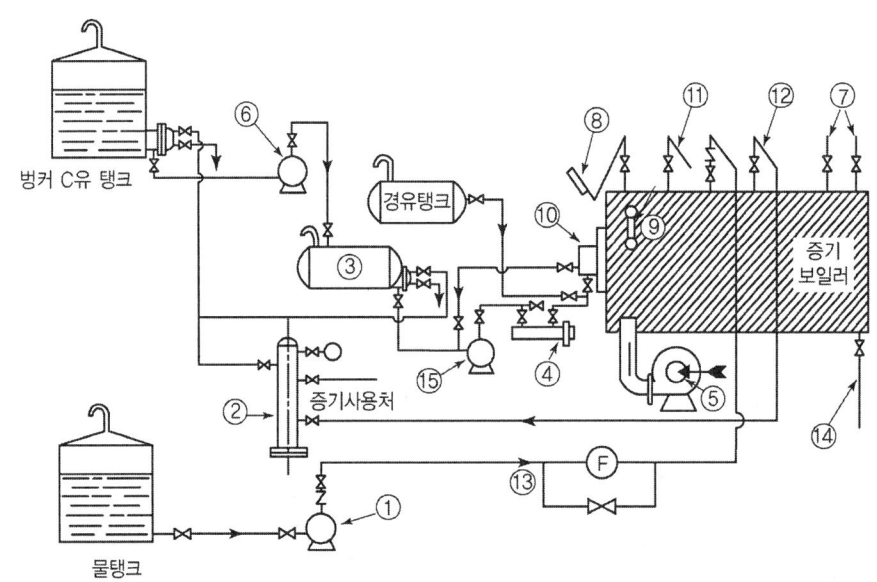

1. 급수펌프
2. 증기헤더
3. 서비스 탱크
4. 기름예열기
5. 송풍기
6. 급유펌프
7. 안전밸브
8. 압력계
9. 수면계
10. 오일버너
11. 보조증기밸브
12. 주증기밸브
13. 급수량계
14. 분출밸브
15. 분연펌프

【 보일러 계통도 】

제1장_설비 계통도 및 관련 도면

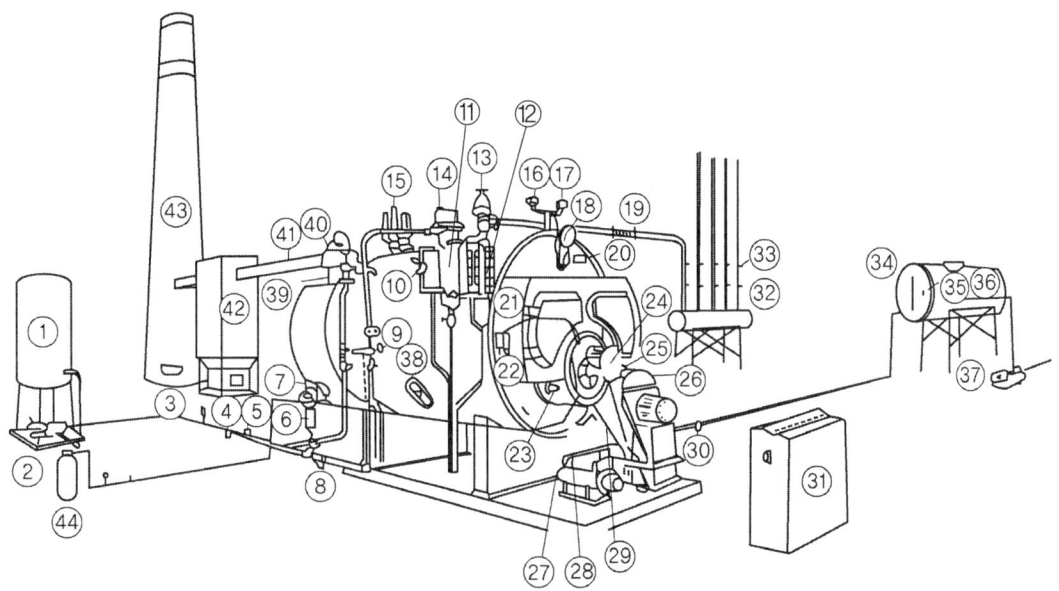

【 노통연관식 보일러의 주위설비 】

1. 급수탱크
2. 급수펌프
3. 급수온도계
4. 여과기
5. 급수량계
6. 청관제 주입구
7. 방폭문
8. 여과기
9. 인젝터
10. 고저수위경보기
11. 수주
12. 수면계
13. 주증기밸브
14. 보조증기밸브
15. 안전밸브
16. 압력제한기
17. 압력조절기
18. 압력계
19. 신축이음
20. 명판
21. 윈드박스
22. 변압기(점화트랜스)
23. 투시구
24. 로터리 버너
25. 유전자밸브
26. 압입송풍기
27. 오일프리히터
28. 유온도계
29. 유량계
30. 연료여과기
31. 조작판넬
32. 증기헤더
33. 압력계
34. 유면계
35. 유온도계
36. 서비스 탱크
37. 기어펌프
38. 맨홀
39. 배기가스온도계
40. 흡입통풍기
41. 연도
42. 집진기
43. 연돌(굴뚝)
44. LPG 용기

제3편 보일러 설비 계통도 및 관련 도면

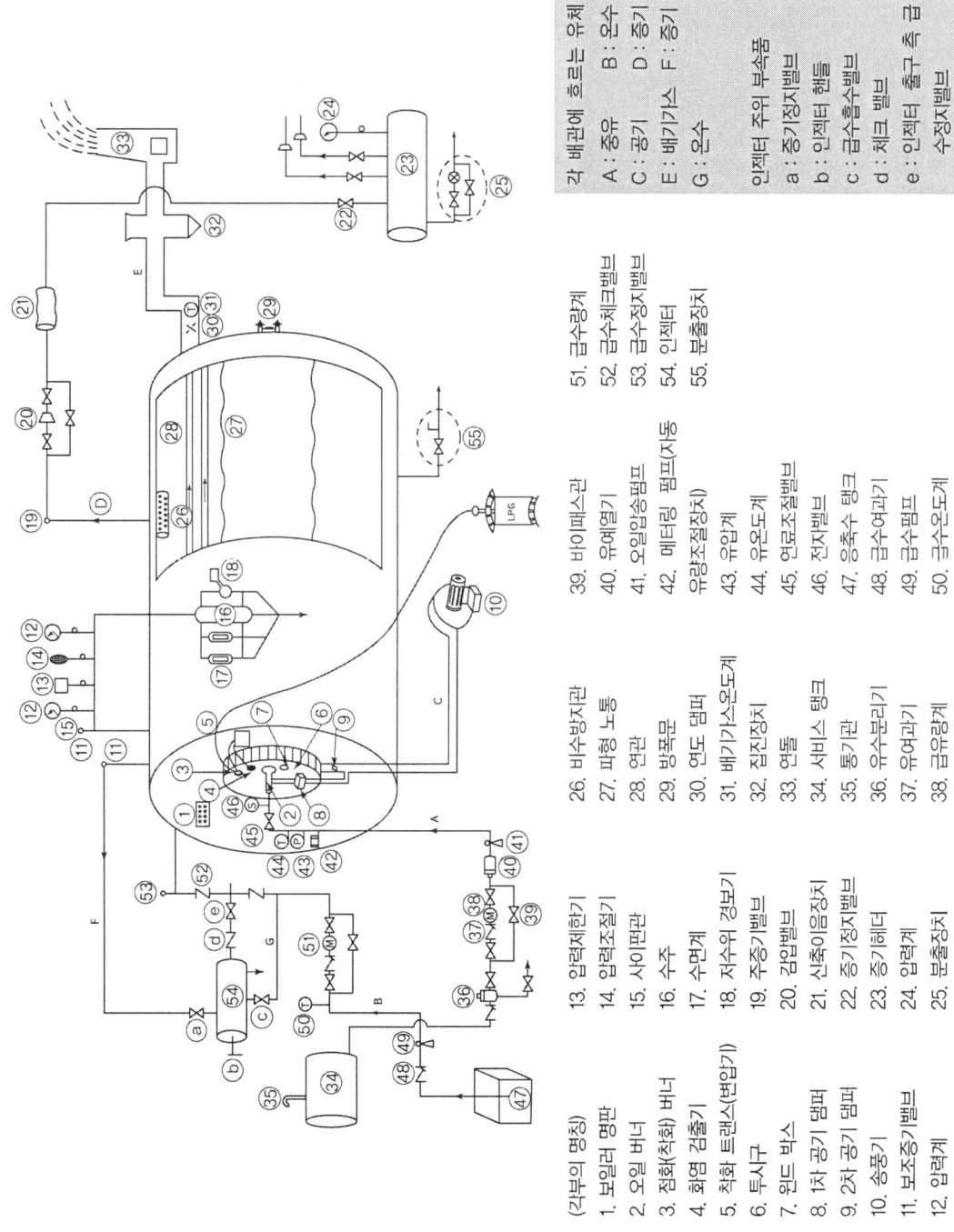

【 노통연관식 보일러 개략도 】

제1장_설비 계통도 및 관련 도면

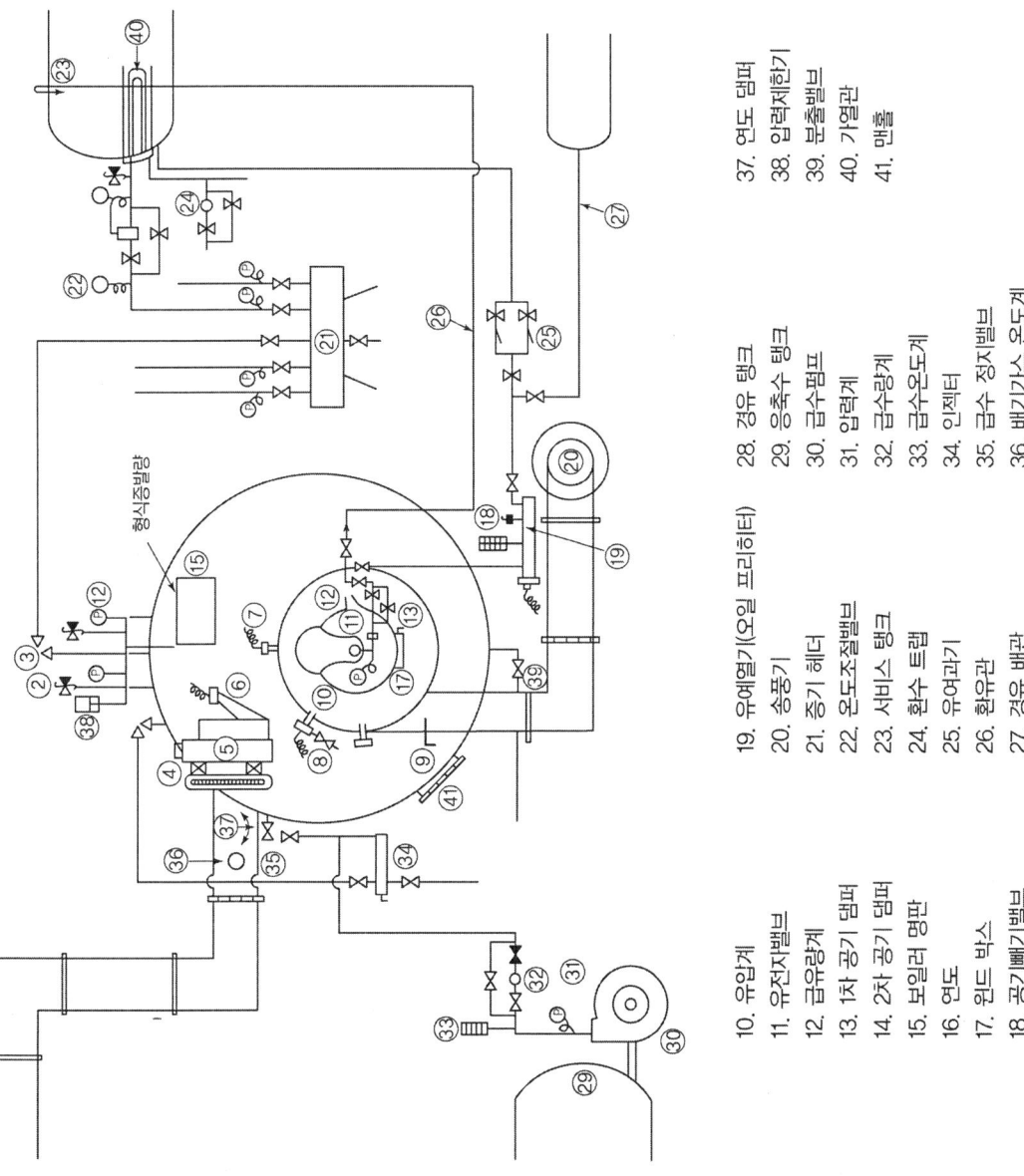

1. 압력계
2. 안전밸브
3. 주증기밸브
4. 수면계
5. 수주
6. 저수위경보기
7. 화염검출기
8. 점화버너
9. 투시구
10. 유압계
11. 유전자밸브
12. 급유량계
13. 1차 공기 댐퍼
14. 2차 공기 댐퍼
15. 보일러 명판
16. 연도
17. 윈드 박스
18. 공기폐기밸브
19. 유예열기(오일 프리히터)
20. 송풍기
21. 증기 헤더
22. 온도조절밸브
23. 서비스 탱크
24. 환수 트랩
25. 유여과기
26. 환유관
27. 경유 배관
28. 경유 탱크
29. 응축수 탱크
30. 급수펌프
31. 압력계
32. 급수량계
33. 급수온도계
34. 인젝터
35. 급수 정지밸브
36. 배기가스 온도계
37. 연도 댐퍼
38. 압력제한기
39. 분출밸브
40. 가열관
41. 맨홀

289

제3편 보일러 설비 계통도 및 관련 도면

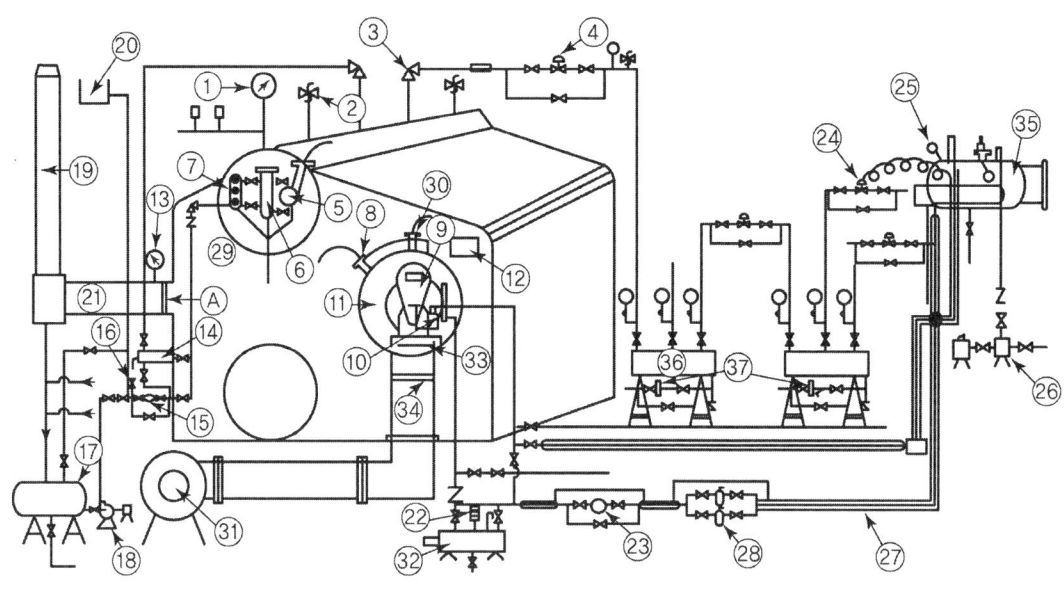

【 2동 D형 수관식 보일러 】

1. 압력계
2. 안전밸브
3. 주증기밸브
4. 감압밸브
5. 저수위경보기
6. 수주
7. 수면계
8. 착화버너
9. 버너
10. 전자밸브
11. 윈드박스
12. 명판
13. 배기가스 온도계
14. 인젝터
15. 급수량계
16. 급수온도계
17. 응축수 탱크
18. 급수펌프
19. 연돌
20. 옥상물탱크
21. 연도
22. 급유온도계
23. 급유량계
24. 온도조절장치
25. 온도계
26. 기어펌프
27. 이중관
28. 여과기
29. 보일러
30. 화염검출기
31. 송풍기
32. 오일프리히터
33. 여과기
34. 댐퍼
35. 서비스 탱크
36. 증기헤더
37. 증기트랩

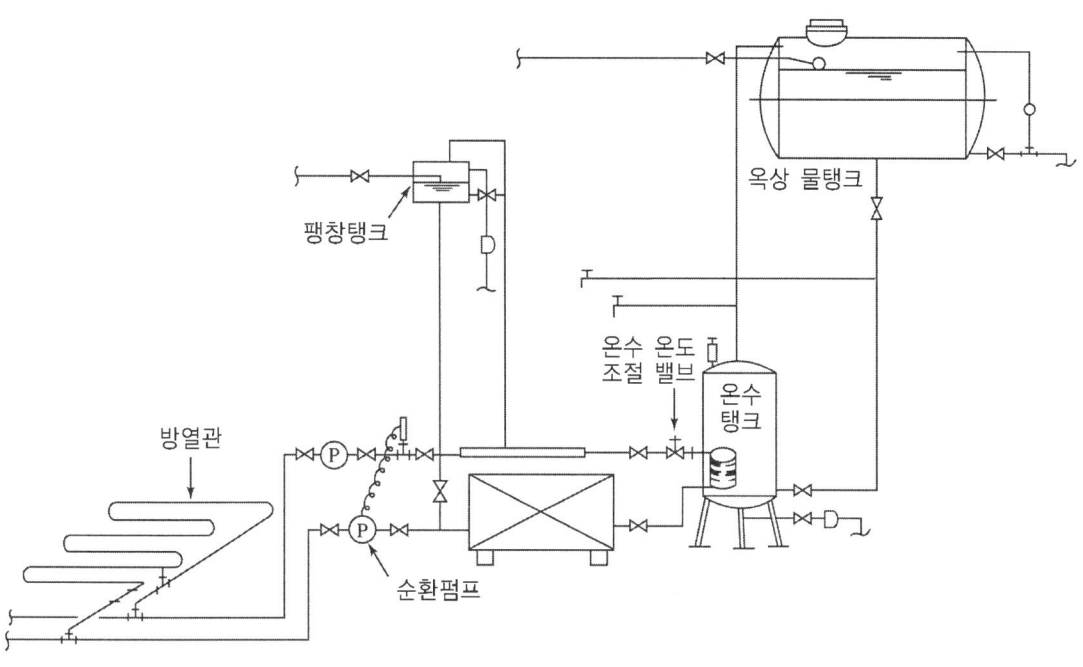

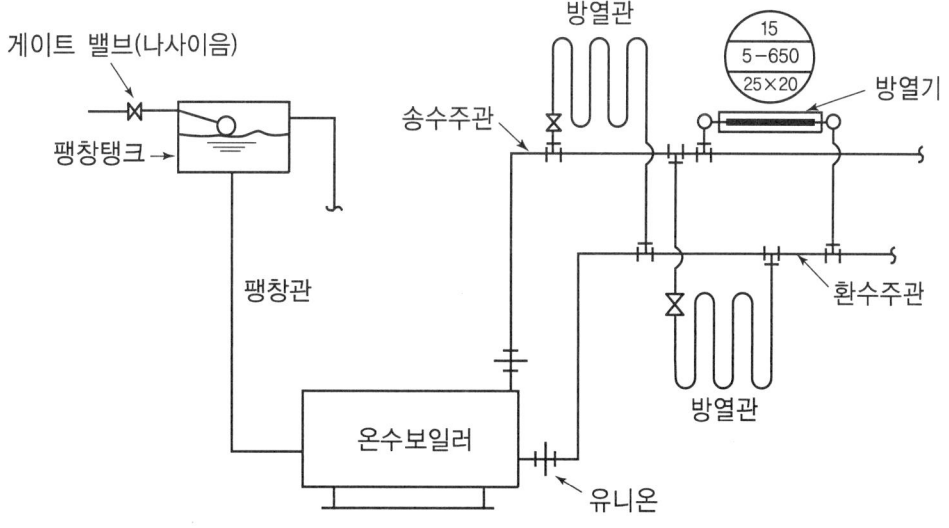

【 온수보일러 계통도 】

제3편 보일러 설비 계통도 및 관련 도면

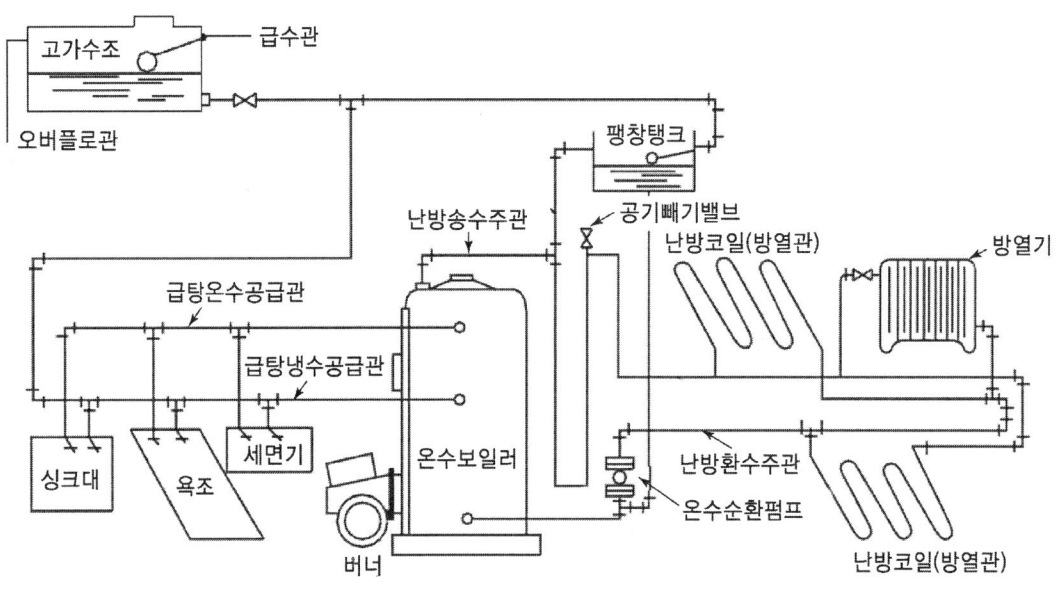

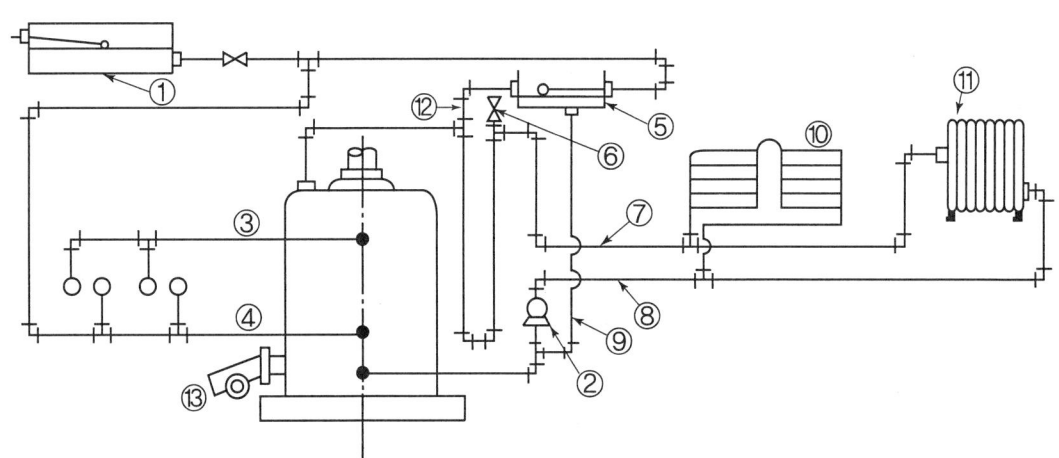

① 급수탱크　② 순환펌프　③ 급탕공급관　④ 냉수공급관　⑤ 팽창탱크
⑥ 공기빼기밸브　⑦ 난방공급관　⑧ 난방환수관　⑨ 팽창관　⑩ 방열관(사다리꼴)
⑪ 방열기　⑫ 방출관　⑬ 버너

【 온수보일러 계통도 】

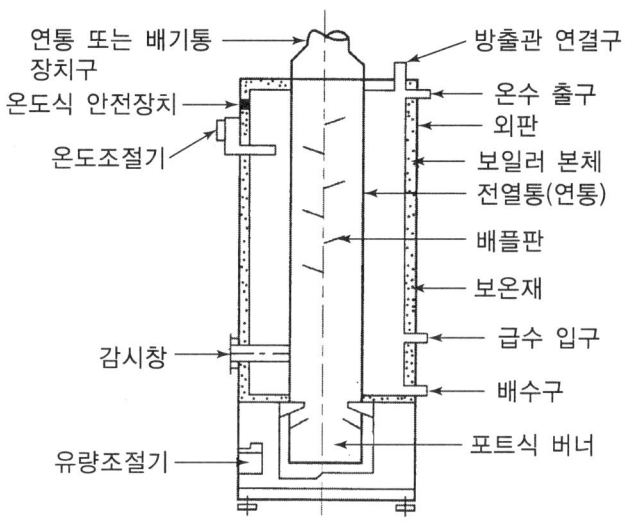

【 포트식(1회로식) 보일러 】

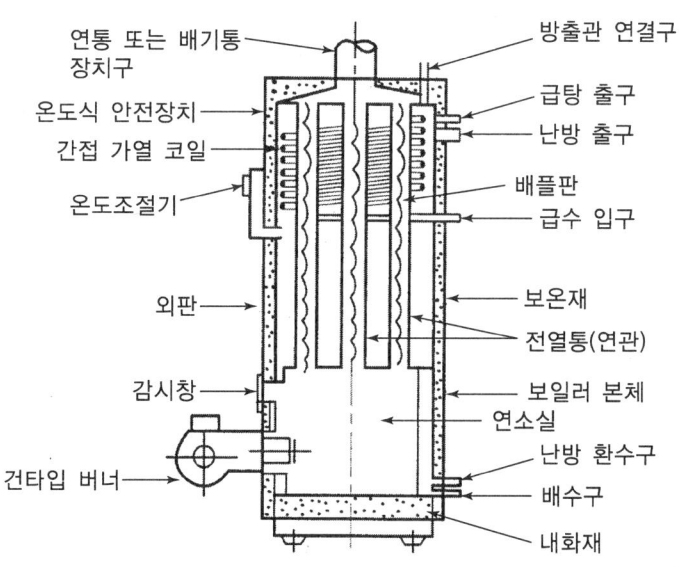

【 압력 분무식(2회로식) 보일러 】

제3편 보일러 설비 계통도 및 관련 도면

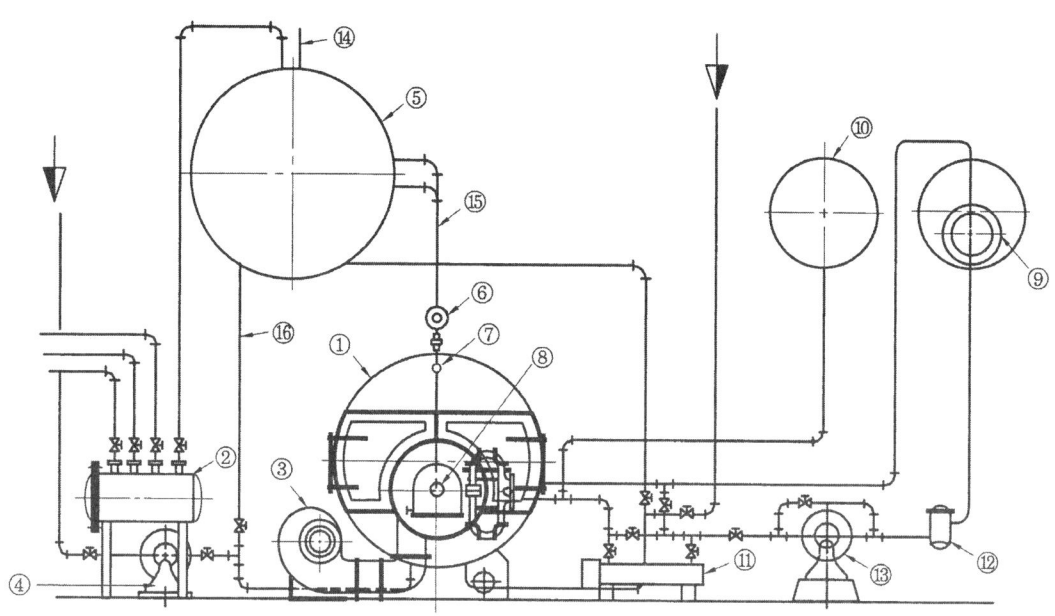

① 온수보일러 ② 온수헤더 ③ 압입송풍기 ④ 순환펌프 ⑤ 온수탱크 ⑥ 압력계
⑦ 온도계 ⑧ 버너 ⑨ 서비스 탱크 ⑩ 경유탱크 ⑪ 유예열기
⑫ 스트레이너 ⑬ 기어펌프 ⑭ 에어벤트 ⑮ 급탕관 ⑯ 순환관

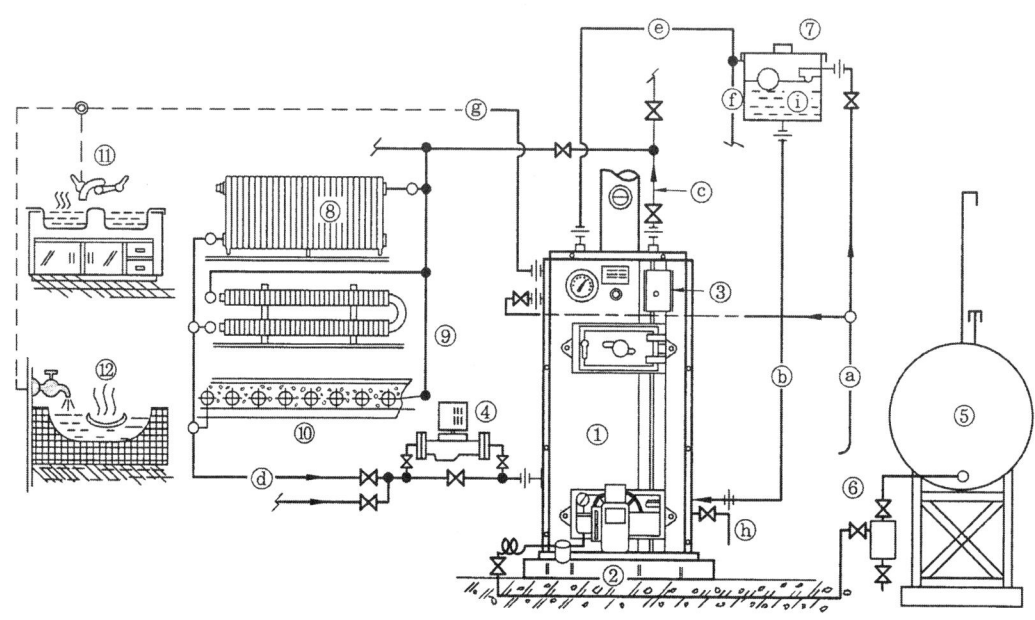

① 온수보일러 ② 오일 버너 ③ 온도조절장치 ④ 순환펌프 ⑤ 연료저장탱크 ⑥ 수(水) 분리기
⑦ 팽창탱크 ⑧ 방열기 ⑨ 에어로핀 히터 ⑩ 바닥 코일 ⑪ 싱크대 ⑫ 욕실
ⓐ 급수라인 ⓑ 팽창관 ⓒ 온수공급관 ⓓ 온수환수관 ⓔ 방출관 ⓕ 오버플로관
ⓖ 급탕공급관 ⓗ 분출관 ⓘ 플로트 밸브

【 온수 보일러 계통도 】

though
제 4 편

실기작업형 도면

제1장. 배관실습 기초

제2장. 실기작업형

제1장 배관실습 기초

1.1 강관 부속품 및 동관 부속품

90° 엘보	45° 엘보	이경엘보	티	이경티
크로스	와이	소켓	레듀셔	부싱
단니플	주물니플	장니플	유니온	플러그
나사캡	플랜지	유볼트너트	행거	테프론테이프
90° 동엘보	45° 동엘보	동티	CM아답터	동절연유니온

1.2 배관의 길이 계산

(1) 직선배관의 실제 절단길이(l)

1) 양쪽이 동일한 부속인 경우
$$l = L - 2(A - a)$$

2) 양쪽이 동일하지 않은 부속인 경우
$$l = L - \{(A-a) + (B-b)\}$$

여기서, $A(B)$: 부속의 중심길이
$a(b)$: 나사 삽입길이
L : 파이프의 전체길이
l : 파이프의 실제길이

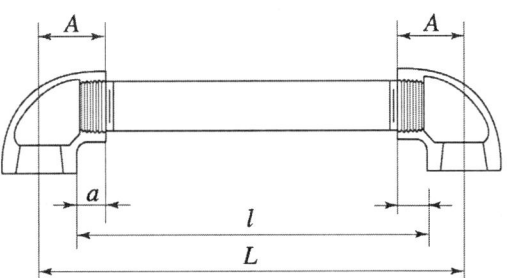

(2) 45° 배관의 길이 계산

1) 파이프의 실제(절단)길이

① 45° 배관의 중심길이
$$L = \sqrt{2} L_1 = 1.414 \cdot L_1$$

② 45° 배관의 실제 절단길이(동일부속인 경우)
$$l = L - 2(A - a)$$

③ 45° 배관의 실제길이(부속이 다를 때)
$$l = L - \{(A-a) + (B-b)\}$$

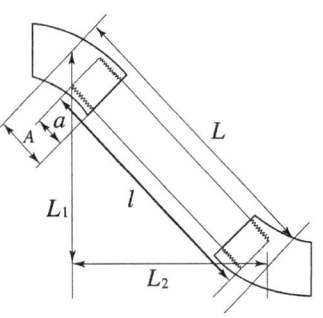

1.3 관경에 따른 나사부 길이 및 실제 삽입길이

관경 [mm]	15A($\frac{1}{2}''$)	20A($\frac{3}{4}''$)	25A($1''$)	32A($1\frac{1}{4}''$)	40A($1\frac{1}{2}''$)	50A($2''$)
나사부 길이 [mm]	15	17	19	21	23	25
나사 삽입 길이 [mm]	11	13	15	17	19	20
가공나사산(여유 1~2산)	8	9	8	9	10	10

1.4 배관 부속품의 중심길이 및 나사 삽입길이

부속명	규 격	중심길이 (A)	나사삽입길이 (a)		여유치수 (A-a)
90° 엘보 (정티)	15A(1/2B)	27	11		16
	20A(3/4B)	32	13		19
	25A(1B)	38	15		23
45° 엘보	15A	21	11		10
	20A	25	13		12
	25A	29	15		14
이경엘보 (이경티)	20×15	29×30	20A	13	16
			15A	11	19
	25×15	32×33	25A	15	17
			15A	11	22
	25×20	34×35	25A	15	19
			20A	13	22
레듀셔	20×15	20×18	20A	13	7
			15A	11	7
	25×20	22×20	25A	15	7
			20A	13	7
유니온	20A	25	13		12
	25A	27	15		12
동엘보		중심길이 실측 후 동관 삽입길이 뺀 값			
붓싱, CM어댑터		부속 삽입 후 실측하여 산출			

제2장 실기작업형

(1) 수험자 준비물

번호	재료명	규격	단위	수량	비고
1	강철자	1000mm	EA	1	
2	걸레	면	장	1	약간
3	고무해머	경질	EA	1	
4	동관벤더	20A	대	1	
5	동관벤더	15A	대	1	
6	몽키스패너	250~300mm	EA	1	
7	보안경	가스용접용	EA	1	
8	쇠톱	300	EA	1	톱날포함
9	신발(안전화)	작업화	족	1	
10	와이어브러쉬	300mm	EA	1	
11	줄(반원, 평, 둥근)	종목(250-300)	각	1	
12	직각자	400*600	EA	1	
13	튜브 커터	동관절단용	EA	1	
14	파이프 렌치	300~350mm	EA	1	
15	파이프 리머	15A~20A	EA	1	
16	파이프 커터	15A~50A	EA	1	
17	해머(철제)	500g	EA	1	
18	흑색 또는 청색 필기구 (연필, 굵은 사인펜 제외)	사무용	EA	1	
19	확관기(익스팬더)	15A	EA	1	

※ 지참 준비물은 작업형 도면에 따라 달라질 수 있으므로 Q-Net에서 수험자 지참 준비물을 확인하시기 바랍니다.

(2) 국가기술자격 실기시험문제

자격종목	에너지관리기능사	과제명	강관 및 동관 조립

비번호 :

※ 시험시간 : 3시간 20분

1. 요구사항

○ 지급된 재료를 이용하여 도면과 같이 강관 및 동관의 조립작업을 하시오.

2. 수험자 유의사항

1) 수험자 인적사항 및 계산식을 포함한 답안작성은 흑색 필기구만 사용해야 하며, 그 외 연필류, 빨간색, 청색 등 필기구 및 수정테이프(액)를 사용해 작성한 답항은 0점 처리되오니 불이익을 당하지 않도록 유의해 주시기 바랍니다.
2) 수험자가 지참한 공구와 지정된 시설만을 사용하며, 안전수칙을 준수해야 합니다.
3) 재료의 재 지급은 허용되지 않으며, 도면은 작업이 완료된 후 작품과 동시에 제출해야 합니다.
4) 동관의 접합은 가스용접으로 해야 합니다.
5) 관을 절단할 때는 수험자가 지참한 수공구(파이프 커터, 튜브 커터, 쇠톱)를 사용하여 절단한 후 파이프 내의 거스러미를 제거해야 합니다.
6) 시험종료 후 작품의 수압시험 시 누수여부를 감독위원으로부터 확인 받아야 합니다.
7) 지급된 재료 중 이음쇠 부속품이 불량품인 경우에는 교환이 가능하나, 조립 중 무리한 힘을 가하여 파손된 경우에는 교환할 수 없습니다.
8) 복장상태, 작업 시 안전보호구 착용여부 및 사용법, 재료 및 공구 등의 정리정돈과 안전수칙 준수 등도 시험 중에 채점하므로 준수해야 합니다.
9) 다음 사항에 대해서는 채점 대상에서 제외하니 특히 유의하시기 바랍니다.
    가) 기권
       (1) 수험자 본인이 수험 도중 시험에 대한 포기의사를 표하는 경우
    나) 미완성 : 시험시간 내 작품을 제출하지 못했을 경우
    다) 오작품
       (1) 도면 치수 중 부분치수가 ±15mm(전체길이는 가로 또는 세로 ±30mm) 이상 차이나는 경우
       (2) 수압시험 시 0.3MPa(3kgf/cm^2) 이하에서 누수가 되는 경우
       (3) 평행도가 30mm 이상 차이나는 경우
       (4) 외관 및 기능도가 극히 불량한 경우
       (5) 도면과 상이한 경우
       (6) 지급된 재료 이외의 다른 재료를 사용했을 경우

3. 지급재료 목록

일련번호	재 료 명	규 격	단위	수량	비 고
1	강관(SPP), 흑관	25A×1000	개	1	KS 규격품
2	〃	20A×1500	〃	1	〃
3	동관(연질 L형, 직관)	15A×1000	〃	1	〃
4	90° 엘보(가단주철제)(백)	20A	〃	2	〃
5	90° 엘보(〃)(백)	25A	〃	1	〃
6	90° 이경 엘보(〃)(백)	25A×20A	〃	2	〃
7	90° 이경 엘보(〃)(백)	20A×15A	〃	2	〃
8	45° 엘보(〃)(백)	20A	〃	2	〃
9	이경티(〃) (백)	25A×20A	〃	1	〃
10	레듀서(〃) (백)	25A×20A	〃	1	〃
11	유니언(〃) (백)	25A(F형)	〃	1	〃
12	유니언 가스킷(합성고무제품)	유니언 25A용	〃	1	〃
13	동관용 어댑터(C×M형)	황동제 15A	〃	2	〃
14	동관용 엘보(C×C형)	15A	–	1	–
15	실링 테이프	t0.1×13×10000	롤	4	–
16	인동납 용접봉	BCuP-3(∅2.4×500)	개	1	–
17	플럭스(동관 브레이징용)	200g	통	1	30명분
18	산 소	120kgf/cm^2(내용적 40L)	병	1	〃
19	아세틸렌	3kg	〃	1	〃
20	절삭유(중절삭용)	활성극압유(4L)	통	1	50명분
21	동력나사절삭기용 체이셔	20A용	조	1	15명 공용
22	〃	25A~32A용	〃	1	〃

4. 도면

| 자격종목 | 에너지관리기능사 | 과제명 | 강관 및 동관조립 | 척도 | N.S |

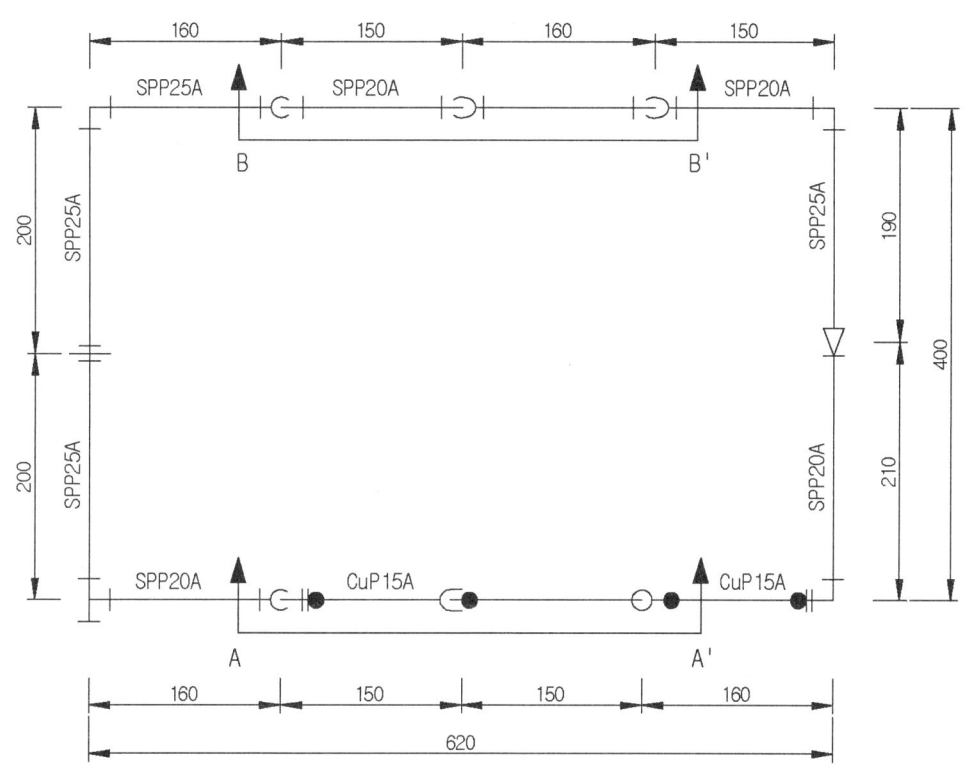

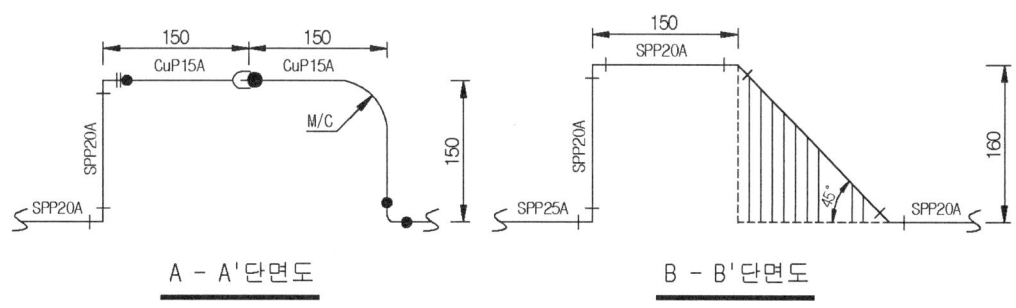

A - A'단면도   B - B'단면도

4. 도면

| 자격종목 | 에너지관리기능사 | 과제명 | 강관 및 동관조립 | 척도 | N.S |

②

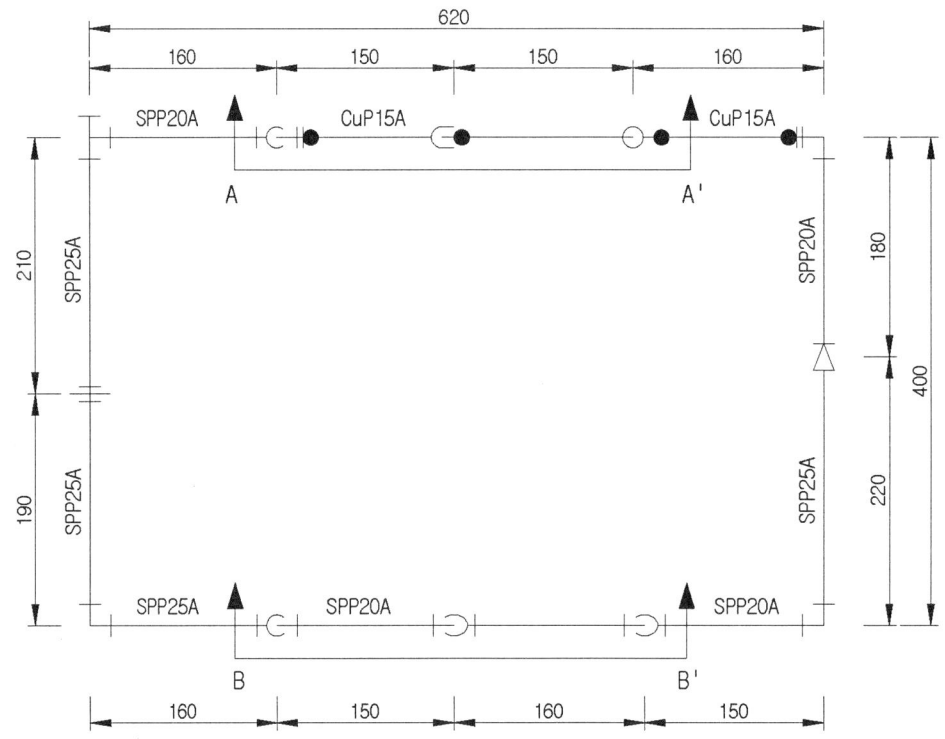

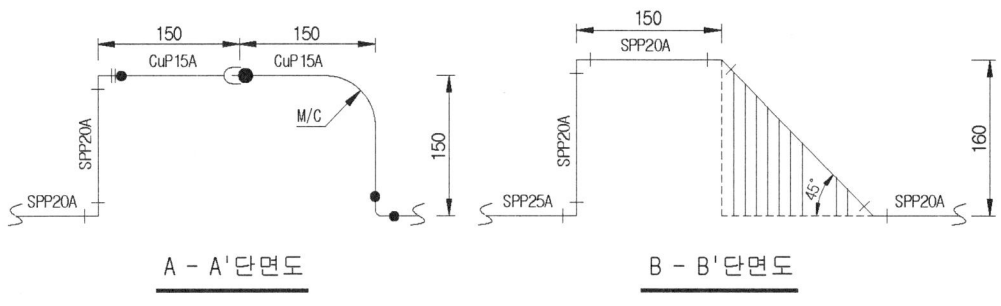

A - A'단면도   B - B'단면도

4. 도면

자격종목	에너지관리기능사	과제명	강관 및 동관조립	척도	N.S

③

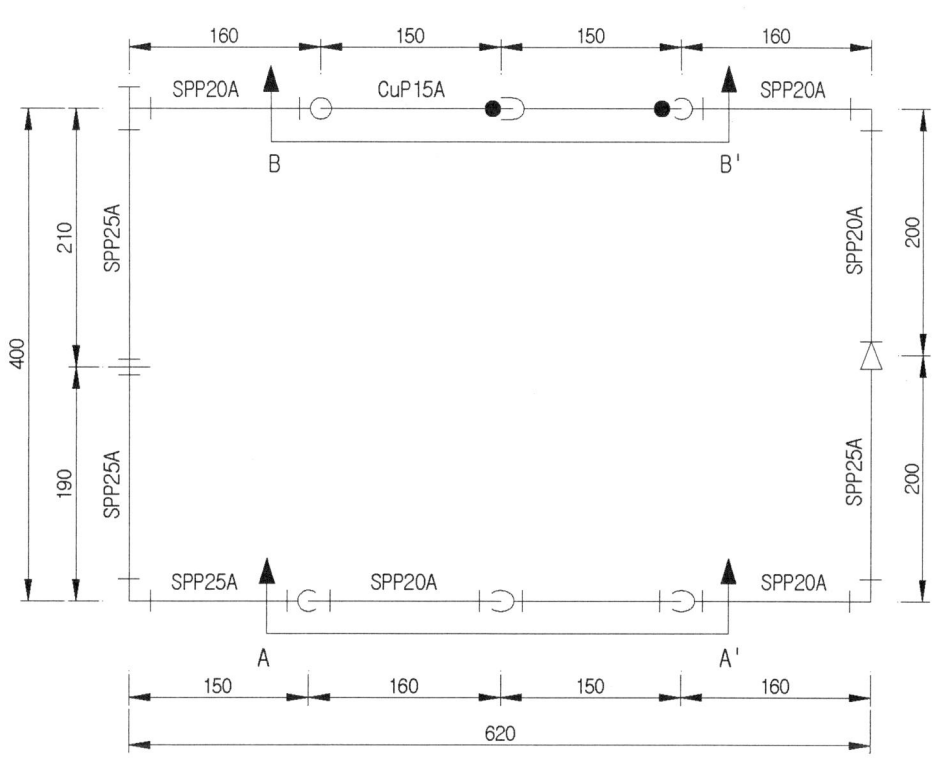

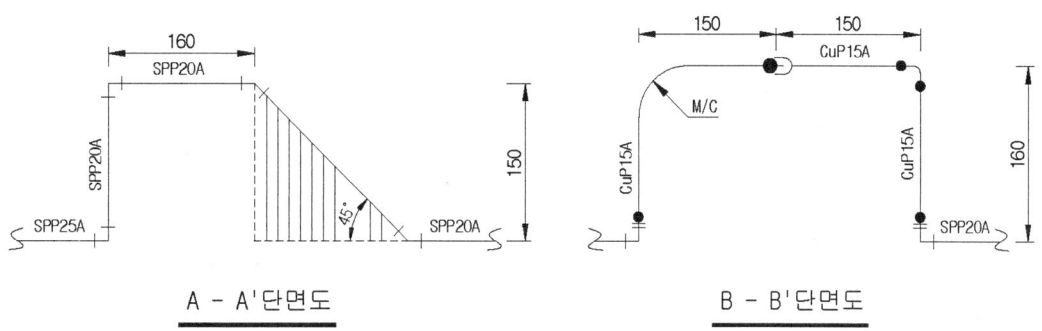

A - A'단면도   B - B'단면도

4. 도면

| 자격종목 | 에너지관리기능사 | 과제명 | 강관 및 동관조립 | 척도 | N.S |

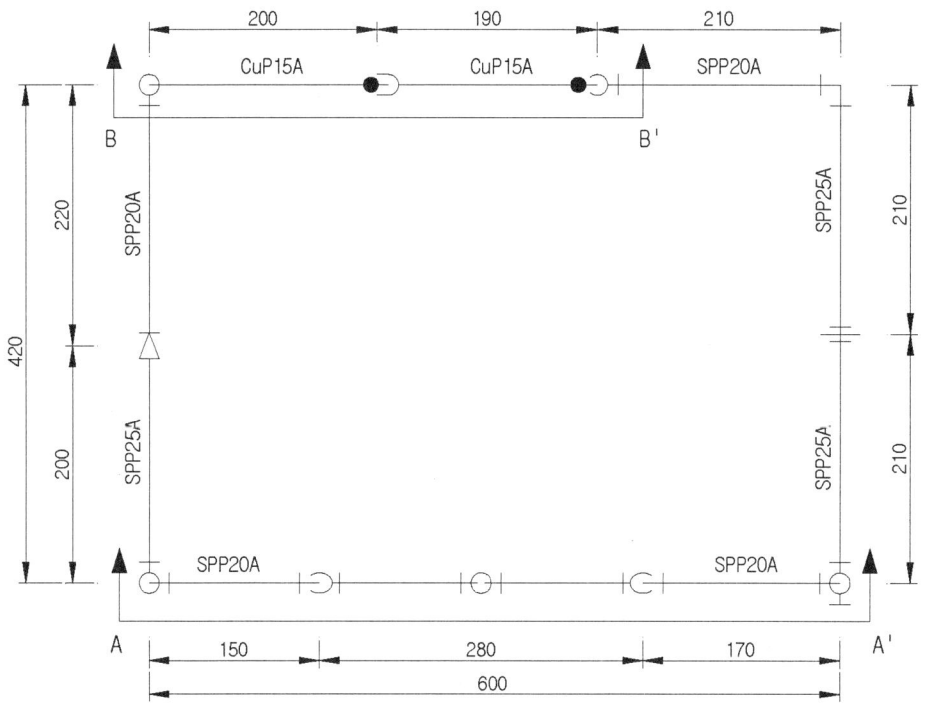

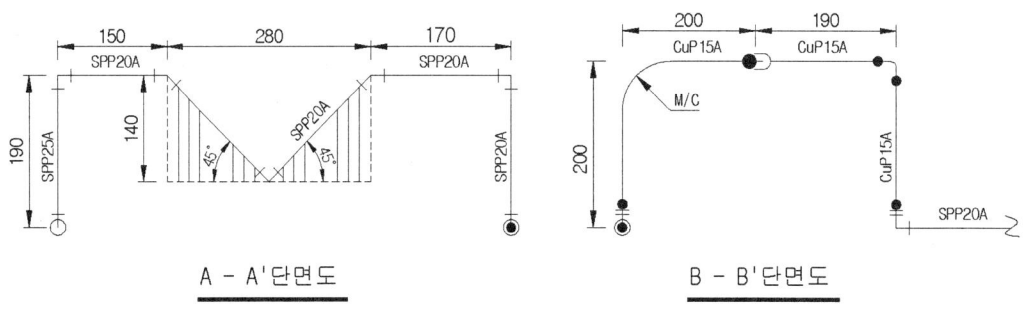

A - A'단면도   B - B'단면도

4. 도면

| 자격종목 | 에너지관리기능사 | 과제명 | 강관 및 동관조립 | 척도 | N.S |

⑤

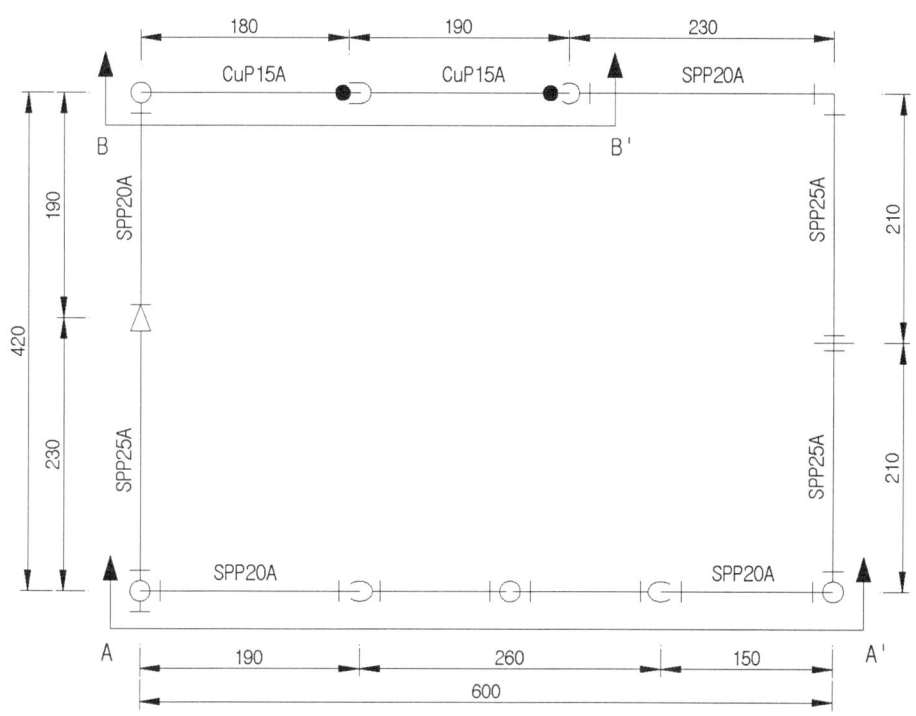

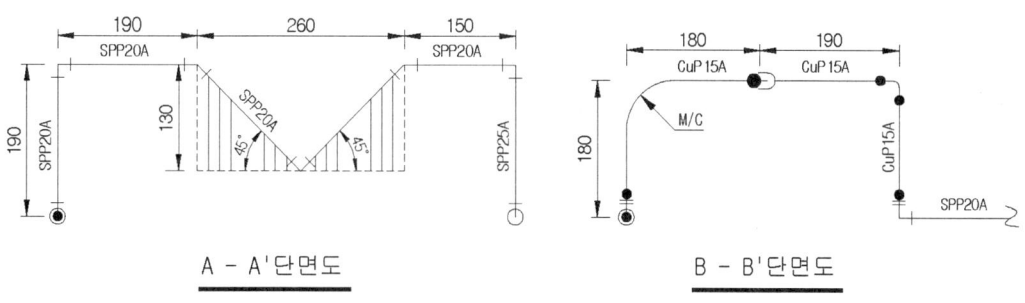

A - A' 단면도   B - B' 단면도

4. 도면

⑥

| 자격종목 | 에너지관리기능사 | 과제명 | 강관 및 동관조립 | 척도 | N.S |

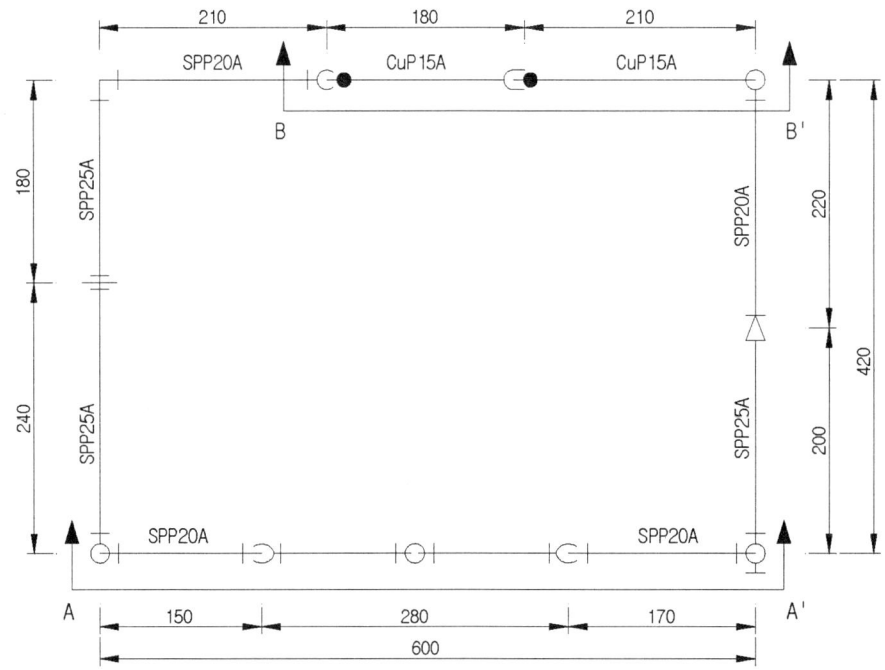

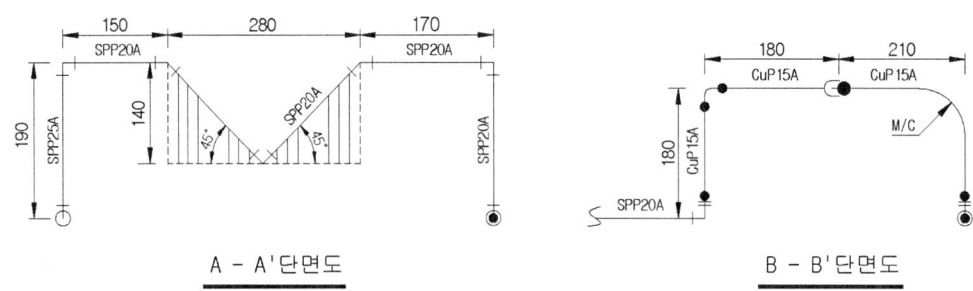

A - A'단면도   B - B'단면도

제 5 편

최근 기출문제

→ 2012년 제1회 3월 25일 시행
　2012년 제2회 5월 27일 시행
　2012년 제4회 9월 9일 시행
　2012년 제5회 12월 2일 시행

→ 2013년 제1회 3월 17일 시행
　2013년 제2회 5월 26일 시행
　2013년 제4회 8월 31일 시행
　2013년 제5회 11월 23일 시행

→ 2014년 제1회 3월 23일 시행
　2014년 제2회 5월 25일 시행
　2014년 제4회 9월 14일 시행
　2014년 제5회 11월 22일 시행

→ 2015년 제1회 3월 15일 시행
　2015년 제2회 5월 24일 시행
　2015년 제4회 9월 6일 시행
　2015년 제5회 11월 22일 시행

→ 2016년 제1회 3월 13일 시행
　2016년 제2회 5월 21일 시행
　2016년 제4회 8월 27일 시행
　2016년 제5회 11월 26일 시행

→ 2017년 제1회 3월 11일 시행
　2017년 제2회 5월 20일 시행
　2017년 제3회 9월 9일 시행
　2017년 제4회 11월 25일 시행

→ 2018년 제1회 3월 10일 시행
　2018년 제2회 5월 26일 시행
　2018년 제3회 8월 25일 시행
　2018년 제4회 11월 24일 시행

→ 2019년 제1회 3월 23일 시행
　2019년 제2회 5월 25일 시행
　2019년 제3회 8월 24일 시행
　2019년 제4회 11월 23일 시행

제5편 최근 기출문제

종 목	시험시간	배 점	문제수	형 별
에너지관리기능사	1시간	50	10	A

수험자 유의사항

– 일반사항

1. 시험 문제를 받는 즉시 응시하고자 하는 종목의 문제지가 맞는지를 확인하여야 합니다.
2. 시험문제지 총면수·문제번호 순서·인쇄상태 등을 확인하고, 수험번호 및 성명을 답안지에 기재하여야 합니다.
3. 부정 또는 불공정한 방법(시험문제 내용과 관련된 메모지사용 등)으로 시험을 치른 자는 부정 행위자로 처리되어 당해 시험을 중지 또는 무효로 하고, 3년간 국가기술자격검정의 응시자격이 정지됩니다.
4. 저장용량이 큰 전자계산기 및 유사 전자제품 사용시에는 반드시 저장된 메모리를 초기화한 후 사용하여야 하며, 시험위원이 초기화 여부를 확인할 시 협조하여야 합니다. 초기화되지 않은 전자계산기 및 유사 전자제품을 사용하여 적발시에는 부정행위로 간주합니다.
5. 시험 중에는 통신기기 및 전자기기(휴대용 전화기 및 **스마트워치** 등)를 지참하거나 사용할 수 없습니다.
6. **문제 및 답안(지), 채점기준은 공개하지 않습니다.**
7. 복합형 시험의 경우 시험의 전 과정(필답형, 작업형)을 응시하지 않은 경우 채점대상에서 제외합니다.
8. 국가기술자격 시험문제는 일부 또는 전부가 저작권법상 보호되는 저작물이고, 저작권자는 한국산업인력공단입니다. 문제의 일부 또는 전부를 무단 복제, 배포, 출판, 전자출판 하는 등 저작권을 침해하는 일체의 행위를 금합니다.

– 채점사항

1. 수험자 인적사항 및 답안작성(계산식 포함)은 흑색 또는 청색 필기구만 사용하되, 동일한 한 가지색의 필기구만 사용하여야 하며 **흑색, 청색을 제외한 유색 필기구 또는 연필류를 사용하거나 2가지 이상의 색을 혼합하여 사용하였을 경우 그 문항은 0점 처리됩니다.**
2. 답란에는 문제와 관련없는 불필요한 낙서나 특이한 기록사항 등을 기재하여서는 안되며, 답안지의 인적사항 기재란 외의 부분에 답안과 관련없는 **특수한 표시를 하거나 특정인임을 암시하는 경우 답안지 전체를 0점 처리합니다.**
3. 계산문제는 반드시 「계산과정」과 「답」란에 기재하여야 하며, **계산과정이 틀리거나 없는 경우 0점 처리됩니다.**
4. 계산문제는 최종 결과 값(답)에서 소수 셋째자리에서 반올림하여 둘째자리까지 구하여야하나 개별문제에서 소수 처리에 대한 요구사항이 있을 경우 그 요구사항에 따라야 합니다.
5. 답에 단위가 없으며 오답으로 처리됩니다. (단, 문제의 요구사항에 단위가 주어졌을 경우는 생략되어도 무방합니다.)
6. 문제에서 요구한 가지 수(항수)이상을 답란에 표기한 경우에는 답란기재 순으로 요구한 가지 수(항수)만 채점하고 한 항에 여러 가지를 기재하더라도 한 가지로 보며 그 중 정답과 오답이 함께 기재되어 있을 경우 오답으로 처리됩니다.
7. 답안 정정 시에는 두 줄(=) 긋고 다시 기재 가능하며, 수정테이프(액)를 사용했을 경우 채점상의 불이익을 받을 수 있으므로 사용하지 마시기 바랍니다.

※ 수험자 유의사항 미준수로 인한 채점상의 불이익은 수험자 본인에게 책임이 있습니다.

2012년 제1회 기출문제
[2012년 3월 25일 시행]

---

01 파이프렌치의 종류 2가지를 쓰시오.

해답
① 스트레이트 파이프렌치 ② 오프셋 파이프렌치
③ 체인식 파이프렌치   ④ 스트랩 파이프 렌치 중 2가지

---

02 온수보일러의 연소실의 연소온도를 높이기 위한 방법 3가지를 쓰시오.

해답
① 양질의 연료를 사용한다.
② 발열량이 큰 연료를 사용한다.
③ 연료와 공기를 적절히 공급하여 완전 연소시킨다.
④ 연료나 공기를 적절히 예열하여 공급한다. 중 3가지

---

03 배관 지지쇠인 서포트(support)의 종류 4가지를 쓰시오.

해답
① 파이프 슈   ② 리지드 서포트
③ 롤러 서포트   ④ 스프링 서포트

---

04 실내벽의 면적이 20m², 실내온도 20℃, 실외온도 −10℃, 열관류율이 0.35kcal/m²h℃일 때 열관류 손실은 몇 kcal/h인가?(계산식을 반드시 쓰시오.)

해답 $Q = K \cdot A \cdot \Delta t = 0.35 \times 20 \times (20 + 10) = 210 \text{kcal/h}$

---

05 난방설비의 배관에 있어 보온 전 손실열량이 5000kcal/h이고, 보온 후 손실열량이 1000kcal/h일 때 보온효율은 몇 %인가?

해답
$$\eta = \frac{보온전열손실 - 보온후열손실}{보온전열손실} \times 100$$
$$= \frac{5000-1000}{5000} \times 100 = 80\%$$

06
높이 650인 3주형 주철제 방열기를 설치하고자 할 때 쪽수가 18쪽이고 방열기 유입관의 지름이 20mm, 유출관의 지름이 15mm일 때 방열기 도시기호를 완성하시오.

해답

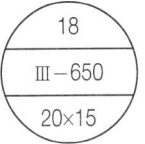

07
오프셋 배관을 이용해서 관의 신축을 흡수하는 신축이음쇠로 평면상의 변위뿐만 아니라 입체적인 변위까지도 안전하게 흡수하므로 어떠한 형상에 의한 신축에도 배관이 안전하며 설치 공간이 적은 신축이음쇠의 종류는?

해답 볼 조인트

08
온수 보일러의 정격출력 계산시 고려하여야 할 사항 3가지를 쓰시오.

해답 정격출력(보일러 용량) = 난방부하 + 급탕부하 + 배관부하 + 예열부하(시동부하)

09
15℃의 물 160kg과 75℃의 물 몇 kg을 혼합하면 40℃가 되는가? (단, 계산식을 반드시 쓰시오.)

해답 열평형의 법칙에 의하여
$G_1 t_1 + G_2 t_2 = (G_1 + G_2) t_3$에서
$(160 \times 15) + (x \times 75) = (160 + x) \times 40$
$2400 + 75x = 6400 + 40x$
$35x = 4000$
$x = 114.29 \text{kg}$

10 강철제 보일러의 최고사용압력이 0.25MPa일 때 수압시험압력은 몇 MPa인가?

해답 최고사용압력이 0.43MPa 이하이면 최고사용압력의 2배이므로
0.25×2=0.5MPa

참고 수압시험압력
① 강철제 보일러
  ㉠ 최고사용압력(P)이 0.43MPa(4.3kgf/cm^2) 이하 : 2P
  ㉡ 최고사용압력(P)이 0.43~1.5MPa(4.3~15kgf/cm^2) 이하 : 1.3P+0.3MPa(1.3P+3 kgf/cm^2)
  ㉢ 최고사용압력(P)이 1.5MPa(15kgf/cm^2)초과 : 1.5P
② 주철제 보일러
  ㉠ 최고사용압력이 0.43MPa(4.3kgf/cm^2) 이하 : 2P
   (시험압력이 0.2MPa(2kgf/cm^2) 미만인 경우에는 0.2MPa(2kgf/cm^2))
  ㉡ 최고사용압력이 0.43MPa(4.3kgf/cm^2) 초과 : 1.3P+0.3MPa(1.3P+3kgf/cm^2)

2012년 제2회 기출문제
[2012년 5월 27일 시행]

01 다음은 보일러설치기술규격에 규정된 가스용 소형 온수보일러의 수압시험에 대한 설명이다. ( )에 들어갈 적당한 용어나 숫자를 쓰시오.

> "가스용 소형 온수보일러에서 수압시험 압력은 보일러의 최고사용압력이 0.43MPa 이하일 때에는 그 (①)의 (②)배의 압력으로 한다. 다만, 그 시험압력이 (③)MPa 미만일 경우에는 (④)MPa로 한다."

해답 ① 최고사용압력   ② 2   ③ 0.2   ④ 0.2

02 1일에 12톤의 온수를 사용하는 보일러의 송수온도가 80℃, 환수온도 65℃, 물의 비열이 1kcal/kg℃일 때 이 온수보일러의 용량은 몇 kcal/h인가?

해답 $Q = G \cdot C \cdot \Delta t = \dfrac{12 \times 1000}{24} \times 1 \times (80-65) = 7500 \text{kcal/h}$

03 다음 주철제 방열기에 대한 물음에 답하시오.

(1) 세주형 방열기 종류 2가지를 쓰시오.
(2) 벽걸이형 수직방열기와 벽걸이형 수평방열기의 도시기호를 쓰시오.

해답 (1) 3세주형(3), 5세주형(5)
(2) ① 벽걸이형 수직 : W-V   ② 벽걸이형 수평 : W-H

04 다음은 보일러의 통풍방식이다. 통풍력이 큰 순서대로 쓰시오.

[보 기] 자연통풍, 흡입통풍, 압입통풍, 평형통풍

해답 평형통풍 〉 흡입통풍 〉 압입통풍 〉 자연통풍

참고 평형통풍(10m/s 이상) 〉 흡입통풍(8~10m/s) 〉 압입통풍(8m/s 이하) 〉 자연통풍(3~4m/s)

05
온수 보일러의 난방부하가 45000kcal/h이고 송수온도 80℃, 환수온도 30℃일 때 온수 순환량은 몇 kg/h인가?

해답
$Q = G \cdot C \cdot \Delta t$

$G = \dfrac{Q}{C \cdot \Delta t} = \dfrac{45000}{1 \times (80-30)} = 900 \text{kg/h}$

06
다음은 복사난방을 하는 어느 방바닥의 시공 단면도이다. 도면의 ②, ③, ⑤, ⑥, ⑦번의 명칭을 쓰시오.

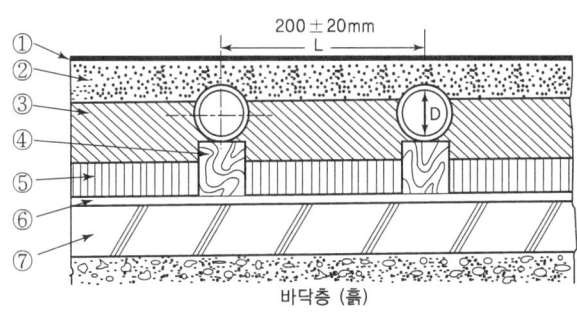

해답 ② 시멘트몰탈층   ③ 자갈층   ⑤ 단열층
⑥ 방수층   ⑦ 콘크리트층

참고 ① 장판층 → ② 시멘트몰탈층 → ③ 자갈층 → ④ 코일 받침대 → ⑤ 단열층 →
⑥ 방수층 → ⑦ 콘크리트층

07
다음 그림을 보고 열관류율(K : kcal/m²h℃)을 구하는 공식을 쓰시오.

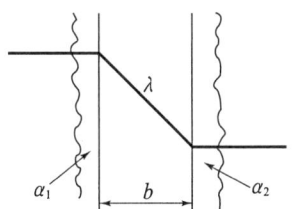

α_1 : 내표면 열전달률(kcal/m²h℃)
α_2 : 외표면 열전달률(kcal/m²h℃)
λ : 벽 재료의 열전도율(kcal/mh℃)
b : 벽 재료의 두께(m)

해답 열관류율(열통과율)

$$K = \cfrac{1}{\cfrac{1}{\alpha_1} + \cfrac{b}{\lambda} + \cfrac{1}{\alpha_2}}$$

08
호칭지름 20A의 강관을 구부리고자 할 때 곡률반지름(r) 200mm로 90°로 가공하고자 할 때 굽힘부의 곡선길이는 몇 mm인가? (단, π는 3.14로 계산하시오.)

해답 $l = 2\pi r \dfrac{\theta}{360} = 2 \times 3.14 \times 200 \times \dfrac{90}{360} = 314\,\text{mm}$

09
다음의 열량계는 어떤 연료의 발열량을 측정하는 열량계인지 선을 그어 연결하시오.

ㄱ 봄브식 열량계   ⓐ 기체연료나 기화하기 쉬운 액체연료의 발열량 측정

ㄴ 융커스식 열량계   ⓑ 고체연료나 점성이 높은 액체연료의 발열량 측정

해답 ㄱ-ⓑ, ㄴ-ⓐ

ㄱ 봄브식 열량계 —— ⓐ 기체연료나 기화하기 쉬운 액체연료의 발열량 측정
ㄴ 융커스식 열량계 —— ⓑ 고체연료나 점성이 높은 액체연료의 발열량 측정

참고 봄브식 열량계(bomb calorimeter)
연료의 시료와 산소를 넣은 용기 외부를 둘러싸서 연소시키고 그 수온의 상승한 온도를 측정하여 물에 전해진 열량에서 발생한 열량을 계산하는 열량계

10
다음은 진공환수식 증기난방 방식에 대한 설명이다. ( )안에 들어간 용어를 쓰시오.

"진공환수식은 (①)난방에 많이 사용되며 보일러 바로 앞 환수관 말단에 (②)펌프를 설치하여 환수관 내 응축수 및 공기를 흡인하기 위하여 (③)mmHg를 유지하여야 한다."

해답 ① 대규모   ② 진공   ③ 100~250

11. 다음 그림에서 온수난방 및 급탕설비 등에 대한 배관라인을 완성하시오. (단, 방바닥의 방열관은 직렬식 배관이며, 주방 및 목욕탕의 냉수라인 도시는 생략한다.)

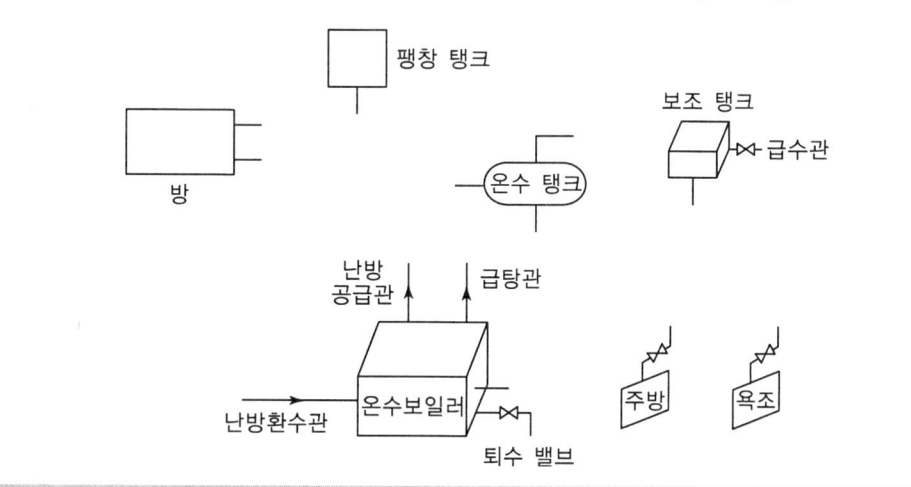

해답

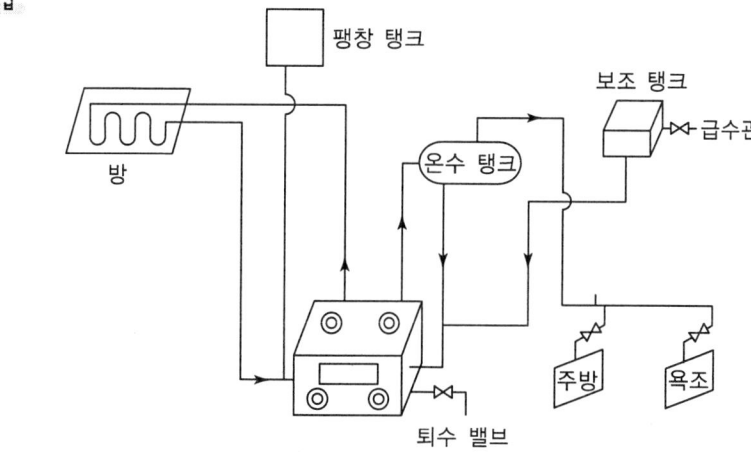

2012년 제4회 기출문제
[2012년 9월 9일 시행]

01 다음의 온수방열기를 역환수배관방식(reverse return)으로 배관하려고 한다. 도면을 보고 배관을 완성하시오.

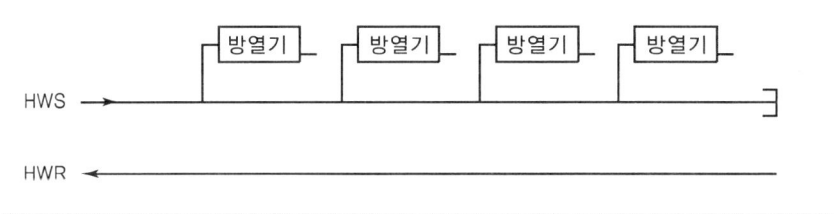

해답

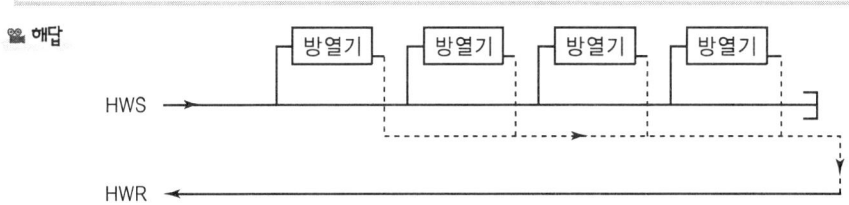

02 면적 $12m^2$, 고온의 온도 300℃ 저온의 온도 20℃, 두께 50mm이고 이 재료의 열전도율이 4kcal/mh℃일 때 열전도 열량을 계산하시오.

해답 $Q = \dfrac{\lambda \cdot A \cdot \Delta t}{l} = \dfrac{4 \times 12 \times (300 - 20)}{0.05} = 268800 \text{kcal/h}$

03 액화천연가스(LNG)에 대하여 다음 물음에 답하시오.

(1) LNG의 주성분은 무엇인가?
(2) 냉동장치를 사용하여 상압하에서 몇 ℃로 냉각, 액화시킨 것인가?

해답 (1) 메탄(CH_4)
(2) -162℃

참고 LPG(액화석유가스)의 주성분 : 프로판(C_3H_8)과 부탄(C_4H_{10})

04 동관이나 강관을 절단하고 거스러미를 제거하는 공구의 명칭을 쓰시오.

해답 리이머

05 보일러 정격출력은 $H_m = H_1 + H_2 + H_3 + H_4$이다. 여기서 다음의 H_2는 급탕부하이며 나머지 H_1, H_3, H_4는 무엇인가?

(1) H_1 :
(2) H_3 :
(3) H_4 :

해답 H_1 : 난방부하, H_3 : 배관부하, H_4 : 예열(시동)부하

06 주철제 방열기에서 다음의 물음에 답하시오.

(1) 세주형 방열기 종류 2가지를 쓰시오.
(2) 다음의 조건을 만족하는 방열기 도시기호를 그리시오.
    섹션수 : 10, 3세주형, 높이 : 650, 유입관경 20, 유출관경 : 15

해답 (1) 3세주형, 5세주형
      (2)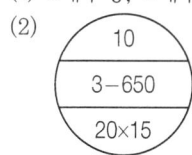

07 다음 내용을 읽고 해당되는 화염검출기의 종류를 쓰시오.

[보 기] 플레임아이, 플레임로드, 스택스위치

(1) 화염의 발광체를 이용한 것
(2) 화염의 전기전도성을 이용한 것
(3) 연도나 노 내의 화염의 발열체를 이용한 것

해답 (1) 플레임 아이
      (2) 플레임 로드
      (3) 스택 스위치

08 다음은 피드백 자동제어의 블록선도이다. 피드백제어의 기본 구성요소를 써넣으시오.

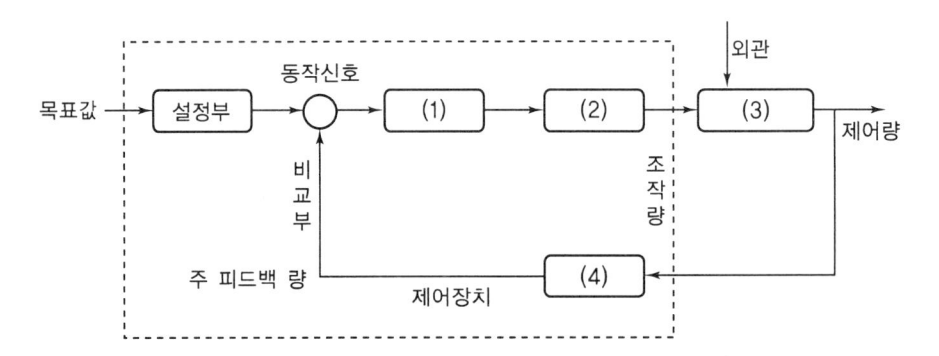

해답
(1) 조절부
(2) 조작부
(3) 제어대상
(4) 검출부

09 다음 그림은 온수보일러 설치 시공도의 한 예이다. 다음 물음에 답하시오.

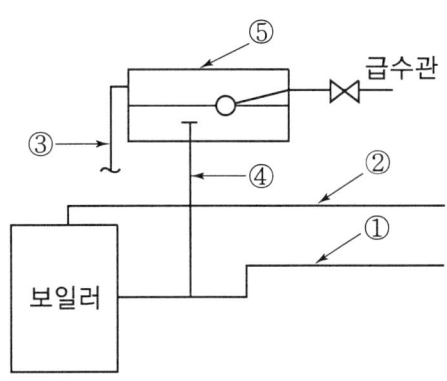

(1) 주어진 번호의 ①~⑤까지의 명칭을 쓰시오.
(2) ④의 돌출부는 ⑤의 바닥면보다 최소 몇 mm 이상 올라와야 하는가?

해답 (1) ① 환수주관
② 송수주관
③ 오버플로우관
④ 팽창관
⑤ 팽창탱크
(2) 25mm

10 온수 보일러 설비 중 난방형식을 순환방식에 따라 2가지를 쓰시오.

해답 중력(자연)순환식, 강제순환식

참고 온수난방의 분류

구 분	방 식	설 명
순환방식	자연순환식(중력식)	온수를 비중차를 이용하여 순환
	강제순환식(펌프식)	순환펌프를 사용하여 강제로 온수를 순환
온수온도	고온수식	온수온도가 100℃ 이상(보통 100~150℃ 정도, 밀폐식)
	보통온수식	온수온도가 100℃ 미만(보통 80~95℃ 정도)
	저온수식	온수온도가 100℃ 미만(보통 45~80℃ 정도)
배관방식	단관식	온수공급관과 환수관이 동일하게 하나로 구성
	복관식	온수공급관과 환수관이 별개로 구성
공급방식	상향식	온수공급관을 최하층으로 배관하여 상향으로 공급
	하향식	온수공급관을 최상층으로 배관하여 하향으로 공급

2012년 제5회 기출문제
[2012년 12월 2일 시행]

01 복사난방의 단점 3가지를 쓰시오.

해답
① 예열시간이 길어 부하에 대응하기 어렵다.
② 방수층 및 단열층 시공 등 설비비가 비싸다.
③ 배관매립으로 보수, 점검이 어렵고 누설발견이 어렵다.
④ 표면부(모르타르층)에서 균열이 발생한다. 중 3가지

참고 복사난방의 장점
① 복사열에 의한 난방으로 쾌감도가 좋다.
② 높이에 따른 실내온도의 분포가 균일하다.
③ 대류작용에 따른 바닥 먼지의 상승이 적다.
④ 방열기가 필요 없어 바닥의 이용도가 좋다.
⑤ 상하 온도차가 적어 천장이 높은 실에 적합하다.
⑥ 실내온도가 낮아도 난방효과가 있으며 손실열량이 적다.

02 동관의 연납(soldering)땜 이음시 사용되는 공구 5가지를 쓰시오.

해답 자, 튜브커터, 리머, 줄, 토치램프, 확관기(익스팬더), 사이징툴, 플레어링툴, 가스용접기 등

03 보일러를 연속 운전할 때 증기부하가 변하면 수위변동이 일어난다. 이때 일정수위를 유지하기 위한 수위 검출 제어방식의 종류 3가지를 쓰시오.

해답 1요소식(단요소식), 2요소식, 3요소식

참고
① 1요소식(수위 검출)
② 2요소식(수위, 증기량 검출)
③ 3요소식(수위, 증기량, 급수량 검출)

04

지역난방의 특징 3가지를 쓰시오.

해답
① 각 건물마다 보일러 시설이 필요 없다.
② 대규모 열원설비로서 열효율이 좋다.
③ 연료비가 절약되고 관리가 용이하다.
④ 건물마다 보일러실과 굴뚝이 필요 없어 유효면적이 증가한다.
⑤ 대기오염을 줄일 수 있고 에너지를 안전하게 이용할 수 있다.
⑥ 위험물을 취급하지 않으므로 화재의 위험성이 없다.
⑦ 배관 도중의 열손실이 크다.
⑧ 초기 시설 투자비가 크다. 중 3가지

05

다음 주철제 방열기 도시기호를 보고 표시된 ①~③까지의 항목을 설명하시오.

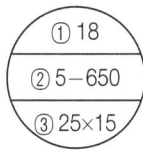

해답
① 섹션수(쪽수) : 18
② 형식-높이 : 5세주형, 높이 650mm
③ 유입관경 25A, 유출관경 15A

06

주택에서 난방부하가 12000kcal/h 시동부하 5000kcal/h, 배관부하 6000kcal/h, 급탕부하 8000kcal/h인 보일러의 정격용량은 얼마인가?

해답 보일러의 정격용량 = 난방부하 + 급탕부하 + 배관부하 + 시동부하이므로
$Q = 12000 + 5000 + 6000 + 8000 = 31000 \, kcal/h$

07

다음의 스테인레스 강관 접합법을 쓰시오.

"관의 나사가공, 프레스 가공, 용접을 하지 않고 청동 주물제 이음새 본체에 스테인리스강관을 삽입하고, 동합금제 링(ring)을 캡 너트(cap nut)로 죄어 고정시켜 접속하는 결합방식"

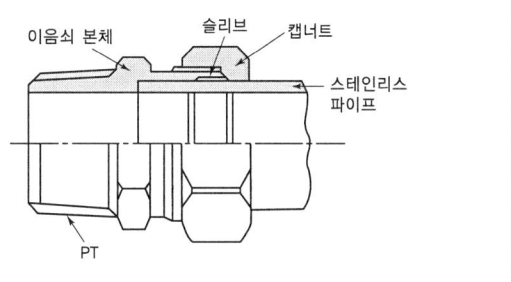

해답 MR조인트 이음쇠

08
이론 통풍력이 10mmAq, 연소가스의 평균온도 150℃, 배기가스 비중량 1.34kgf/m³, 외기의 온도는 20℃, 외기의 비중량이 1.29kgf/m³일 때 굴뚝의 높이(m)를 구하시오.

해답

이론 통풍력, $Z = 273H\left(\dfrac{\gamma_a}{T_a} - \dfrac{\gamma_g}{T_g}\right)$ 에서

$$H = \dfrac{Z}{273 \times \left(\dfrac{\gamma_a}{T_a} - \dfrac{\gamma_g}{T_g}\right)} = \dfrac{10}{273 \times \left(\dfrac{1.29}{20+273} - \dfrac{1.34}{150+273}\right)} = 29.66\,\text{m}$$

09
보일러 배관작업 시 배관의 지지장치 중 행거의 종류를 3가지 쓰시오.

해답 콘스탄트행거, 스프링행거, 리지드행거

10
온수 보일러를 이용하여 난방하는 실의 난방부하가 18000kcal/h, 방열기 설치 쪽수는 20쪽, 1쪽당 방열면적이 0.2m²일 때 방열기 설치 개수를 구하시오. (단, 방열기 방열량은 표준방열량으로 한다.)

해답

① 방열기 필요 쪽수 $= \dfrac{18000}{0.2 \times 450} = 200$쪽

② 방열기 설치 개수 $= \dfrac{200}{20} = 10$개

2013년 제1회 기출문제
[2013년 3월 17일 시행]

01 난방에 필요한 열량이 20000kcal/h, 효율 80%, 경유의 발열량이 10000kcal/L일 때 연료소비량은 몇 L/h인가?

해답 $G_f = \dfrac{Q}{\eta \times H_l} = \dfrac{20000}{0.8 \times 10000} = 2.5 \text{L/h}$

02 다음 그림을 보고 열관류율(K : kcal/m²h℃)을 구하는 공식을 쓰시오.

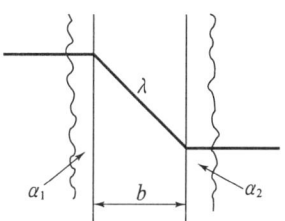

α_1 : 내표면 열전달률(kcal/m²h℃)
α_2 : 외표면 열전달률(kcal/m²h℃)
λ : 벽 재료의 열전도율(kcal/mh℃)
b : 벽 재료의 두께(m)

해답 열관류율(열통과율)

$K = \dfrac{1}{\dfrac{1}{\alpha_1} + \dfrac{b}{\lambda} + \dfrac{1}{\alpha_2}}$

03 유량계의 나사이음 바이패스 배관도를 다음의 부속을 이용하여 도시하시오.

유량계 1개, 밸브 3개, 스트레이너 1개, 유니언 3개, 티 2개, 엘보 2개

해답

04
다음은 동관 작업 시 필요한 공구이다. 해당하는 내용을 보고 명칭을 쓰시오.

1) 동관의 끝부분을 원형으로 정형할 때 :
2) 동관의 끝부분을 나팔관으로 가공할 때 :
3) 동관의 끝부분을 확관하는 공구 :
4) 소구경의 동관을 자를때 사용하는 공구 :
5) 동관을 절단 후 거스러미를 제거하는 공구 :

해답
1) 사이징툴
2) 플레어링툴
3) 확관기(익스펜더)
4) 튜브 커터
5) 리머

05
온수난방방식의 분류에 있어 다음의 따른 배관 방법을 쓰시오?

1) 배관방식에 따른 분류 :
2) 온수공급방식에 따른 분류 :

해답
1) 단관식, 복관식
2) 상향식, 하향식

06
다음 물음에 답하시오.

1) 동력을 사용하는 나사 절삭기의 종류 3가지를 쓰시오.
2) 거스러미 제거, 관의 절단, 나사절삭을 할 수 있으며 연속적인 작업이 가능한 나사절삭기는?

해답
1) 다이헤드식, 오스터식, 호브식
2) 다이헤드식

07

연돌의 높이가 50m, 배기가스 온도 200℃, 외기온도 25℃, 대기의 비중량 1.29kgf/m^3, 배기가스의 비중량 1.34kgf/m^3일 때 이론 통풍력(mmAq)은 얼마인가?

해답

$$Z_o = 273H\left(\frac{\gamma_a}{T_a} - \frac{\gamma_g}{T_g}\right)$$

$$= 273 \times 50 \times \left\{\frac{1.29}{(25+273)} - \frac{1.34}{(200+273)}\right\}$$

$$= 20.42 \text{mmAq}$$

08

온수 방열기의 방열계수가 $7\text{kcal/m}^2\text{h℃}$이고 송수온도가 90℃, 환수온도가 70℃, 실내온도가 18℃일 때 방열기의 방열량을 구하시오.

해답

$$Q = 7 \times \left(\frac{90+70}{2} - 18\right) = 434 \text{kcal/m}^2 \cdot \text{h}$$

참고 방열기 방열량

$$\text{방열계수} \times \left(\frac{\text{송수온도} + \text{환수온도}}{2} - \text{실내온도}\right)$$

09

연돌에서 자연통풍력을 증가시키는 위한 방법 3가지를 기술하시오.

해답
① 연돌의 높이를 높인다.
② 배기가스 온도를 높인다.
③ 굴곡부를 줄인다.
④ 연돌 상부 단면적을 크게 한다.
⑤ 연돌을 보온 처리한다. 중 3가지

10

다음 [보기]에서 가스연료 사용시 사용되는 화염검출기를 3가지 골라 번호를 쓰시오.

[보 기]
① cds셀 ② pbs셀 ③ 적외선광전관 ④ 자외선광전관 ⑤ 플레임로드

해답 ②, ④, ⑤

참고 중유에 사용 불가능한 화염 검출기 : 플레임로드

2013년 제2회 기출문제
[2013년 5월 26일 시행]

01 다음은 압력계 설치에 관한 사항이다. ( ) 안에 알맞은 용어를 쓰시오.

> 증기보일러의 압력계 부착시 압력계로 가는 증기관은 황동관 또는 (①)을 사용하며, 안지름은 6.5mm 이상으로 하고 (②)을(를) 사용하면 안지름 12.7mm 이상이어야 한다. 온도 (③)℃ 이상에서는 황동관 또는 (④)을(를) 사용해서는 안 된다.

해답
① 동관
② 강관
③ 210
④ 동관

02 어느 건축물에 사용하는 부하량이 1일에 난방부하 246000kcal, 급탕부하 47400kcal, 배관부하 59400kcal, 시동부하가 7200kcal일 때 보일러의 시간당 최소 부하는 얼마인가?

해답 시간당 최소 부하는 정격출력을 의미하므로
정격출력=난방부하+급탕부하+배관부하+예열(시동)부하
$$Q = \frac{246000 + 47400 + 59400 + 7200}{24} = 15000 \text{kcal/h}$$

03 다음은 안전밸브 및 압력방출장치의 크기에 관한 설치기준이다. ( ) 안에 적당한 숫자를 쓰시오.

> 안전밸브 및 압력방출장치의 크기는 호칭지름 (①)A 이상으로 하여야 한다. 다만, 최고사용압력 0.1MPa 이하의 보일러에서는 호칭지름 (②)A 이상으로 할 수 있다.

해답
① 25
② 20

※참고 안전밸브 및 압력방출장치의 크기
안전밸브 및 압력방출장치의 크기는 호칭지름 25A 이상으로 하여야 한다. 다만, 다음 보일러에서는 호칭지름 20A 이상으로 할 수 있다.
1) 최고사용압력 0.1MPa(1kgf/cm^2) 이하의 보일러
2) 최고사용압력 0.5MPa(5kgf/cm^2) 이하의 보일러로 동체의 안지름이 500mm 이하이며 동체의 길이가 1000mm 이하의 것
3) 최고사용압력 0.5MPa(5kgf/cm^2) 이하의 보일러로 전열면적 2m^2 이하의 것
4) 최대증발량 5t/h 이하의 관류보일러
5) 소용량 강철제보일러, 소용량 주철제보일러(소용량 보일러)

04 보일러 제어 중 인터록제어 종류 5가지를 쓰시오.

해답
① 저수위 인터록
② 저연소 인터록
③ 프리퍼지 인터록
④ 압력초과 인터록
⑤ 불착화 인터록

05 온수 난방시 설치하는 방열기의 입구온도 93℃, 출구온도 71℃, 실내온도 18℃일 때 이 방열기의 방열량을 구하시오. (단, 표준 온도차 62℃, 표준방열량 450이며 소숫점 첫째자리에서 반올림 한다.)

해답 62 : 450 = (방열기 평균온도 − 실내온도) : x에서

$$Q = 450 \times \left(\frac{\frac{93+71}{2} - 18}{62} \right) = 464.52 = 465 \text{kcal/m}^2\text{h}$$

※참고 방열기의 표준 방열량

열 매	표준방열량 (kcal/m^{2}h)	방열계수 (열관류율)	표준상태에서의 온도(℃)		온도차(℃)
			열매온도	실내온도	
증 기	650	8	102	18.5	83.5
온 수	450	7.2	80	18.5	61.5

06
보온 전의 나관일 때 열손실 5000kcal, 나관을 보온재로 보온 후의 열손실은 1000kcal일 때 보온효율은 몇 %인가?

해답

$$\eta = \frac{\text{보온 전 열량} - \text{보온 후 열량}}{\text{보온 전 열량}} = \frac{Q_1 - Q_2}{Q_1} \text{에서}$$

$$\eta = \frac{Q_1 - Q_2}{Q_1} = \frac{5000 - 1000}{5000} = 0.8 = 80\%$$

07
강관절단에서 가스절단 방법을 제외하고 다른 절단방법 4가지를 쓰시오.

해답
① 파이프커터 이용
② 쇠톱 이용
③ 고속숫돌절단기 이용
④ 기계톱 이용
⑤ 나사절삭기 이용 중 4가지

08
원심형 통풍기의 풍량을 조절하는 방법 3가지를 쓰시오?

해답
① 흡입댐퍼에 조절 방법
② 토출댐퍼에 조절 방법
③ 전동기 회전수 조절 방법
④ 흡입베인의 각도 조절 방법
⑤ 가변피치 조절 방법
⑥ 바이패스에 의한 조절 방법 중 3가지

09
자연 순환 방식의 온수온돌배관에서 순환시 저항을 많이 발생하는 부위 3개소를 쓰시오.

해답
① 엘보(밴드)
② 티
③ 레듀셔
④ 밸브 중 3개

10 다음의 방열기 도시기호를 보고 물음에 답하시오.

1) 방열기의 종류 :
2) 1조당 쪽수 :
3) 방열기의 높이 :
4) 유입 관경 :
5) 시공시 총 쪽수 :

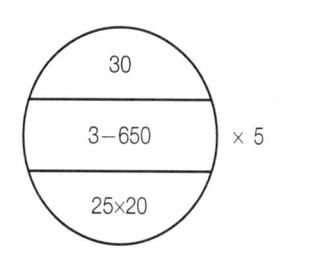

해답
1) 3세주형
2) 30쪽
3) 650mm
4) 25mm
5) 150쪽(30×5=150)

2013년 제4회 기출문제
[2013년 8월 31일 시행]

01 배관의 내경이 20mm, 유속 1.5m/s일 경우 배관에 흐르는 유량은 몇 m³/h인지 구하시오.

해답
$$Q = AV = \frac{\pi}{4}d^2 \cdot V$$
$$= \frac{3.14}{4} \times 0.02^2 \times 1.5 \times 3600 = 1.70 \text{m}^3/\text{h}$$

02 다음은 팽창탱크에 대한 설명이다. ( )에 적당한 용어나 숫자를 쓰시오.

1) 팽창탱크는 ( )℃ 이상의 온수에도 견딜 수 있어야 하며 수위를 용이하게 파악할 수 있어야 한다.
2) 개방식 팽창탱크는 방열관 보다 최소 ( )m 높게 설치하여야 한다.
3) 밀폐식 팽창탱크의 경우 보일러나 배관계통 내의 압력이 제한압력 이상이 되면 자동적으로 과잉수를 배출시킬 수 있도록 ( )를 설치하여야 한다.
4) 팽창탱크 용량은 보유수량이 100L를 초과할 때마다 ( )L를 가산한 용량 이어야 한다.
5) 팽창관 끝부분은 팽창탱크 바닥면보다 ( )mm 정도 높게 설치하여야 한다.

해답
1) 100
2) 1
3) 방출밸브
4) 10
5) 25

03 효율이 80%인 보일러의 부하가 25600kcal/hr일 때 시간당 연료소비량은 몇 kg/hr인지 계산하시오. (단, 연료의 발열량은 10000kcal/kg이다.)

해답

$\eta = \dfrac{Q}{G_f \cdot H_\ell}$ 에서

$G_f = \dfrac{Q}{\eta \cdot H_\ell} = \dfrac{25600}{0.8 \times 10000} = 3.2 \text{kg/h}$

참고 열효율 공식

$$\eta = \dfrac{\text{유효열(보일러 출력)}}{\text{입열}} = \dfrac{\text{발생 증기의 보유열}}{\text{연료의 연소열}}$$

$$= \dfrac{G_a(h_2 - h_1)}{G_f \cdot H_\ell} = \dfrac{G_e \times 539}{G_f \cdot H_\ell}$$

$$= \text{연소효율} \times \text{전열효율}$$

04

난방배관에서 보온 전 열손실 30000kcal/h이고 보온 후 4500kcal/h일 때 보온효과는 몇 %인가?

해답

$\eta = \dfrac{\text{보온전 열량} - \text{보온후 열량}}{\text{보온전 열량}} = \dfrac{Q_1 - Q_2}{Q_1} \times 100$ 에서

$= \dfrac{30000 - 4500}{30000} \times 100 = 85\%$

05

다음 그림은 복관식 중력 순환 온수난방법의 개략도이다. 그림의 도시기호에서 RV, AV 가 뜻하는 것이 무엇인지 쓰시오.

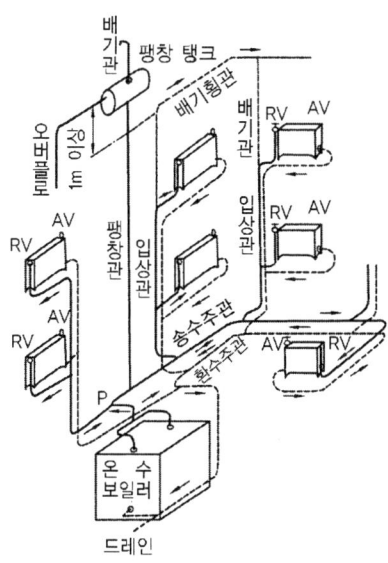

해답 1) RV : 방열기밸브(radiator valve)
　　　　2) AV : 공기빼기밸브(air vent)

06
다음에서 주어진 이경티(Tee)의 크기를 (　)×(　)×(　)에 알맞게 규격을 쓰시오.

```
         25A
          |
  32A ————+———— 32A
```

해답 32A×32A×25A
(좌우 중 가장 큰 쪽의 규격을 먼저 쓰고, 다음에 반대편 규격, 마지막으로 나머지 규격을 쓴다.)

07
다음은 입형 배수펌프 설치 시 사용되는 부속이다. 설치 순서대로 나열하시오.
(　①　)-게이트밸브-(　②　)-(　③　)-배수펌프-(　④　)-(　⑤　)-게이트밸브

해답 ① 풋밸브
② 여과기(스트레이너)
③ 플렉시블 조인트
④ 플렉시블 조인트
⑤ 역지밸브(체크밸브)

참고 수중 배수펌프 설치 예

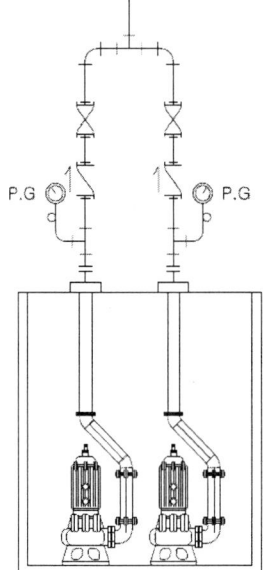

08 플레이트 송풍기 특징을 4가지 쓰시오

해답
① 구조가 견고하다.
② 내마모성이 크다.
③ 날개의 교환이 쉽다.
④ 회진이 많은 흡출통풍기 등에 사용된다.
⑤ 풍압이 비교적 낮고 효율은 높다.

참고 플레이트 송풍기
방사형 날개를 6~12개 정도 설치한 형식

09 복사난방을 함에 있어 가열면의 위치에 따른 패널의 종류 3가지를 쓰시오.

해답 천장패널, 바닥패널, 벽패널

10 다음은 동합금 이음쇠에 대한 설명이다. 물음에 답하시오.

(1) 한쪽은 수나사로 되어 있어 강관 부속에 나사 이음되고, 다른 쪽은 동관이 삽입되어 용접되도록 되어 있는 이음쇠의 명칭은 무엇인가
(2) 한쪽은 암나사로 되어 있어 강관의 수나사와 연결되고, 다른 쪽은 동관이 삽입되어 용접되도록 되어 있는 이음쇠의 명칭은 무엇인가

해답
(1) CM 어댑터
(2) CF 어댑터

참고

[CM 어댑터]　　[CF 어댑터]

2013년 제5회 기출문제
[2013년 11월 23일 시행]

01 온수가 배관 내를 흐를 때 관 내부와 마찰을 일으켜 압력손실을 가져오게 되는데, 이러한 손실을 줄이기 위하여 다음 각각을 어떻게 해야 하는지 간단히 쓰시오.

해답
가. 굽힘 개소 : (적게)
나. 관경 :   (크게)
다. 배관 길이 : (짧게)
라. 유속 :   (느리게)
마. 유제 점도 : (낮게)

02 방열기를 실내에 설치할 때에 외기에 접한 창문 아래에 설치한다. 그 이유를 2가지만 쓰시오.

해답
① 창으로부터의 냉기 하강(cold draft)을 방지하기 위하여
② 방열기의 방열효과를 향상시키기 위하여
③ 벽면으로부터 복사열의 손실을 막기 위하여

03 보일러 통풍방법 중 강제통풍의 종류를 3가지 쓰시오.

해답
① 평형통풍
② 압입통풍
③ 흡입통풍(유인통풍)

04 실내온도조절기(room thermostat)를 구조에 따라 분류하여 2가지만 쓰시오.

해답
• 바이메탈 스위치식
• 바이메탈 머큐리 스위치
• 다이어프램 팽창식

05 내경 20mm인 관을 통하여 보일러에 시간당 250L의 급수를 하는 경우 관내 급수의 유속은 몇 m/s인지 구하시오. (단, 급수 $1m^3$는 1000L이다.)

해답

$Q = AV = \frac{\pi}{4}d^2 \cdot V$ 에서

$V = \frac{4Q}{\pi d^2} = \frac{4 \times \left(\frac{250}{1000 \times 3600}\right)}{3.14 \times 0.02^2} = 0.22 \text{m/s}$

06 어떤 보일러 외부 표면으로부터 보일러실 내로 열전달이 되고 있다. 보일러 외부의 표면적이 $40m^2$이고, 온도가 80℃이며, 실내 온도가 20℃이면 열전달량은 몇 kcal/h인지 구하시오. (단, 보일러 외면과 실내 공기와의 열전달계수는 $0.25 \text{ kcal/m}^2 \cdot h \cdot ℃$이다.)

해답

$Q = \alpha \cdot A \cdot \Delta t = 0.25 \times 40 \times (80 - 20) = 600 \text{kcal/h}$

07 다음은 방열기 주위의 신축이음 배관으로 적용되는 스위블 이음에 대한 설명이다. ( )에 알맞은 내용을 아래에 기입하시오.

"스위블 이음은 최소한 (㉮)개 이상의 (㉯)를(을) 사용하여 이음부의 (㉰)를(을) 이용한 것으로 비교적 간편한 신축이음 형태이다. 그러나 (㉱)가(이) 헐거워져 누수의 원인이 될 수 있고, 굴곡부에서 내부 유체의 (㉲) 강하를 가져온다."

해답
㉮ : 2
㉯ : 엘보
㉰ : 나사회전
㉱ : 나사이음부
㉲ : 압력

08 용기 내의 어떤 가스의 압력이 $6kgf/cm^2$, 체적 50L, 온도 5℃였는데 이 가스가 단열상태로 상태변화를 일으킨 후 압력이 $6kgf/cm^2$, 온도가 35℃로 되었다면 체적은 몇 리터(L)인지 구하시오.

해답 샬의 법칙, $\dfrac{V_1}{T_1} = \dfrac{V_2}{T_2}$ 에서

$$V_2 = \dfrac{V_1 T_2}{T_1} = \dfrac{50 \times (35+273)}{(5+273)} = 55.395 = 55.40\text{L}$$

09 배관 도면에 다음과 같은 표시기호가 있을 때 기기의 명칭을 [보기]에서 골라 쓰시오.

[보 기] 팬코일유니트, 콘벡터, 공기빼기밸브, 체크밸브

- F.C.U
- CONV
- A.V

해답
- F.C.U : 팬코일유니트(Fan Coil Umit)
- CONV : 콘벡터(Convector)
- A.V : 공기빼기밸브(Air Vent)

10 유체를 일정한 방향으로만 흐르게 하고 역류를 방지하는 데 사용하는 체크밸브를 구조에 따라 분류되는 명칭 4가지를 쓰시오.

해답
- 스윙식
- 리프트식
- 해머리스형
- 풋형

2014년 제1회 기출문제
[2014년 3월 23일 시행]

01 다음의 [보기]의 공기조화부하 중 현열과 잠열이 모두 발생하는 것에 해당되는 번호를 모두 쓰시오.

[보 기]
1. 벽 유리창 등 구조체를 통한 관류열부하
2. 틈새바람에 의한 열부하
3. 사람 몸으로부터 발생되는 인체부하
4. 형광등에서 발생되는 기기부하
5. 송풍기, 덕트로 부터의 장치부하
6. 외기도입부하

해답 • 2, 3, 6

참고 냉방부하의 구분

구 분		부하의 발생요인	열의 종류
실내취득부하	외부 침입열량	벽체를 통한 취득열량	현열
		유리창을 통한 취득열량	현열
		틈새바람에 의한 취득열량	현열, 잠열
	실내 발생부하	인체의 발생열량	현열, 잠열
		조명의 발생열량	현열
		실내기구의 발생열량	현열, 잠열
기기취득부하		송풍기, 덕트에 의한 취득열량	현열
재열부하		재열에 따른 취득열량	현열
외기부하		외기의 도입에 의한 취득열량	현열, 잠열

02 증기난방에서의 응축수 환수방식 3가지를 쓰시오.

해답 • 중력환수방식   • 기계환수방식   • 진공환수방식

03

난방부하가 2250kcal/h인 어떤 거실을 주철제 방열기로 온수난방 하려고 한다. 방열기 1섹션(쪽)당 방열면적이 0.2m²일 때 방열기의 소요 섹션 수는 몇 개인지 구하시오. (단, 방열기의 방열량은 표준방열량으로 한다.)

해답

$$\text{섹션 수} = \frac{\text{난방부하}}{\text{쪽당 방열면적} \times \text{방열기방열량}} = \frac{2250}{0.2 \times 450} = 25$$

참고 방열기의 표준 방열량

열 매	표준방열량 (kcal/m²h)	방열(열관류율)	표준상태에서의 온도(℃)		온도차(℃)
			열매온도	실내온도	
증 기	650	8	102	18.5	83.5
온 수	450	7.2	80	18.5	61.5

04

보일러 자동제어의 종류들이다. 다음 각 제어의 제어량은 무엇인지 1가지씩 쓰시오. (단, 조작량으로 답을 쓰면 틀림)

1) 자동연소제어(A.C.C) :
2) 급수제어(F.W.C) :
3) 증기온도제어(S.T.C) :

해답

1) 자동연소제어(A.C.C) : 증기압력제어, 노내압력제어
2) 급수제어(F.W.C) : 보일러 수위
3) 증기온도제어(S.T.C) : 과열증기온도

참고 보일러제어에 따른 제어량과 조작량

자동제어	제어량	조작량
급수제어(F.W.C)	보일러 수위	급수량
증기온도제어(S.T.C)	과열증기온도	전열량
자동연소제어(A.C.C)	증기압력제어	연료량, 공기량
	노내압력제어	연소가스량, 송풍량

05

관의 결합방식 표시방법에서 나사 이음, 플랜지 이음, 소켓 이음, 유니언 이음을 각각 그림기호로 도시하시오.

1) 나사 이음 :
2) 플랜지 이음 :
3) 소켓 이음 :
4) 유니언 이음 :

해답
1) 나사 이음 :
2) 플랜지 이음 :
3) 소켓 이음 :
4) 유니언 이음 :

06

온수온돌을 시공할 때 방열관의 병렬식 배관 방법 중 분리 주관식과 인접 주관식을 간단히 도시하시오.

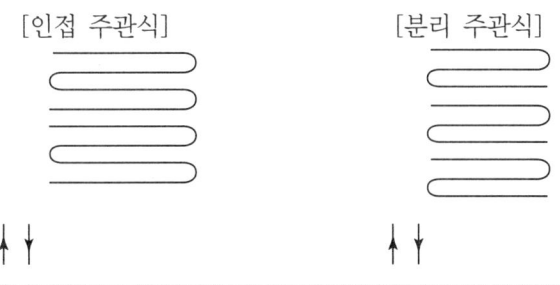

해답

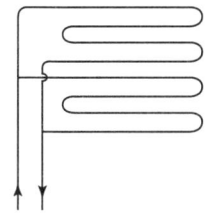 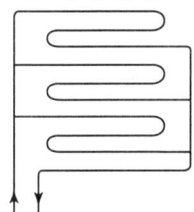

참고 방열관 배관방식
1) 직렬식
  : 송수주관과 환수주관을 한 개의 관으로 길게 연결한 방식
2) 병렬식
  : 송수주관 및 환수주관 사이를 여러 갈래로 연결하여 배관한 방식
  ① 인접주관식 : 송수주관과 환수주관이 같은 곳에 위치하도록 배관하고 주관사이를 여러 갈래로 벤드코일을 설치한 형식
  ② 분리주관식 : 송수주관이 환수주관의 양쪽으로 분리되어 있도록 배관하고 주관 사이를 여러 갈래로 벤드코일을 설치한 형식

07. 증기난방과 비교한 온수난방의 특징을 4가지만 쓰시오.

해답
- 난방부하에 따른 온도조절이 쉽다.
- 실내 상하온도차가 적어 실내 쾌감도가 좋다.
- 열용량이 커 동결우려가 적다.
- 보일러의 취급이 용이하며 안전하다.

08. 온수난방설비에서 밀폐식 팽창탱크가 운전 중 받는 수두압(mAq)을 구하시오. (단, 밀폐탱크의 수면과 가장 높은 배관까지의 수직 높이 12m, 공급 온수온도 105℃에서의 포화증기압력 1.23kg/cm^2, 순환펌프의 양정 10m이다.)

해답 밀폐한 팽창탱크 공기층의 필요압력(수두압)

$$p = h + ht + \frac{hp}{2} + 2 = 12 + (1.23 \times 10) + \frac{10}{2} + 2$$
$$= 31.3 \text{mAq}$$

참고 밀폐식 팽창탱크에 필요한 공기압

$$H_r = h + h_t + \frac{1}{2}h_p + 2$$

여기서, H_r : 필요한 공기압(mH_2O)
h : 최고부까지의 높이(m)
h_p : 펌프의 양정(m)
h_t : 온수온도에 상당하는 포화증기압(mH_2O)

09. 주철제 5세주형 방열기의 높이가 650mm, 쪽수가 24개, 방열기의 유입측 관경이 25mm, 유출측 관경이 20mm일 때, 아래 방열기 도시기호를 완성하시오.

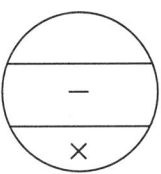

해답

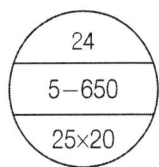

10 다음은 유류용 온수보일러의 설치개략도이다. 아래 각 부품에 맞는 번호를 개략도에서 찾아 쓰시오.

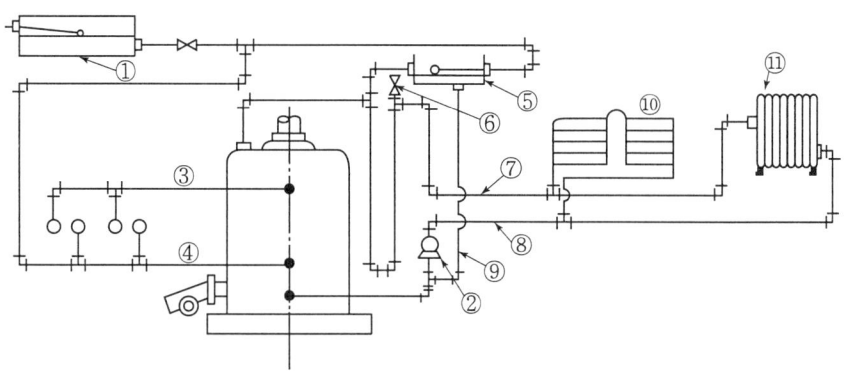

가. 급탕용 온수공급관 :
나. 난방용 온수환수관 :
다. 급수탱크 :
라. 팽창관 :
마. 방열관 :

해답
가. ③
나. ⑧
다. ①
라. ⑨
마. ⑩

참고
유류용 온수보일러의 각부 명칭
① 고가수조(옥상 물탱크) ② 온수순환펌프
③ 급탕관(급탕용 온수공급관) ④ 급수관(급탕용 냉수공급관)
⑤ 팽창탱크 ⑥ 공기빼기밸브(에어밴트)
⑦ 난방공급관(난방용 온수공급관) ⑧ 난방환수관(난방용 온수환수관)
⑨ 팽창관 ⑩ 난방코일(사다리꼴)
⑪ 방열기

2014년 제2회 기출문제
[2014년 5월 25일 시행]

01
다음 도면과 같이 배관작업을 하고자 한다. 아래표를 보고 품목별 수요수량을 기재하시오.

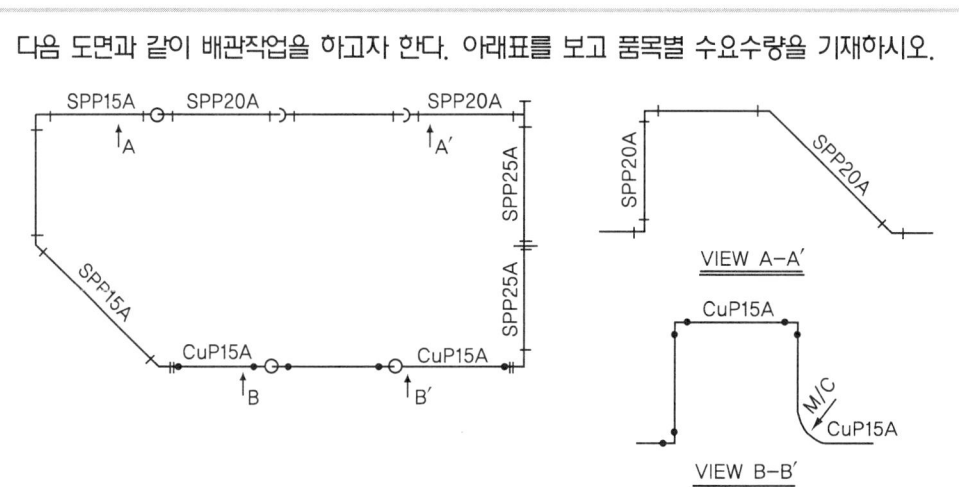

번호	품명	규격	수량
1	강 90° 이경 엘보	20A×15A	가
2	강 90° 엘보	15A	나
3	강 45° 엘보	20A	다
4	동 90° 엘보	15A	라
5	동 CM 어댑터	15A	마

해답
가. 1
나. 1
다. 2
라. 3
마. 2

02
주철관 이음법 중 소켓이음에 대한 설명이다. ( )안에 알맞은 용어를 보기에서 골라 쓰시오.

[보 기]
배수관, $\frac{1}{3}$, 경납, 소형관, $\frac{2}{3}$, 노허브(no hub), $\frac{1}{4}$, 연납, 급수관, $\frac{3}{4}$, 허브(hub)

"(가)이음이라고도 하며, 주로 건축물의 배수배관 및 (나)에 많이 사용된다. 주철관의 (다) 쪽에 스피깃(spigot)이 있는 쪽을 넣어 맞춘 다음 얀을 단단히 꼬아 감고 정으로 박아 넣는다. 얀 삽입의 길이는 수도관의 경우에는 삽입 길이의 (라), 배수관의 경우에는 (마) 정도가 알맞다."

해답
- 가. 연납
- 나. 소형관
- 다. 허브
- 라. 1/3
- 마. 2/3

03
자동제어를 2가지로 구분하여 설명하시오.

해답
- 시퀀스제어 : 미리 정해진 순서에 따라 순차적으로 제어의 각 단계를 진행하는 제어
- 피드백제어 : 출력측의 신호를 입력측으로 되돌려 정정동작을 행하는 제어

04
보일러에 사용하는 원심송풍기의 종류를 3가지 쓰시오.

해답
- 다익형(실로코)
- 터보형
- 플레이트형
- 리밋로드형, 익형 중 3가지

05
관을 보온 피복하지 않았을 때 방열량이 650kcal/m²·h이고, 보온 피복하였을 때 방열량이 390kcal/m²·h이라면, 이 보온재에 의한 보온효율은 몇 %인지 계산하시오.

해답

$$보온효율 = \frac{보온전\ 손실 - 보온후\ 손실}{보온전\ 손실}$$

$$= \frac{650 - 390}{650} \times 100 = 40\%$$

06 사무실에 온수용 3세주 650mm 주철제 방열기를 설치하고자 한다. 난방부하가 6750kcal/h일 때 방열기의 섹션 수는 얼마가 되어야 하는가? (단, 방열기 방열량은 표준으로 하고 방열기의 섹션당 표면적은 $0.15m^2$)

해답

$$섹션수 = \frac{난방부하}{섹션당\ 표면적 \times 방열기\ 방열량}$$

$$= \frac{6750}{0.15 \times 450} = 100$$

07 다음은 강관과 비교한 동관의 특징을 설명한 것이다. ( ) 속에 말 중 옳은 것을 ○ 표시 하시오.

"동관은 강관에 비하여 유연성이 (크고, 작고), 유체 흐름에 대한 마찰저항이 (크다, 작다). 또한, 내식성이 (작으며, 크며), 열전도율이 (크고, 작고), 같은 호칭경으로 비교할 경우 무게가 (가볍다, 무겁다)."

해답 크고, 작다, 크며, 크고, 가볍다

08 보일러의 통풍력을 측정하는데 이용하는 액주식 압력계의 종류를 3가지만 쓰시오.

해답
- U자관식
- 단관식
- 경사관식

09 효율이 90%인 보일러에 발열량이 11000kcal/kg인 연료를 시간당 60kg를 사용한다면 이 보일러의 유효 열량(kcal/h)을 계산하시오.

해답 유효열 $= (G_f \times H_l) \times \eta = (60 \times 11000) \times 0.9 = 594000 kcal/h$

10

비동력 급수장치인 인젝터에 대한 작동 설명이다. 인젝터의 각 밸브 및 핸들을 작동 순서대로 번호를 쓰시오.

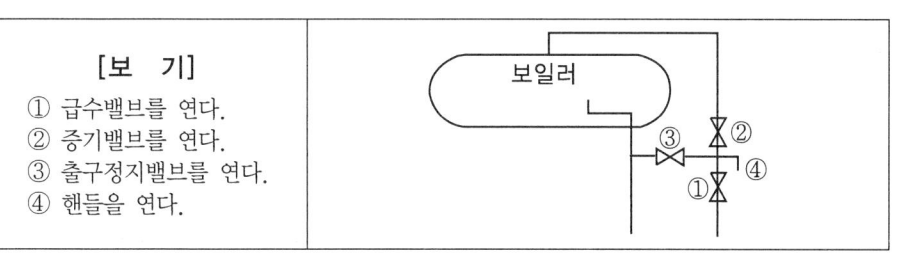

[보 기]
① 급수밸브를 연다.
② 증기밸브를 연다.
③ 출구정지밸브를 연다.
④ 핸들을 연다.

해답 ③-①-②-④

참고 인젝터 작동순서
① 출구 정지밸브를 연다.
② 급수(흡수)밸브를 연다.
③ 증기밸브를 연다.
④ 핸들을 연다.(처음에는 오버플로우로부터 물이 유출되지만, 잠시후 뜨거운 물과 증기가 유출되고 차차로 혼합노즐내의 진공도가 올라가고 급수작동이 시작되어 오버플로우로부터 유출이 멎는다.)
⑤ 정지할 때에는 기동할 때의 역순서로 한다.

2014년 제4회 기출문제
[2014년 9월 14일 시행]

 01 다음 설명에 맞는 밸브 명칭을 아래에 쓰시오.

> 가. 유체를 한 쪽 방향으로만 흐르게 하는 밸브로서 별도의 조작 없이 유체의 압력에 의해서 스스로 개폐되는 밸브
> 나. 파이프의 횡단면과 평행하게 개폐되는 밸브로, 일명 게이트 밸브라고도 하며, 유량 조절용으로는 부적합하고, 밸브를 완전히 열면 유체 흐름의 저항이 다른 밸브에 비하여 아주 작은 밸브
> 다. 다른 밸브보다 리프트(lift)가 작아서 개폐 시간이 짧고, 누설의 염려가 적지만 밸브 내에서 유체의 흐름 방향이 급격히 변경됨으로 압력손실이 크고, 일명 스톱밸브라고도 하는 밸브

해답 가. 역류방지밸브(체크 밸브)
       나. 슬루우스 밸브
       다. 글로우브 밸브

 02 다음 도면은 온수보일러의 배관 계통도이다. ①~⑤의 명칭을 쓰시오.

해답
① 버너
② 온수순환펌프
③ 공기빼기밸브(에어벤트)
④ 팽창탱크
⑤ 방열기

03
다음은 보일러에서 화염의 유무를 검출하는 화염 검출기에 대한 설명이다. 각각의 설명에 해당되는 화염 검출기의 종류를 1가지씩 쓰시오.

가. 광전관을 통해 화염의 적외선을 검출하는 것 :
나. 화염의 이온화를 이용한 전기 전도성으로 검출하는 것 :
다. 연도에 설치되어 연소가스의 온도차에 의한 바이메탈을 이용한 것 :

해답
가. 플레임 아이
나. 플레임 로드
다. 스택 스위치

04
관을 회전시키거나 이음쇠를 죄거나 풀 때 사용하는 파이프렌치의 종류 2가지만 쓰시오.

해답
① 스트레이트 파이프렌치
② 오프셋 파이프렌치
③ 체인식 파이프렌치
④ 스트랩 파이프 렌치 중 2가지

05
가정용 온수보일러의 연돌 시공 시 자연 통풍력을 증대시킬 수 있는 방법을 3가지 쓰시오.

해답
① 연돌의 높이를 높인다.
② 배기가스 온도를 높인다.
③ 굴곡부를 줄인다.
④ 연돌 상부 단면적을 크게 한다.
⑤ 연돌을 보온 처리한다. 중 3가지

06
호칭 20A 동관을 곡률 반지름 120mm로 90° 벤딩할 때 굽힘부의 길이는 몇 mm인지 계산하시오.

해답   계산과정 : $l = 2\pi r \dfrac{\theta}{360} = 2 \times 3.14 \times 120 \times \dfrac{90}{360} = 188.4\text{mm}$

07

아래에 열거된 온수온돌 배관작업 요소들을 시공 순서대로 그 번호를 아래에 쓰시오.

[보 기]
① 골재 충진작업   ② 기초시공   ③ 배관작업
④ 온수보일러 설치   ⑤ 단열·보온처리   ⑥ 수압시험
⑦ 시멘트몰탈 바르기   ⑧ 방수처리   ⑨ 받침재 설치

② → (　) → ⑤ → (　) → (　) → ④ → (　) → (　) → ⑦

해답   ② → (⑧) → ⑤ → (⑨) → (③) → ④ → (⑥) → (①) → ⑦

참고   온수온돌 작업순서
기초시공 → (방수처리) → 단열·보온처리 → (받침재 설치) → 배관작업 → (온수보일러설치) → (수압시험) → (골재 충진작업) → 시멘트몰탈 바르기

08

동관을 작업할 때 티분기관(돌출형) 이음부를 성형하려고 한다. 이때 필요한 공구를 5가지만 쓰시오.

해답
- 티뽑기
- 줄
- 드릴
- 리머
- 라쳇렌치

09

두께 300mm인 벽돌의 열전도율이 0.03kcal/m·h·℃이고, 내벽의 온도가 300℃, 외벽의 온도가 30℃이다. 이 벽 1m²를 통하여 전달되는 열량은 몇 kcal/h인지 계산하시오.

해답   계산과정 : $Q = \dfrac{\lambda \cdot A \cdot \Delta t}{l} = \dfrac{0.03 \times 1 \times (300-30)}{0.3} = 27\text{kcal/h}$

10 호칭지름 15A 일반배관용 탄소강관과 90°엘보 2개를 그림과 같이 나사이음 할 때 실제 강관의 절단 길이는 몇 mm인지 계산하시오. (단, 엘보의 끝단에서 엘보 중심까지 길이는 27mm이고, 엘보의 나사 물림부 길이는 11mm이다.)

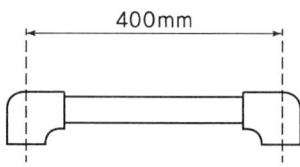

해답 $l = L - 2(A - a)$
  $= 400 - \{2 \times (27 - 11)\} = 368\text{mm}$

2014년 제5회 기출문제
[2014년 11월 22일 시행]

01 다음 각 ( ) 안에 알맞은 용어를 쓰시오.

> 원심력에 의하여 양수되는 원심식 펌프로서 안내날개가 없는 것을 (가) 펌프라고 하며, 안내날개가 있는 것을 (나) 펌프라고 한다.

해답 가. 볼류트
나. 터빈

02 다음 그림은 2회로식 온수보일러의 단면도이다. 각 화살표(가~마)가 지시하는 부위의 명칭을 아래 [보기]에서 선택하여 그 번호를 쓰시오.

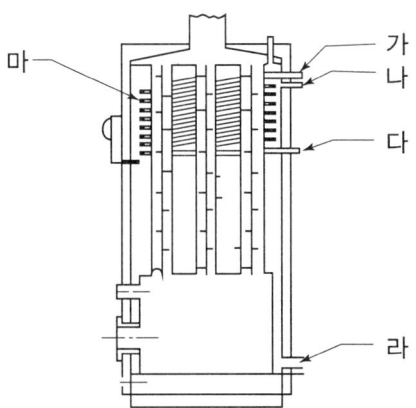

[보 기] ① 급탕수 입구 ② 급탕수 출구 ③ 난방수 출구
④ 난방수 환수구 ⑤ 간접가열 코일(2회로 코일)
⑥ 버너 부착구 ⑦ 연소용 공기 주입구

해답
가. ②
나. ③
다. ①
라. ④
마. ⑤

03

다음은 온수온돌의 시공 순서이다. 순서에 맞게 ( ) 안에 알맞은 작업명을 아래 보기에서 골라 쓰시오.

[보 기]
배관작업   수압시험   방수처리   골재 충진작업   보일러 설치

"배관기초→(가)→단열처리→받침재 설치→(나)→공기방출기 설치→(다)→팽창탱크 설치→굴뚝 설치→(라)→온수 순환시험 및 경사조정→(마)→시멘트 몰탈 바르기→양생 건조 작업"

해답
가. 방수처리
나. 배관작업
다. 보일러 설치
라. 수압시험
마. 골재 충진작업

04

온수 보일러에서 보온 시공을 하기 전 열손실이 10000kcal/h, 보온 시공을 한 후 손실 열량이 2000kcal/h라면 보온효율은 몇 %인지 계산하시오.

해답
$$\eta = \frac{Q_1 - Q_2}{Q_1} \times 100 = \frac{10000 - 2000}{10000} \times 100 = 80\%$$

05

보일러의 자동제어장치(A.B.C)에서 다음 약어들의 명칭을 한글로 쓰시오.
1) A.C.C :
2) F.W.C :

해답
1) A.C.C : 자동연소제어
2) F.W.C : 급수제어

06

난방 면적이 120m²인 사무실에 온수로 난방을 하려고 한다. 열손실지수가 150kcal/m²·h일 때 난방부하(kcal/h)와 방열기 소요 쪽수를 계산하시오. (단, 방열기의 방열량은 표준이로 하고, 쪽 당 방열면적은 0.2m²이다.)

해답

가. 난방부하 = 120 × 150 = 18000kcal/h

나. 방열기 쪽수 = $\dfrac{\text{난방부하}}{\text{쪽당 면적} \times \text{방열기방열량}} = \dfrac{18000}{0.2 \times 450} = 200$쪽

07

관의 높이 표시기호에서 BOP·EL 100에서 BOP·EL의 뜻은 무엇인가?

해답 배관의 기준선(EL)에서 관 외경의 밑면(BOP)까지의 높이 표시

08

프로판(C_3H_8) 1kmol 연소 시 이론 산소(O_2)량과 탄산가스(CO_2) 발생량(Nm^3)을 계산하시오. (단, $C_3H_8 + 5O_2 \rightarrow 3CO_2 + 4H_2O + 24370$kcal/$Nm^3$)

해답

가. 이론 산소(O_2)량 = 5 × 22.4 = 112Nm^3

C_3H_8 + $5O_2$ → $3CO_2$ + $4H_2O$
1×22.4 5×22.4   3×22.4   4×22.4
5×22.4=112   3×22.4=67.2

∴ 112Nm^3

나. 탄산가스(CO_2)량 = 3 × 22.4 = 67.2Nm^3
3 × 22.4 = 67.2

∴ 67.2Nm^3

09

[보기 1]은 보온재의 구비조건을 적은 것이다. ( ) 안에 적당한 용어 또는 단어를 [보기 2]에서 선택하여 찾아 쓰시오.

[보기 1]	[보기 2]
가. (①)이 작고 (②)이 커야 한다.	ㄱ. 보온능력, 열전도율
나. 어느 정도 (③) 강도를 가져야 한다.	ㄴ. 화학적, 기계적
다. 가볍고 비중이 (④)한다.	ㄷ. 커야, 작아야, 같아야
라. 흡습성이나 흡수성이 (⑤)한다.	ㄹ. 커야, 작아야, 같아야

해답
① 열전도율
② 보온능력
③ 기계적
④ 작아야
⑤ 작아야

10 다음은 온수보일러 팽창탱크와 팽창관의 설치 시 주의사항이다. 각 ( ) 안에 가장 알맞은 수치나 용어를 아래 보기에서 찾아 쓰시오. (단, 팽창탱크가 보일러 외부에 있는 경우임)

[보 기]
0.1,   1,   25,   100,   300,   방출밸브,   일수관

- 개방식 팽창탱크는 최고부위 방열기의 높이보다 (가)m 이상 높게 설치한다.
- 팽창탱크의 재료는 (나)℃의 온수에도 충분히 견딜 수 있어야 한다.
- 팽창관의 끝부분은 팽창탱크 바닥면보다 (다)mm 정도 높게 배관되어야 한다.
- 개방식 팽창탱크에는 물의 팽창 등에 대비하여 인체, 보일러 및 관련 부품에 위해가 발생되지 않도록 (라)을(를) 설치해야 한다.
- 밀폐식의 경우 배관 계통내의 압력이 제한압력 이상으로 되면 자동적으로 과잉수를 배출시킬 수 있도록 (마)을(를) 설치해야 한다.

해답
가. 1
나. 100
다. 25
라. 일수관
마. 방출밸브

2015년 제1회 기출문제
[2015년 3월 15일 시행]

01 다음과 같은 조건에서 오일버너의 연료 소비량은 몇 kg/h인지 계산하시오. (5점)

- 연료의 발열량 : 10000kcal/kg
- 보일러 효율 : 85%
- 보일러 정격출력 : 20400kcal/h
- 연료의 비중 무시

해답 $G_f = \dfrac{Q}{\eta \times H_\ell} = \dfrac{20400}{0.85 \times 10000} = 2.4\text{kg/h}$

02 다음 동관의 접합 방법과 관련된 설명의 ( )에 알맞은 용어를 아래에 쓰시오. (5점)

"기계의 점검, 보수 또는 관을 분해할 경우를 대비한 접합 방법은 (가)접합이며, 용접 접합은 (나)현상을 이용한 것으로 연납 용접과 경납 용접으로 나눌 수 있다. 이 중 용접 강도가 큰 것은 (다)용접이며, 경납 용접의 용접재는 (라), (마)가(이) 사용된다."

해답
가. 플랜지(또는 플레어)
나. 모세관
다. 경납
라. 인납(붕산)
마. 은납(붕소)

03 두께 10cm, 면적 10m²인 벽돌로 된 벽이 있다. 실내외측 벽 표면의 온도차가 20℃일 때, 이 벽을 통하여 손실되는 열량은 몇 kcal/h인지 계산하시오. (단, 이 벽의 열전도율은 0.8kcal/m·h·℃이다.) (5점)

해답 $Q = \dfrac{\lambda \times A \times \Delta t}{\ell} = \dfrac{0.8 \times 10 \times 20}{0.1} = 1600\text{kcal/h}$

04
보일러 강제통풍방식에 대한 다음 설명에서 (   ) 속에 들어갈 알맞은 말을 아래에 쓰시오. (5점)

"연소용 공기를 송풍기로 연소실 앞에서 연소실로 밀어 넣는 통풍방식을 (가)통풍이라고 하고, 연도에 배풍기를 설치하고 배기가스를 유인하여 연돌로 빨아내는 방식을 (나)통풍이라고 하며, 송풍기와 배풍기를 함께 사용하는 방식을 (다)통풍이라고 한다."

해답 가. 압입   나. 흡입(흡인)   다. 평형통풍

05
동관을 두께별 및 재질별로 분류한 다음의 (   ) 속에 알맞은 말을 쓰시오. (5점)

가. 두께별 : K형, (①)형, (②)형
나. 재질별 : 연질, (③)질, (④)질, (⑤)질

해답   ① L   ② M   ③ 반연질   ④ 반경질   ⑤ 경질

06
어떤 실내의 난방부하가 5400kcal/h이고, 온수방열기의 1섹션당 표면적이 $0.24m^2$일 때 방열기의 소요 쪽수를 구하시오. (단, 방열기의 방열량은 표준방열량으로 계산한다.) (5점)

해답   쪽수 = $\dfrac{난방부하}{쪽당\ 방열면적 \times 방열기\ 방열량} = \dfrac{5400}{0.24 \times 450} = 50$쪽

07
다음은 보일러의 유류연소 버너에 대한 설명이다. 각각 어떤 형식의 버너인지 쓰시오. (5점)

가. 유압펌프를 이용하여 연료유 자체에 압력을 가하여 노즐로 분무시키는 버너
나. 고속으로 회전하는 원추형 컵에 연료를 투입시켜 컵의 원심력에 의하여 연료를 비산 무화시키는 버너
다. 저압이나 고압의 공기 또는 증기를 분사시켜 연료를 무화하는 버너

해답   가. 유압분무식 버너
　　　　나. 회전식(로터리) 버너
　　　　다. 기류식 버너

제5편 최근 기출문제

08 온수보일러의 정격출력 계산 시에 고려되는 부하의 종류를 3가지만 쓰시오. (5점)

> **해답** 난방부하, 급탕부하, 배관부하, 예열부하 중 3가지

09 보일러가 연속 운전되는 동안 증기의 부하가 변하면 수위 변동이 발생한다. 이때 일정 수위를 유지하기 위해 설치하는 수위제어 검출 방식의 종류 3가지만 쓰시오. (5점)

> **해답** 플로우트식, 전극식, 열팽창식(코프식)

10 다음은 어떤 도면에 표시된 알루미늄방열기 도시기호이다. 아래 사항은 각각 무엇을 표시하는지 쓰시오. (5점)

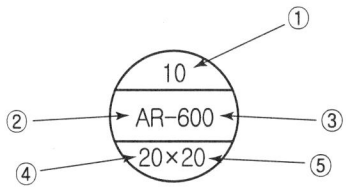

> **해답**
> ① 쪽수
> ② 방열기 종류
> ③ 방열기 높이
> ④ 유입 관경
> ⑤ 유출 관경

2015년 제2회 기출문제
[2015년 5월 24일 시행]

01 유류 보일러의 자동장치 점화는 전원스위치를 넣고 전환스위치를 모두 자동으로 설정한 후 기동 스위치를 넣으면, 송풍기 기동 → (가) → (나) → (다) → 주버너 착화 의 순으로 시퀀스가 진행되고 자동적으로 착화한다. 보기에서 골라 그 번호를 순서에 맞게 쓰시오. (5점)

[보 기] ① 프리퍼지 ② 점화용 버너 착화 ③ 연료펌프 기동

가.   나.   다.

해답 가. ③ 나. ① 다. ②

참고 유류보일러의 자동장치 점화방법
전원스위를 넣고 전환스위치를 모두 자동으로 설정한 후 기동스위치를 넣으면, 송풍기 기동 → 연료펌프 기동 → 프리퍼지 → 점화용 버너착화 → 주버너 착화의 순으로 시퀀스 가 진행되고 자동적으로 착화한다.

02 방의 온수난방에서 실내온도를 20℃로 유지하려고 하는데 소요되는 열량이 시간당 30000kcal가 소요된다고 한다. 이때 송수온수의 온도가 80℃이고, 환수온수의 온도가 15℃라면 온수의 순환량은 약 몇 kg/h인지 계산하시오. (단, 온수의 비열은 0.997kcal/kg·℃이다.) (5점)

해답 $G = \dfrac{Q}{C \cdot \Delta t} = \dfrac{30000}{0.997 \times (80-15)} = 462.927 ≒ 462.93 \text{kg/h}$

03 보일러의 강제통풍방식인 압입통풍 및 흡입통풍에 있어서 송풍기의 설치 위치는 각각 어디인지 쓰시오. (5점)

가. 압입통풍 :
나. 흡입통풍 :

해답 가. 압입통풍 : 연소실 입구
나. 흡입통풍 : 연소실 출구(연도)

04 감압밸브를 밸브의 작동방법에 따라 분류할 때 종류 3가지를 쓰시오. (5점)

해답 피스톤형, 다이어프램식, 벨로즈식

05 보일러의 자동제어장치(A.C.C)에서 다음 약어들의 명칭을 쓰시오. (5점)

가. A.C.C :
나. F.W.C :
다. S.T.C :

해답 가. A.C.C : 자동연소제어   나. F.W.C : 급수제어
다. S.T.C : 증기온도제어

06 연돌 출구에서 평균온도가 200℃인 연소가스가 시간당 300Nm³ 흐르고 있다. 이 연돌의 연소가스 유속을 4m/sec로 유지하기 위해서는 연돌의 상부 단면적은 몇 m²로 하여야 하는지 계산하시오. (단, 노내압과 대기압은 같다.) (5점)

해답 $F = \dfrac{G(1+0.0037t)}{3600\,V} = \dfrac{300 \times \{1+(0.0037 \times 200)\}}{3600 \times 4} = 0.036 = 0.04\,\text{m}^2$

참고 연돌(굴뚝)의 상부 최소 단면적

$$F = \dfrac{G(1+0.0037 \cdot t)}{3600 \cdot V}$$

여기서, F : 연돌 상부 최소 단면적(m²)
t : 출구 배기 가스 온도(℃)
G : 배기 가스량(Nm³/h)
V : 배기 가스 속도(m/s)

07 호칭지름 20A의 강관을 곡률반경 200mm, 90°로 구부릴 때 곡선부의 길이는 몇 mm인지 계산하시오. (5점)

해답 $\ell = 2\pi r \dfrac{\theta}{360} = 2 \times 3.14 \times 200 \times \dfrac{90}{360} = 314\,\text{mm}$

08

다음은 콤비네이션 릴레이에 대한 설명이다. ( ) 속에 알맞은 용어를 아래에 쓰시오.
(5점)

"콤비네이션 릴레이는 버너의 주안전 제어장치로 고온 차단, 저온 (㉮), (㉯)펌프 회로가 한 개의 제어기로 만들어진 것으로 내부에 H_i, L_o 설정기가 장치되어 있다. L_o 온도 이상이면 (㉰)가(이) 계속 작동되고, H_i 온도에 이르면 (㉱)가(이) 작동을 정지한다."

해답 ㉮ 점화 ㉯ 순환 ㉰ 순환펌프 ㉱ 버너

참고 콤비네이션 릴레이(Combination Relay)
보일러 본체에 설치하여 사용하고 그 특징은 프로텍터 릴레이와 아쿠아스태트의 기능을 합한 것으로서, 버너 주안전 제어장치로 고온차단, 저온점화, 순환펌프회로가 한 개의 제어기로 만들어진 것으로 내부에 Hi(high), Lo(low) 설정기가 장치되어 있다. Hi 온도에서는 버너 정지, Lo 온도에서는 순환펌프가 작동한다.(Hi(최고온도) : 버너정지온도, Lo(순환시작온도) : 순환펌프작동온도)

09

다음은 열전달 형태와 그와 관련된 법칙을 나열한 것이다. 서로 관계있는 것끼리 연결하시오.
(5점)

- 전도 • 푸리에(Fourier)의 법칙
- 대류 • 스테판-볼츠만(Stefan-Boltzman)의 법칙
- 복사 • 뉴턴(Newton)의 법칙

해답
- 전도 ――――― 푸리에(Fourier)의 법칙
- 대류 ╲╱ 스테판-볼츠만(Stefan-Boltzman)의 법칙
- 복사 ╱╲ 뉴턴(Newton)의 법칙

10

온수온돌 시공기준에서 온수온돌은 바탕층, 방수층, 단열층, 축열층, 방열관, 미장 마감층으로 구성된다. ( ) 속에 알맞은 내용을 쓰시오.
(5점)

바탕층은 콘크리트로 설치할 때 시멘트 : 모래 : 자갈의 배합비는 (가) 비율로 하며, 그 두께는 (나)mm 이상으로 한다.

해답 가. 1 : 3 : 6
나. 30

2015년 제4회 기출문제
[2015년 9월 6일 시행]

01 방열기의 입구온도 90℃, 출구온도 72℃, 방열계수 7kcal/m² · h · ℃이고 실내온도 18℃일 때, 이 방열기의 방열량은 몇 kcal/m² · h인지 계산하시오. (5점)

해답 방열기 방열량 = 방열계수 × $\left(\dfrac{송수온도 + 환수온도}{2} - 실내온도\right)$ 이므로

$Q = 7 \times \left(\dfrac{90+72}{2} - 18\right) = 441 \text{kcal/m}^2 \cdot \text{h}$

02 다음은 팽창탱크에 연결되는 관에 대한 설명이다. 각 설명에 해당하는 관의 명칭을 아래 보기에서 골라 쓰시오. (5점)

[보 기] 팽창관, 오버플로우관, 압축공기관, 급수관, 배기관, 배수관, 회수관

가. 팽창탱크 내의 물이 일정 수위보다 더 올라 갈 때 그 물을 배출하는 관 :
나. 보일러와 팽창탱크를 연결하며 밸브나 체크밸브를 설치하지 않는 관 :
다. 팽창탱크 내에 물을 공급해 주는 관 :
라. 팽창탱크 내의 물을 완전히 빼내기 위하여 설치하는 관 :

해답 가. 오버플로우관 나. 팽창관
　　　　다. 급수관　　　　라. 배수관

03 높이가 650mm, 쪽수(섹션수)가 20인 5세주 방열기를 설치하고자 한다. 도면에 나타낼 도시기호를 아래에 그림에 표시하시오. (단, 유입 관경은 25A, 유출 관경은 20A이다.) (5점)

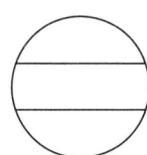

해답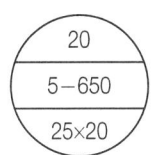

04 강관 공작용 기계에서 동력나사 절삭기의 종류 3가지를 쓰시오. (5점)

해답 다이헤드식, 오스터식, 호브식

05 다음은 강관의 굽힘 가공에 대한 설명이다. ( ) 안에 알맞은 용어를 쓰시오. (5점)

"강관의 굽힘 가공에 사용되는 파이프 벤딩 머신은 센터 포머, 엔드 포머, 램실린더, 유압펌프 등으로 구성된 이동식 현장용인 (가)식과, 공장에서 동일 모양으로 다량의 강관을 벤딩할 때 사용되는 (나)식으로 구분된다."

가.
나.

해답 가. 램식   나. 로터리식

06 보일러 배관작업 시 같은 지름의 강관을 직선으로 연결할 때 사용할 수 있는 강관 이음쇠의 종류를 3가지만 쓰시오. (5점)

해답 소켓, 니플, 유니온, 플랜지 중 3가지

07 난방 방식은 크게 개별식 난방과 중앙식 난방으로 나눌 수 있다. 중앙식 난방법의 종류 3가지를 쓰시오. (5점)

해답 직접난방, 간접난방, 복사난방

참고 중앙식 난방법의 분류
① 직접난방 : 증기난방, 온수난방
② 간접난방 : 온풍난방, 공기조화
③ 복사난방

08
하수관 등에서 발생한 유해가스나 악취 등이 실내로 들어오는 것을 방지하기 위해 설치하는 트랩의 종류 5가지만 쓰시오. (5점)

해답 S트랩, P트랩, U트랩, 드럼트랩, 벨트랩

참고 배수트랩의 종류
① 사이펀 트랩(관트랩) : S트랩, P트랩, U트랩
② 비사이펀 트랩 : 드럼트랩, 벨트랩

09
16℃의 물이 들어가 96℃의 물로 되는 온수 보일러가 있다. 보일러의 개방식 팽창탱크 크기(ℓ)를 구하시오. (단, 방열기 출구의 온수 밀도 $\rho_r = 0.99897 kg/\ell$, 방열기 입구의 온수 밀도 $\rho_f = 0.96122 kg/\ell$, 전수량은 1500ℓ, $\alpha = 2$이다.) (5점)

해답 $\Delta V = (\frac{1}{\rho_f} - \frac{1}{\rho_r}) \times V \times \alpha = (\frac{1}{0.96122} - \frac{1}{0.99897}) \times 1500 \times 2 = 117.94\ell$

참고 개방식 팽창탱크 크기

$$\Delta V = \left(\frac{1}{\rho_1} - \frac{1}{\rho_2}\right) \cdot V \times \alpha$$

여기서, ρ_1 : 입구 온수의 밀도(비중)
ρ_2 : 출구 온수의 밀도(비중)
V : 보유수량(전수량)
α : 여유율

10
5ton/h인 수관식 보일러에서 연돌로 배출되는 배기가스량이 $9100 Nm^3/h$이고, 연돌로 배출되는 배기가스 온도는 250℃이다. 이때 굴뚝의 상부 최소 단면적이 $0.7m^2$일 경우 배기가스 유속은 몇 m/s인가? (5점)

해답 $V = \frac{G(1 + 0.0037 \cdot t)}{3600 \cdot F} = \frac{9100 \times \{1 + (0.0037 \times 250)\}}{3600 \times 0.7} = 6.95 m/s$

참고 연돌(굴뚝)의 상부 최소 단면적

$$F = \frac{G(1 + 0.0037 \cdot t)}{3600 \cdot V}$$

여기서, F : 연돌 상부 최소 단면적(m^2)
t : 출구 배기 가스 온도(℃)
G : 배기 가스량(Nm^3/h)
V : 배기 가스 속도(m/s)

2015년 제5회 기출문제
[2015년 11월 22일 시행]

01 자동제어의 신호전달 방식을 공기압식, 유압식, 전기식으로 분류할 때 전기식 신호전달 방식의 장점을 3가지만 쓰시오. (5점)

해답
① 신호전달이 빠르다.
② 전송거리가 길다.
③ 큰 조작력이 필요한 경우 사용한다.

02 금속질 보온 피복재로 금속 특유의 반사특성을 이용하여 보온 효과를 얻을 수 있는 것으로 가장 대표적인 것은 무엇인가? (3점)

해답 알루미늄박

03 급탕량이 3000kg/h, 난방용 온수 공급량이 1280kg/h인 온수보일러의 연료(경유) 소모량이 18kg/h이었다. 이 보일러의 효율은 몇 %인지 계산하시오. (단, 급탕용 급수의 보일러 입구온도 20℃, 급탕 공급온도 60℃, 난방용 온수 공급온도 70℃, 환수온도 40℃, 경유의 저위발열량 10000kcal/kg, 물의 평균비열은 1kcal/kg·℃이다.) (5점)

해답
$$\eta = \frac{(G \cdot C \cdot \Delta t_1 + w \cdot C \cdot \Delta t_2)}{G_f \cdot H_\ell} \times 100$$
$$= \frac{\{1280 \times 1 \times (70-40)\} + \{3000 \times 1 \times (60-20)\}}{18 \times 10,000} \times 100$$
$$= 88\%$$

04 보일러에 사용되는 화염 검출기의 종류를 크게 나누어 3가지만 쓰시오. (5점)

해답 플레임아이, 플레임로드, 스택스위치

05
다음 설명은 각각 어떤 난방법인지 쓰시오. (5점)

[보 기]
㉮ 지하실 등 특정 장소에서 공기를 가열하고, 이 공기를 덕트(duct)를 통해서 각 방에 보내어 난방하는 방법
㉯ 방을 형성하고 있는 벽, 바닥, 천장 등에 패널을 매립하고 여기에서 나오는 열에 의해 난방하는 방법

㉮
㉯

해답
㉮ 온풍난방
㉯ 복사난방(패널난방)

06
복관 중력 순환식 온수 난방에서 송수온도가 88℃이고, 환수온도가 72℃이다. 난방부하가 8100kcal/h인 거실의 온도를 일정하게 유지하려고 할 때 다음 물음에 답하시오. (5점)

가. 방열기로 거실을 난방할 때 필요한 온수 순환량은 몇 kg/h인지 계산하시오.
   (단, 온수의 평균 비열은 1.0kcal/kg·℃로 한다.)
나. 거실의 난방을 주철제 방열기로 할 경우 방열기의 표준 섹션수는 몇 개인가?
   (단, 1섹션당 방열면적은 $0.36m^2$이며, 표준 방열량으로 계산한다.)

해답
가. $G = \dfrac{Q}{C \cdot \Delta t} = \dfrac{8100}{1 \times (88-72)} = 506.25 \text{kg/h}$

나. 섹션수 $= \dfrac{\text{난방부하}}{\text{쪽당 방열면적} \times \text{방열기 방열량}} = \dfrac{8100}{0.36 \times 450} = 50$ 섹션

07
어떤 사무실에 설치된 온수방열기의 상당방열면적(E.D.R)이 $7.5m^2$이었다. 난방부하는 몇 kcal/h인지 계산하시오. (5점)

해답
난방부하 = 상당방열면적(EDR) × 방열기 방열량
$Q = 7.5 \times 450 = 3375 \text{kcal/h}$

08 아래 그림은 스테인리스강관 배관 시공법을 도시한 것이다. 청동주물 본체 이음쇠에 스테인리스강관을 삽입하고, 동합금제 링을 캡 너트로 조여 접속하는 방식의 결합법은 무엇인가? (5점)

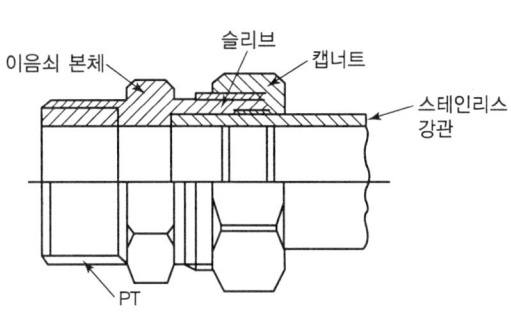

해답   MR조인트 이음쇠

09 난방용 방열기의 종류를 형상에 따라 크게 나눌 때, 3가지만 쓰시오. (5점)

해답   주형, 벽걸이형, 길드형, 대류형, 관방열기, 베이스보드 방열기 등

참고   방열기의 분류
① 열매에 의한 분류 : 증기용, 온수용
② 재료에 의한 분류 : 주철제, 강판제, 알루미늄제, 구리제 등
③ 형상에 의한 분류 : 주형, 벽걸이형, 길드형, 대류형, 관방열기, 베이스보드 방열기 등

10 보일러 연소 시에 통풍력 손실이 되는 원인 3가지를 쓰시오. (5점)

해답   ① 방향전환에 의한 손실   ② 단면변화에 의한 손실   ③ 연도의 상하 위치에 따른 압력차

11 동관용 공구로써 압축이음을 하고자 할 때 관 끝을 나팔형으로 만드는 데 사용되는 공구는 무엇인가? (2점)

해답   플레어링 공구

참고   플레어 이음(압축 이음) : 20mm 이하 동관 끝을 나팔모양으로 만들어 압축 접합하는 것으로 기계의 점검 및 보수시 분해가 가능한 동관 이음

2016년 제1회 기출문제
[2016년 3월 13일 시행]

01 다음 물음에 답하시오. (5점)

> 정해진 순서에 따라 제어단계를 순차적으로 진행하는 (가)제어, 결과에 따라 출력을 가감하여 결과에 맞도록 수정하는 (나)제어
>
> 가.
> 나.

해답 가. 시퀀스   나. 피드백

02 반지름이 80mm인 25A 강관을 90°로 굽힐 때, 굽힘부의 강관 길이는 몇 mm인지 계산하시오. (5점)

해답
○ 계산과정 : $L = 2\pi r \dfrac{\theta}{360} = 2 \times 3.14 \times 80 \times \dfrac{90}{360} = 125.6$
○ 답 : 125.6mm

03 기체 연료의 연소장치에서 확산형 가스버너의 형태 2가지를 쓰시오. (5점)

○
○

해답 포트형, 버너형

04 강관의 나사식 가단주철제 관이음쇠에 대한 설명이다. 다음 물음에 답하시오. (5점)

가. 동일 직경의 관을 직선으로 연결할 때, 사용되는 이음쇠 3가지를 쓰시오.
○
○
○

나. 관 끝을 막을 때, 사용되는 이음쇠 2가지를 쓰시오.
○
○

해답
가. 소켓, 니플, 유니온(플랜지는 가단주철제가 아님)
나. 플러그, 캡

05 다음 [조건]을 참고하여 아래 [그림]과 같은 벽체의 열관류율은 몇 $kcal/m^2 \cdot h \cdot ℃$인지 계산하시오. (5점)

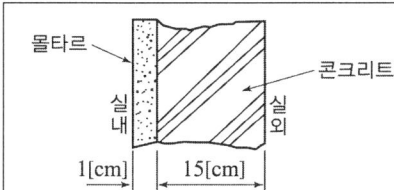

[조 건]
- 몰타르 열전도율: $1.2 kcal/m \cdot h \cdot ℃$
- 콘크리트 열전도율: $1.3 kcal/m \cdot h \cdot ℃$
- 실내측 벽의 열전달율: $8 kcal/m^2 \cdot h \cdot ℃$
- 실외측 벽의 열전달율: $20 kcal/m^2 \cdot h \cdot ℃$

해답
○ 계산과정: $k = \dfrac{1}{\dfrac{1}{8} + \dfrac{0.01}{1.2} + \dfrac{0.15}{1.3} + \dfrac{1}{20}} = 3.35$

○ 답: $3.35 kcal/m^2 \cdot h \cdot ℃$

06 효율 80%인 보일러에서 발열량 10000kcal/kg인 연료를 시간당 3.2kg로 연소시키면 보일러에서 발생하는 유효열량은 몇 kcal/h인지 계산하시오. (5점)

○ 계산과정:
○ 답:

해답
○ 계산과정: $Q = (G_f \times H_l) \times \eta = (3.2 \times 10,000) \times 0.8 = 25,600$
○ 답: 25,600kcal/h

07

다음은 온수보일러 순환펌프 주위 바이패스 배관을 나타낸 것이다. 아래 물음에 답하시오. (5점)

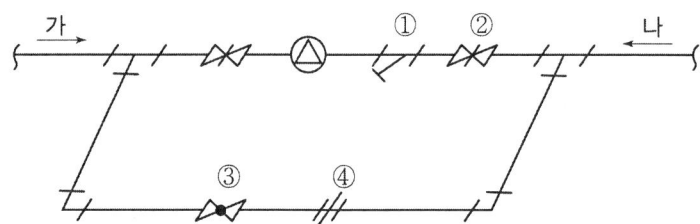

가. 부품 ① ~ ④의 명칭을 쓰시오.
　①
　②
　③
　④

나. 온수의 흐름 방향은 "가"와 "나" 중 어느 것인가?
　답:

해답　가. ① 여과기(스트레이너)　② 게이트밸브　③ 글로브밸브　④ 유니온
　　　　나. 나

08

다음 설명에 해당되는 보일러 화염검출기의 종류를 [보기]에서 골라 쓰시오. (5점)

[보 기]
・플레임 로드　・스택 스위치　・컴비네이션 릴레이　・플레임 아이　・아쿠아 스탯

가. 화염이 발광체이므로 화염 중의 적외선이나 자외선을 광전관 등으로 검출하여 화염의 유무를 판단하는 것
　답:

나. 화염의 이온화를 이용하는 것으로 이온화되면 전기 전도성을 갖게 되고, 따라서 화염의 유무를 전류 흐름과 연관시켜 검출하는 것으로 주로 가스버너에 적용되는 것
　답:

다. 보일러 연도에 설치되고 배기가스 열에 의하여 작동하는 바이메탈을 이용하여 화염을 검출하며, 주로 소용량 보일러에 사용되는 것
　답:

해답　가. 플레임 아이
　　　　나. 플레임 로드
　　　　다. 스택 스위치

09
다음 보일러 설비에 해당되는 기기 및 부속명을 [보기]에서 골라 각각 2개씩 적으시오. (5점)

[보 기]
점화장치, 인젝터, 과열기, 분연장치, 급수내관, 절탄기, 방폭문, 안전변

가. 급수장치 :
나. 연소장치 :
다. 폐열회수장치 :
라. 안전장치 :

해답
가. 급수장치 : 인젝터, 급수내관
나. 연소장치 : 점화장치, 분연장치
다. 폐열회수장치 : 과열기, 절탄기
라. 안전장치 : 방폭문, 안전변

10
송풍기를 사용하는 강제 통풍 시 통풍력을 조절하는 방법 3가지를 쓰시오. (5점)
○
○
○

해답
① 흡입댐퍼에 조절 방법
② 토출댐퍼에 조절 방법
③ 전동기 회전수 조절 방법
④ 흡입베인의 각도 조절 방법
⑤ 가변피치 조절 방법
⑥ 바이패스에 의한 조절 방법 중 3가지

2016년 제2회 기출문제
[2016년 5월 21일 시행]

01 보일러의 연돌로 배출되는 폐열 또는 여열을 이용하여 보일러의 효율을 향상시키기 위한 장치의 종류를 4가지 쓰시오. (5점)

해답 ① 과열기 ② 재열기 ③ 절탄기 ④ 공기예열기

02 보일러 연소장치에서 고체연료의 연소방식 3가지와 연소공기의 공급방식에 따른 기체연료 연소방식 2가지를 각각 쓰시오. (5점)

가. 고체연료의 연소방식
나. 연소공기의 공급방식에 따른 기체연료 연소방식

해답 가. ① 화격자 ② 미분탄 ③ 유동층
나. ① 확산연소 ② 예혼합연소

03 방열기 배관을 역환수관식(reverse return) 방법으로 시공하고자 한다. 아래 그림에서 각 방열기와 환수배관(H.W.R) 사이의 배관 라인을 연결하여 도면을 완성하시오. (5점)

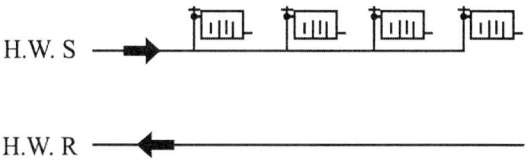

해답

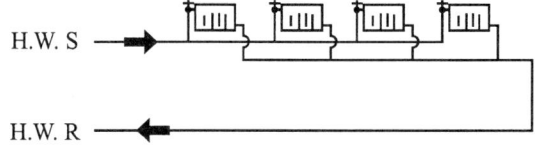

참고 역환수관식(reverse return) : 온수 공급관(HWS)과 온수 환수관(HWR)의 마찰저항을 동일하게 하여 방열기로의 온수 공급을 균등히 하고자 할 때 사용하는 배관방식

04
다음은 발열량을 측정하기 위한 열량계와 연료의 종류를 나열한 것이다. 서로 관계있는 것끼리 연결하시오. (2점)

○ 봄브열량계 　　　　　　　　　　　－ 기체연료 및 기화하기 쉬운 액체연료

○ 융커스식열량계 　　　　　　　　　－ 고체연료 및 점도가 큰 액체연료

해답
○ 봄브열량계 ────────── 기체연료 및 기화하기 쉬운 액체연료
○ 융커스식열량계 ─────── 고체연료 및 점도가 큰 액체연료
(교차 연결)

05
어떤 주택의 난방부하가 30000kcal/h, 급탕부하가 20000kcal/h, 배관부하가 20%, 예열부하가 25%인 경우, 보일러 정격출력(kcal/h)을 계산하시오. (단, 경유 연소 온수 보일러이다.) (5점)

○ 계산과정 :
○ 답 :

해답
○ 계산과정 : 정격출력 = $(30000+20000) \times 1.2 \times 1.25 = 75000$
○ 답 : 75000kcal/h

06
보일러 통풍장치에 사용하는 송풍기의 종류를 3가지만 쓰시오. (5점)

해답 ① 터보형　② 플레이트형　③ 다익형

07
온수보일러 급탕량이 2.5ton/h이고 난방용 온수공급량이 1.5ton/h인 보일러에서 경유 소모량이 18kg/h일 때, 다음의 조건을 참고하여 이 보일러 효율(%)을 계산하시오. (5점)

[조 건]
- 급탕수의 입구온도 : 20℃
- 급탕공급온도 : 60℃
- 난방용 송수온도 : 65℃
- 환수온도 : 40℃
- 경유의 저위발열량 : 10500kcal/kg
- 물의 평균비열 : 1kcal/kg·℃

○ 계산과정 :
○ 답 :

해답

○ 계산과정 : $\eta = \dfrac{(\text{급탕부하} + \text{난방부하})}{\text{연료소비량} \times \text{저위발열량}} \times 100$

$= \dfrac{\{2.5 \times 1000 \times (60-20)\} + \{1.5 \times 1000 \times (65-40)\}}{18 \times 10500} \times 100$

$= 72.75$

○ 답 : 72.75%

---

08 강관, 동관 등을 파이프 커터 등으로 절단하면 절단면의 관 내부에 거스러미(burr)가 생겨 유체흐름을 방해하므로 거스러미를 반드시 제거해야 하는데, 이 때 사용되는 공구 명칭을 쓰시오. (3점)

해답 리머

---

09 온수난방의 시공법에서 배관방법 중 편심이음에 대한 물음에 답하시오. (5점)

(가) 온수관의 수평배관에서 올림기울기로 배관할 때에는 관의 어느 면과 맞추어 접속하는가?
(나) 온수관의 수평배관에서 내림기울기로 배관할 때에는 관의 어느 면과 맞추어 접속하는가?

(가) :
(나) :

해답 (가) : 윗면   (나) : 아랫면

---

10 보온재의 종류 중 유기질 보온재는 일반적으로 낮은 온도에 사용되고, 무기질 보온재는 상대적으로 높은 온도의 물체에 사용된다. 다음 보온재에서 유기질인 경우 "유", 무기질인 경우에는 "무"자를 ( ) 안에 쓰시오. (5점)

㉮ 우모 펠트 : (   )   ㉯ 그라스 울 : (   )   ㉰ 암면 : (   )
㉱ 탄화 코르크 : (   )   ㉲ 규조토 : (   )

해답 ㉮ 우모 펠트 : (유)   ㉯ 그라스 울 : (무)   ㉰ 암면 : (무)
㉱ 탄화 코르크 : (유)   ㉲ 규조토 : (무)

---

11 피드백 자동제어 회로에서 기본 제어장치의 4개부를 쓰시오. (5점)

해답 설정부, 비교부, 조절부, 조작부, 검출부 중 4개

2016년 제4회 기출문제
[2016년 8월 27일 시행]

01 다음 그림은 가정용 온수 보일러의 계통도이다. ①~⑤의 명칭을 쓰시오. (5점)

해답 ① 팽창탱크 ② 도피관 ③ 분배기 ④ 팽창관 ⑤ 환수주관

02 어떤 콘크리트 벽체의 두께가 20cm일 때, 이 벽체의 열관류율을 구하시오. (단, 벽체의 열전도도 $\lambda = 1.41 \text{kcal/m} \cdot \text{h} \cdot \text{℃}$, 실내의 열전달계수 $\alpha_1 = 8.06 \text{kcal/m}^2 \cdot \text{h} \cdot \text{℃}$, 실외의 열전달계수 $\alpha_2 = 20.0 \text{kcal/m}^2 \cdot \text{h} \cdot \text{℃}$이다.) (5점)

해답
○ 계산과정 : $k = \dfrac{1}{\dfrac{1}{8.06} + \dfrac{0.2}{1.41} + \dfrac{1}{20}} = 3.165$

○ 답 : $3.17 \text{kcal/m}^2 \cdot \text{h} \cdot \text{℃}$

03 다음은 보일러 버너의 화염 여부를 검출하는 화염검출기 종류를 열거한 것이다. 각 검출기의 원리를 아래 [보기]에서 찾아 그 번호를 쓰시오. (5점)

[보 기]
① 화염의 이온화를 이용하여 전기 전도성으로 작동
② 광전관을 통해 화염의 적외선을 검출하여 작동
③ 연도에 설치되어 가스 온도차에 의한 바이메탈을 이용

가. 플레임아이 : (   )
나. 플레임로드 : (   )
다. 스택스위치 : (   )

해답
가. 플레임아이 : (②)
나. 플레임로드 : (①)
다. 스택스위치 : (③)

04 다음 (보기)의 내용은 난방배관에 대해 설명한 것이다. (   ) 안에 들어갈 알맞는 말을 써 넣으시오. (5점)

[보 기]
• 집단주택 등 소속구내의 각 건물 혹은 시가지에서 특정지역 전부에 걸쳐 특정의 보일러에서 열매체를 보내 전체를 난방하는 일종의 중앙식 난방법은 (가) 난방법이다.
• 응축수 환수법에 따라 증기난방법을 분류하면 중력환수식, 기계환수식, (나)으로 나눌 수 있다.
• 보통 고온수식 난방은 (다)℃ 이상의 고온수를 사용하며, 밀폐식 팽창탱크를 설치한다.

해답
가 : 지역
나 : 진공환수
다 : 100

05 수직형 벽걸이 주철제 방열기 5쪽(섹션)을 조합한 것으로 유입관의 지름이 25mm이고, 유출관 지름이 20mm인 경우 다음의 방열기 도시기호 안에 그 기호 및 숫자를 기재하시오. (5점)

◈ 해답

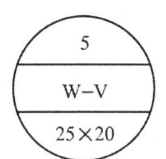

06
다음의 설명은 보일러의 각각 어떤 장치에 대한 설명인지 쓰시오. (5점)

가. 보일러 파열사고의 방지, 보충수의 공급 및 장치 내 공기를 제거하는 기능을 갖고 있는 장치
나. 순환수 장치 내에 침입한 공기를 수동으로 외부로 방출하기 위한 장치(부속품)

◈ 해답
가. 팽창탱크
나. 공기빼기 밸브

07
보일러 철의 무게가 1ton, 물의 양이 250kg, 보일러수의 처음 온도가 10℃이며, 난방 송수온도가 80℃이다. 철의 비열이 0.12kcal/kg · ℃, 물의 비열이 1kcal/kg · ℃일 때 예열부하(kcal)를 계산하시오. (5점)

◈ 해답
○ 계산과정 : $1000 \times 0.12 \times (80-10) + 250 \times 1 \times (80-10) = 25900$
○ 답 : 25900kcal

08
보일러 액체 연료 연소장치인 버너의 종류를 3가지만 쓰시오. (5점)

◈ 해답 유압식, 회전식, 이류체

09
연도 내의 연소가스 온도, 연도 단면적, 연돌의 높이와 통풍작용의 관계를 각각 설명한 것으로 적절한 것을 고르시오. (5점)

가. 연소가스 온도가 높을수록 통풍력은 (증가 / 감소) 한다.
나. 연돌의 단면적이 클수록 통풍력은 (증가 / 감소) 한다.
다. 연돌의 높이가 높을수록 통풍력은 (증가 / 감소) 한다.

◈ 해답
가. 증가
나. 증가
다. 증가

10 난방부하에서 보온효율이 80%일 때 보온관의 열손실, 즉 배관부하가 4000kcal/h이다. 보온피복을 하지 않은 나관(裸管)이라면 시간당 손실열량(kcal/h)을 계산하시오.

(5점)

○ 계산과정 : $0.8 = \dfrac{Q_1 - 4000}{Q_1}$

$0.8 Q_1 = Q_1 - 4000$

$400 = Q_1 - 0.8 Q_1 = 0.2 Q_1$

$Q_1 = \dfrac{4000}{0.2} = 20000$

○ 답 : 20000kcal/h

2016년 제5회 기출문제
[2016년 11월 26일 시행]

---

01. 비례동작(p)의 비례감도가 4인 경우 비례대는 몇 %인지 구하시오. (3점)

해답 $\dfrac{1}{4} \times 100 = 25\%$

참고 비례대 : 비례감도(비례정수)의 역수를 %로 표시한 것

---

02. 다음 화염 검출기 중 가스연료에 사용할 수 있는 검출기를 3가지 골라 답란에 번호로 쓰시오. (5점)

① CDS 셀   ② PBS 셀   ③ 적외선 광전관
④ 자외선 광전관   ⑤ 플레임로드

해답 ②, ④, ⑤

참고 화염검출기에 따른 연료의 적합성

검출기의 종류	연료의 종류		
	가스	등유~A중유	B, C 중유
CDS 셀	×	△	○
PBS 셀	○	○	○
정류관식 광전관	×	△	○
자외선 광전관	○	○	○
프레임로드	○	–	–

○ : 검출 가능, △ : 검출 불안정, × : 검출 불안정, – : 부적절

---

03. 기체연료의 특징을 5가지 쓰시오. (5점)

해답
① 적은공기로 완전연소가 가능하다.
② 점화나 소화가 용이하다.
③ 연소 조절이 용이하다.
④ 회분이나 매연발생이 없다.
⑤ 저장, 운반, 취급이 어렵다.
⑥ 누설 시 폭발의 위험이 크다. 중 5가지

04
가로 3m, 세로 3m, 두께 200mm인 평면 벽이 있다. 벽 양면의 온도차가 30℃이고, 벽의 열전도율이 1.2kcal/m · h · ℃일 때, 30분간 이 벽을 통과하는 열량(kcal)을 계산하시오. (5점)

해답
$$Q = \frac{\lambda \cdot A \cdot \Delta t}{l} = \frac{1.2 \times (3 \times 3) \times 30}{0.2} = 1620 \text{kcal/h} \times \frac{1}{2}\text{h} = 810 \text{kcal}$$

05
동관 작업용 공구를 5가지만 쓰시오. (단, 측정용 공구는 제외한다.) (5점)

해답 튜브커터, 쇠톱, 리머, 플레어링 툴, 사이징 툴, 익스펜더(확관기) 중 5가지

06
온수난방 설비 분류 중 순환방식에 대한 분류 2가지를 쓰고, 각각에 대해 설명하시오. (5점)

해답
1) 중력순환식 : 온수의 온도차(밀도차, 비중량차)에 의해 자연적으로 순환되는 방식
2) 강제순환식 : 온수를 순환펌프를 사용하여 강제로 순환시키는 방식

07
신호전달방식의 종류에는 공기압식, 유압식, 전기식이 있다. 이 중 전기식의 특징 2가지를 쓰시오. (4점)

해답
① 신호전달이 빠르다.
② 전송거리가 길다.
③ 큰 조작력이 필요한 경우 사용한다. 중 2가지

08
1일(24시간) 온수 순환량이 6000kg이 필요한 건물의 급수온도가 20℃이고, 급탕온도가 60℃이다. 온수비열이 0.998kcal/kg · ℃인 경우, 이 건물의 난방부하(kcal/h)를 계산하시오. (5점)

해답 $Q = G \cdot C \cdot \Delta t = \dfrac{6000 \times 0.998 \times (60-20)}{24} = 9980\,\text{kcal/h}$

09

원심식 송풍기의 풍량조절 방법 3가지를 쓰시오. (3점)

해답
① 흡입댐퍼에 조절 방법
② 토출댐퍼에 조절 방법
③ 전동기 회전수 조절 방법
④ 흡입베인의 각도 조절 방법
⑤ 가변피치 조절 방법
⑥ 바이패스에 의한 조절 방법 중 3가지

10

다음은 강철제 보일러시공 시 수압시험 요령을 설명한 것이다. ( ) 안에 알맞은 숫자를 쓰시오. (5점)

> 최고사용압력이 0.43MPa 이하 보일러의 압력시험은 그 최고사용압력의 (①)배의 압력으로 한다. 다만, 그 시험압력이 (②)MPa 미만일 경우는 0.2MPa 압력으로 하고, 공기를 빼고 물을 채운 후 천천히 압력을 가하여 규정된 시험 수압에 도달한 후 (③)분이 경과된 후 검사를 실시하여 검사가 끝날 때까지 그 상태를 유지한다.

해답 ① 2   ② 0.2   ③ 30

11

다음은 개방식 팽창탱크의 배관도면이다. ①~⑤의 관 명칭을 쓰시오. (5점)

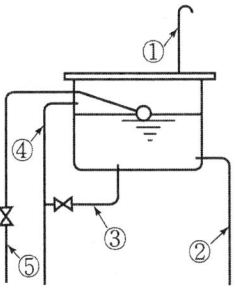

해답 ① 배기관(통기관)   ② 팽창관   ③ 배수관(드레인관)
④ 일수관(오버플로관)   ⑤ 급수관

2017년 제1회 기출문제
[2017년 3월 11일 시행]

---

01 배관 작업에 응용할 수 있는 방식(防蝕)방법의 종류를 3가지만 쓰시오. (5점)

해답
- 광명단 도료 사용
- 알루미늄 도료(은분) 사용
- 산화철 도료 사용
- 타르 및 아스팔트 도료 사용 중 3가지

---

02 다음 각 ( ) 안에 알맞은 용어를 쓰시오. (5점)

> 원심력에 의하여 양수되는 원심식 펌프로서 안내날개가 없는 것을 (가) 펌프라고 하며, 안내날개가 있는 것을 (나) 펌프라고 한다.

가.   나.

해답 가. 볼루트   나. 터빈

---

03 보일러 연소장치 중 액체연료 장치인 중유버너의 종류 5가지만 쓰시오. (5점)

해답
- 회전식 버너
- 유압식 버너
- 고압기류식 버너
- 저압기류식 버너
- 건타입 버너
- 초음파 버너 중 5가지

---

04 강철제 가스용 온수보일러의 전열면적이 12m²이고, 보일러의 최고사용압력이 0.25MPa일 때, 수압시험 압력(MPa)은 얼마로 해야 하는지 쓰시오. (5점)

해답
- 최고사용압력 0.43MPa 이하일 때 2배이므로 수압시험=0.25×2=0.5MPa

※ **참고** 보일러의 최고사용압력이 0.43MPa 이하일 때에는 그 최고사용압력의 2배로 한다. 다만, 그 시험압력이 2MPa 미만인 경우에는 2MPa로 한다.

05 어떤 온수보일러에서 연돌의 통풍력을 계산하려고 한다. 굴뚝의 높이가 5m이고 외기의 비중량은 1.3kg/m³이며, 연소가스의 비중량은 0.8kg/m³이었다. 이 보일러의 통풍력 mmAq을 계산하시오. (5점)

🎥 **해답** • 계산과정 : $Z = H(\gamma_a - \gamma_g) = 5 \times (1.3 - 0.8) = 2.5 \, \text{mmAq}$

06 어떤 주택의 거실에 시간당 필요한 공급 열량이 6300kcal/h이고, 5세주형 주철제 온수 방열기를 설치하려고 한다. 필요한 방열기 쪽수는 몇 개인지 구하시오. (단, 방열기 1쪽당 방열면적은 0.28m²이고, 방열기의 방열량은 표준방열량으로 계산한다.) (5점)

🎥 **해답** • 계산과정 : 쪽수 $= \dfrac{\text{난방부하}}{\text{쪽당 면적} \times \text{방열기 방열량}} = \dfrac{6300}{0.28 \times 450} = 50$쪽

07 아래 조건을 이용하여 연소공기의 현열(kcal/kg)을 계산하시오. (5점)

[조 건]
• O_2 : 6.7%, CO : 0.13%, CO_2 : 11.8%
• 보일러 최대 연속증발량 : 500kg/h
• 보일러 최고 압력(상용) : 5kg/cm², 외기온도 20℃, 실내온도 25℃
• 이론 연소 공기량 : 10.709Nm³/kg, 공기비열 : 0.31kcal/Nm³·℃, 공기비(m) : 1.47

🎥 **해답** • 계산과정 : $Q = (m \times A_o) \times C \times \Delta t = (1.47 \times 10.709) \times 0.31 \times (25 - 20) = 24.40 \, \text{kcal/kg}$

08 동관 접합 방식의 종류를 3가지만 쓰시오. (3점)

🎥 **해답** • 플레어 이음(압축 이음)
• 땜 이음(용접 이음)
• 플랜지 이음

09 자동제어에서 신호전송 방법 2가지를 쓰시오. (2점)

해답
- 전기식
- 유압식
- 공기식 중 2가지

10 프로판 가스의 연소화학식에 알맞은 수를 쓰시오. (5점)

$$C_3H_8 + (\text{가})O_2 \rightarrow 3CO_2 + (\text{나})H_2O + 24370\,\text{kcal/Nm}^3$$

해답
가. 5   나. 4

11 온수순환 펌프의 나사이음 바이패스(by-pass)배관도를 아래의 부속을 사용하여 사각형 안에 도시하고, 유체흐름방향을 화살표로 표시하시오. (5점)

[사용부속] 펌프(Ⓟ) : 1개, 게이트 밸브(⋈) : 2개, 글로브 밸브(⋈●) : 1개, 스트레이너(─⋎─) : 1개, 유니언(─∥─) : 3개, 티 : 2개, 엘보 : 2개

해답
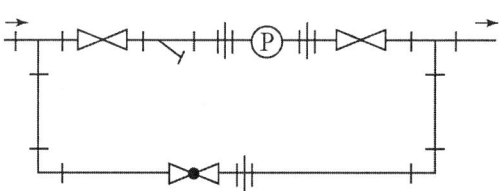

2017년 제2회 기출문제
[2017년 5월 20일 시행]

01 보일러에 부착되는 안전장치의 종류를 5가지만 쓰시오. (5점)

해답
- 안전밸브
- 저수위경보장치
- 방출밸브
- 가용마개(가용전)
- 방폭문(폭발구)
- 증기압력 제한기
- 화염 검출기 중 5가지

02 다음 그림은 연소가스 흐름 방향에 따른 과열기의 형태이다. 각각 어떤 형식의 과열기인지 쓰시오. (5점)

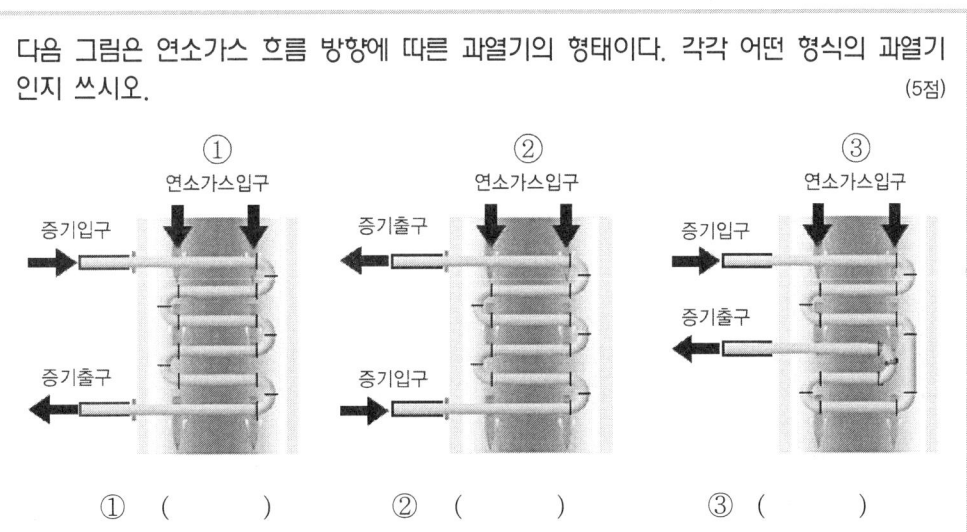

① (   )   ② (   )   ③ (   )

해답 ① 병류형   ② 향류형   ③ 혼류형

03 보온재의 구비조건을 5가지만 쓰시오. (5점)

해답
- 열전도율이 적어야 한다.
- 다공질이며, 기공이 균일해야 한다.
- 흡습성(흡수성)이 작아야 한다.
- 기계적 강도가 커야한다.
- 비중이 작아 가볍고 시공이 용이하여야 한다. 중 5가지

04
유류 연소 온수 보일러의 정격출력(부하)이 49000kcal/h이고, 보일러 효율이 80%인 경우 1시간당 연료 소비량(kg/h)을 계산하시오. (단, 연료의 발열량은 9800kcal/kg이다.) (5점)

해답
- 계산과정 : $G_f = \dfrac{Q}{\eta \times H_l} = \dfrac{49000}{0.8 \times 9800} = 6.25\,\text{kg/h}$

05
상향 공급식 중력순환의 온수난방에서 송수의 온도가 90℃이고, 환수의 온도가 70℃이다. 실내온도를 20℃로 할 경우 응접실에 설치할 방열기의 소요 방열 면적(m²)을 구하시오. (단, 방열계수는 7kcal/m²·h·℃이고, 난방 부하가 4200kcal/h이다.) (5점)

해답
- 계산과정 : $Q = K \cdot A \cdot \Delta t$에서
$$A = \dfrac{Q}{K \cdot \Delta t} = \dfrac{4200}{7 \times \left(\dfrac{70+90}{2} - 20\right)} = 10\,\text{m}^2$$

06
다음은 어떤 도면에 표시된 주철방열기 도시기호이다. 아래 사항은 각각 무엇을 표시하는지 쓰시오. (5점)

```
    18
  5 - 650   × 3
   25 × 20
```

① 18 :   ② 5 :   ③ 650 :
④ 25 :   ⑤ 3 :

해답
① 18 : 쪽수(절수, 섹션수)   ② 5 : 형식(형별)   ③ 650 : 높이
④ 25 : 유입관경   ⑤ 3 : 설치 개수

07 어느 건물의 외기에 접한 벽체 면적이 64m²인 사무실에 4.8m² 면적의 유리 창문을 4개소 설치할 경우 이 벽체를 통한 손실열량(kcal/h)을 구하시오. (단, 실내온도는 20℃, 외기온도 -8℃, 벽체의 열관류율은 0.53kcal/m²·h·℃이며, 이 건물은 동향으로 위치하고 있다. 이때 건물의 방위계수는 1.1을 적용하고, 유리 창문을 통한 손실열량은 제외한다.) (5점)

해답
- 계산과정 : $Q = K \cdot A \cdot \Delta t \times$ 방위계수
$= 0.53 \times \{64 - (4.8 \times 4)\} \times (20 + 8) \times 1.1 = 731.32 \text{kcal/h}$

08 가스용 강철제 소형온수보일러의 수압시험 압력에 대한 설명이다. ( )에 들어갈 알맞는 용어 또는 숫자를 쓰시오. (5점)

보일러의 최고사용압력이 0.43MPa 이하일 때에는 그 (①)의 (②) 배로 한다. 다만, 그 시험압력이 (③)MPa 미만인 경우에는 (④)MPa로 한다.

① ② ③ ④

해답 ① 최고사용압력　② 2　③ 0.2　④ 0.2

09 다음은 온수보일러의 난방 계통도이다. ①~③의 부품의 명칭과 ⓐ, ⓑ 관의 명칭을 쓰시오. (5점)

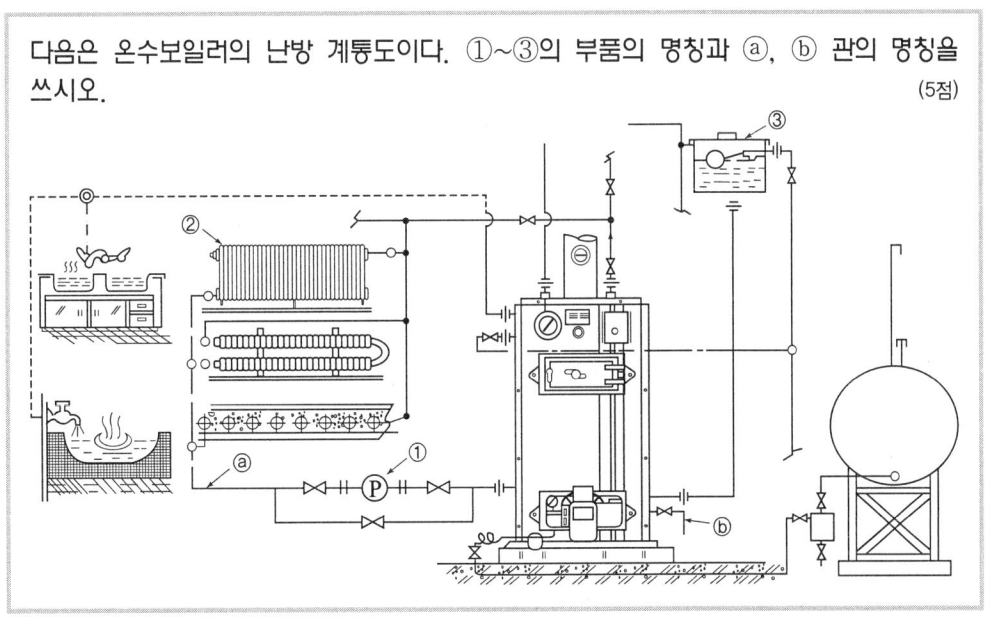

해답　① (난방)순환펌프　② 방열기　③ 팽창탱크
　　　ⓐ (난방)온수환수관　ⓑ 분출관

제5편 최근 기출문제

❋ 참고

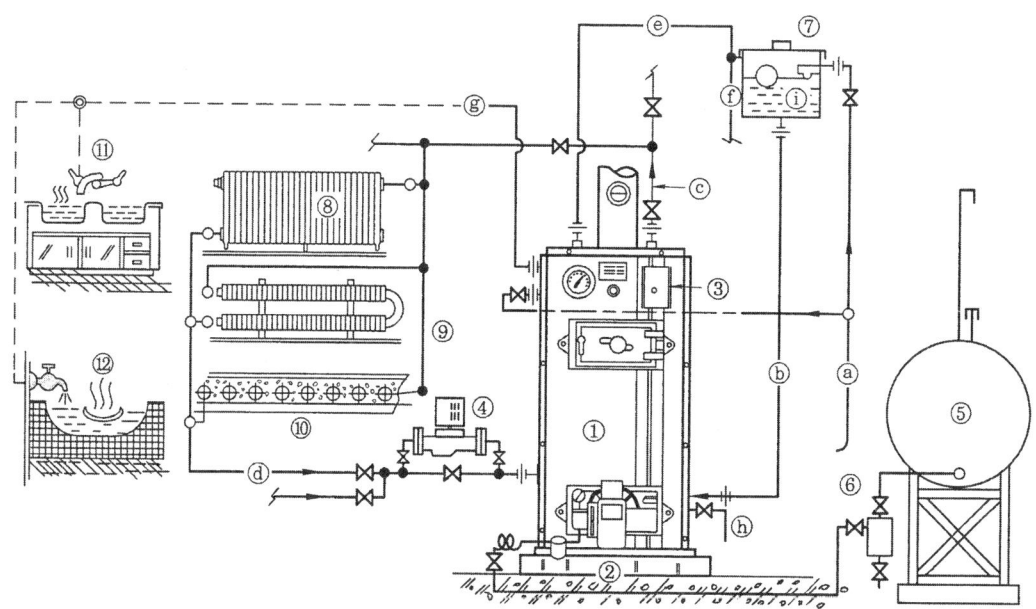

① 온수보일러 ② 오일 버너 ③ 온도조절장치 ④ 순환펌프 ⑤ 연료저장탱크 ⑥ 수(水) 분리기
⑦ 팽창탱크 ⑧ 방열기 ⑨ 에어로핀 히터 ⑩ 바닥코일 ⑪ 싱크대 ⑫ 욕실
ⓐ 급수라인 ⓑ 팽창관 ⓒ 온수공급관 ⓓ 온수환수관 ⓔ 방출관 ⓕ 오버플로관
ⓖ 급탕공급관 ⓗ 분출관 ⓘ 플로트 밸브

10 다음은 송풍기에서의 상사법칙에 관한 설명이다. 각각 ( ) 안에 들어갈 내용을 쓰시오.

(5점)

(①)은(는) 송풍기 회전수에 비례하며, (②)은(는) 송풍기 회전수의 제곱에 비례하고, (③)은(는) 송풍기 회전수의 세제곱에 비례한다.

① ② ③

📷 **해답**   ① 풍량   ② 풍압   ③ 동력

2017년 제3회 기출문제
[2017년 9월 9일 시행]

01 지름이 같은 강관을 직선 연결할 때 사용하는 이음쇠 종류 2가지를 쓰시오. (2점)

해답
① 소켓
② 니플
③ 유니온
④ 플랜지 중 2가지

02 다음 그림은 보일러 자동 피드백 제어의 회로구성을 나타낸 것이다. ①~⑤에 해당하는 제어요소를 각각 쓰시오. (5점)

①
④
②
⑤
③

해답 ① 설정부   ② 조절부   ③ 조작부   ④ 제어대상   ⑤ 검출부

03 열손실량이 5000kcal/h인 어떤 온수 배관에 보온 피복을 하였더니 손실열량이 1000kcal/h가 되었다. 시공된 보온재의 보온 효율(%)을 구하시오. (5점)

해답
- 계산과정 : $\eta = \dfrac{Q_1 - Q_2}{Q_1} \times 100 = 80\%$

04

10℃의 물이 길이 25m의 동관 내에서 물의 온도가 90℃로 상승한 경우 동관의 팽창 길이(mm)를 계산하시오. (단, 동관의 선팽창계수는 0.000018mm/mm·℃이고, 동관의 온도는 동관 내 물의 온도와 일치한다.) (5점)

해답
- 계산과정 : $\triangle l = \alpha \cdot l \cdot \triangle t = 0.000018 \times (25 \times 1000) \times (90-10) = 36\text{mm}$

참고 선팽창계수는 0.000018mm/mm·℃이므로 25m에 1000을 곱하여 mm로 하여야 한다.

05

배관 치수 기입법에 대한 설명이다. 알맞은 표시 기호를 쓰시오. (3점)

가. 지름이 다른 관의 높이를 나타낼 때 적용되며, 관 외경의 아랫면까지를 기준으로 표시
나. 포장된 지표면을 기준으로 배관장치의 높이를 표시
다. 1층의 바닥면을 기준으로 하여 높이를 표시

해답
가. BOP
나. GL
다. FL

06

[보기]의 설명을 읽고 내용에 알맞은 장치의 명칭을 쓰시오. (5점)

[보기]
가. 고압수관 보일러에서 기수 드럼에 부착하여 송수관을 통하여 상승하는 증기 중에 혼입된 수분을 분리하기 위한 내부의 부속기구
나. 둥근 보일러 동 내부의 증기 취출구에 부착하여, 송기시 비수 발생을 막고 캐리오버 현상을 방지하기 위한 다수의 구멍이 많이 뚫린 횡관을 설치한 것
다. 주증기 밸브에서 나온 증기를 잠시 저장한 후 각 소요처에 증기량을 조절하여 보내주는 설비
라. 여분의 발생증기를 일시 저장하는 기구이며, 잉여분의 저축한 증기를 과부하시에 방출하여 증기의 부족량을 보충하는 기구
마. 증기계통이나 증기관 방열기 등에서 고인 응축수를 연속 자동으로 외부로 배출시키는 기구

가.   나.   다.
라.   마.

해답
가. 기수분리기
나. 비수방지관
다. 증기헤더
라. 증기축열기
마. 증기트랩

07 어느 주택에서 온수보일러를 설치하기 위해 부하를 측정한 결과 다음과 같은 결과를 얻었다. 이 주택에 설치해야 할 온수보일러의 정격 용량(kW)을 구하시오. (5점)

- 난방부하 : 10000kcal/h
- 배관부하 : 4000kcal/h
- 증발률 : 20kg/m² · h
- 급탕부하 : 8500kcal/h
- 시동부하 : 2500kcal/h
- 급탕량 : 4500L/h

해답
- 계산과정 : $kW = \dfrac{10000 + 8500 + 4000 + 2500}{860} = 29.07 kW$

08 보일러의 급수제어방식(FWC, Feed Water Control) 중 급수제어를 위한 3요소식의 필수 요소 3가지를 쓰시오. (5점)

해답 수위, 증기량, 급수량

09 동관의 연납(soldering) 이음 작업 시 필요한 공구를 5가지만 쓰시오. (단, 재료의 준비 단계에서부터 작업의 완성 단계까지 필요한 공구이며, 측정공구는 제외한다.) (5점)

해답 튜브커터, 쇠톱, 줄, 리머, 사이징툴 또는 확관기, 토치램프 또는 가스용접기 중 5가지

10 다음 그림은 어떤 온수보일러의 계통도이다. ①~⑤의 명칭을 각각 쓰시오. (5점)

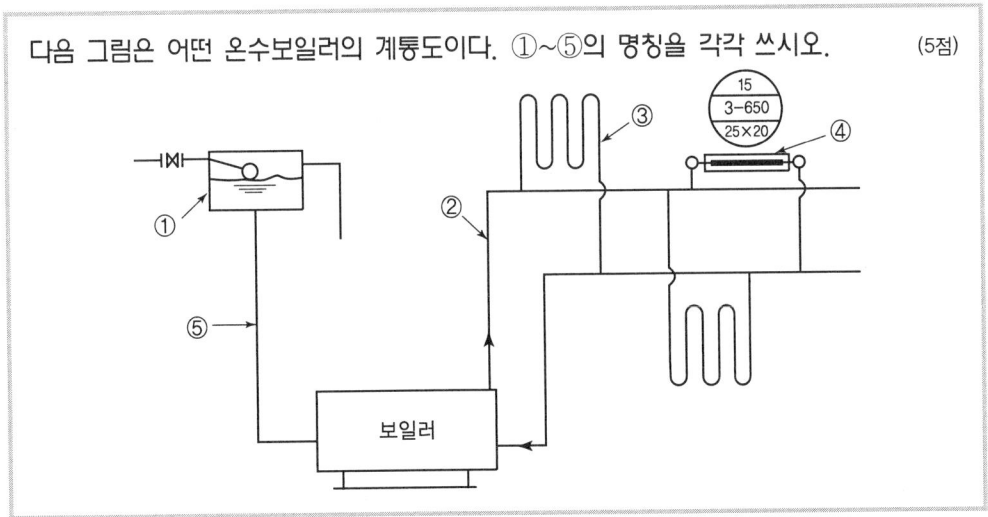

해답
① 팽창탱크 ② 송수주관
③ 방열관 ④ 방열기
⑤ 팽창관

11 증기난방과 비교하여 온수난방의 장점을 5가지만 쓰시오.

해답
① 증기난방보다 실내 쾌감도가 좋다.
② 부하변동에 따른 온도조절이 용이하다.
③ 열용량이 커 동결우려가 작다.
④ 방열기의 표면온도가 낮아 화상의 염려가 적다.
⑤ 보일러의 취급이 용이하다.

2017년 제4회 기출문제
[2017년 11월 25일 시행]

01 호칭지름 20A의 강관을 곡률반경 100mm로 90° 굽힘 할 때 곡관부의 길이(mm)를 구하시오. (5점)

해답
- 계산과정 : $l = 2\pi r \dfrac{\theta}{360} = 2 \times 3.14 \times 100 \times \dfrac{90}{360} = 157\text{mm}$

02 다음 보온재를 무기질 보온재와 유기질 보온재로 구분하시오. (무기질 보온재인 경우 "무", 유기질 보온재인 경우 "유"자를 쓰시오.) (5점)

- 규조토(   )   • 탄산마그네슘(   )   • 글라스 울(   )
- 우모 펠트(   )   • 세라믹 파이버(   )

해답
- 규조토(무)   • 탄산마그네슘(무)   • 글라스 울(무)
- 우모 펠트(유)   • 세라믹 파이버(무)

참고 유기질 보온재
① 펠트 ② 콜크 ③ 텍스 ④ 기포성수지

03 난방 부하가 15300kcal/h인 주택에 효율 85%인 가스보일러로 난방하는 경우 시간당 소요되는 가스의 양(Nm³/h)을 구하시오. (단, 가스의 저위발열량은 6000kcal/Nm³이다.) (5점)

해답
- 계산과정 : $\eta = \dfrac{Q}{G_f \cdot H_l}$ 에서

$$G_f = \dfrac{Q}{\eta \cdot H_l} = \dfrac{15300}{0.85 \times 6000} = 3\text{Nm}^3/\text{h}$$

04

아래 그림과 같이 지름 20A인 강관을 2개의 45° 엘보로 결합하고자 한다. 관의 실제 길이는 몇 mm로 절단해야 하는지 구하시오. (단, 엘보의 나사 물림부 길이는 15mm이고, 엘보 중심에서 끝단까지의 길이는 25mm이다.) (5점)

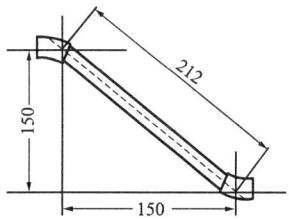

해답
- 계산과정 : $l = L - 2(A-a) = 212 - 2 \times (25-15) = 192\text{mm}$

05

다음은 보일러의 설치 검사 기준에 따른 급수밸브의 크기에 관한 설명이다. (가)~(나) 안에 내용을 맞게 쓰시오. (5점)

> 급수밸브 및 체크밸브의 크기는 전열면적 10m^2 이하의 보일러에서는 호칭 (가) 이상, 10m^2를 초과하는 보일러에서는 호칭 (나) 이상이어야 한다.

해답 가. 15A   나. 20A

06

보일러에서 보염장치의 설치목적을 5가지만 쓰시오. (5점)

해답
① 연소용 공기의 흐름을 조절하여 준다.
② 확실한 착화가 되도록 한다.
③ 화염(불꽃)의 안정을 도모한다.
④ 화염의 형상을 조절한다.
⑤ 연료의 분무를 촉진시킴과 동시에 공기와의 혼합을 양호하게 한다.
⑥ 노 내의 온도 분포를 균일하게 하여 국부 과열방지를 한다.

참고 보염장치의 종류
① 윈드박스
② 버너타일
③ 스테빌라이져
④ 콤버스터

07. 증기난방과 비교한 온수난방의 특징을 5가지만 쓰시오. (5점)

해답
① 증기난방보다 실내 쾌감도가 좋다.
② 부하변동에 따른 온도조절이 용이하다.
③ 열용량이 커 예열시간이 길고 동결우려가 작다.
④ 방열기의 표면온도가 낮아 화상의 염려가 적다.
⑤ 보일러의 취급이 용이하다.

08. 자연순환식 온수배관은 온수의 밀도차에 의해 생기는 순환력을 이용하므로 배관(마찰)저항을 가능한 최소화해야 한다. 주로 저항이 많이 발생하는 배관부위 3곳을 쓰시오. (5점)

해답
① 엘보(밴드, 곡관부)
② 티(분기부)
③ 레듀셔(줄임부, 확대부)

09. 다음과 같은 방열기 도시기호를 보고 해당하는 내용을 쓰시오. (5점)

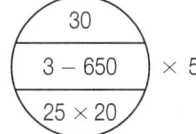

가. 방열기의 종별 나. 방열기 1조(組)당 쪽(section) 수
다. 방열기 높이 라. 방열기 유입 관경
마. 시공에 소요되는 방열기의 총 쪽(section) 수

해답
가. 3세주형   나. 30
다. 650mm   라. 25A(25mm)
마. 30×5=150

10. 내화물의 기본 제조공정 5단계를 순서에 맞게 쓰시오. (5점)

( ) → ( ) → ( ) → ( ) → ( )

해답 분쇄 → 혼련 → 성형 → 건조 → 소성

2018년 제1회 기출문제
[2018년 3월 10일 시행]

01 다음은 보일러 강제 통풍 방식에 대한 설명으로 ( ) 안에 들어갈 용어를 각각 쓰시오. (5점)

연소용 공기를 송풍기로 연소실 앞에서 연소실로 밀어 넣는 통풍방식을 (가)통풍이라고 하고, 연도에 배풍기를 설치하고 배기가스를 유인하여 연돌로 빨아내는 방식을 (나)통풍이라고 하며, 송풍기와 배풍기를 함께 사용하는 방식을 (다)통풍이라고 한다.

해답 가. 압입 나. 흡입 또는 유인 다. 평형

02 보일러 증발량 1300kg/h의 상당증발량이 1500kg/h일 때, 사용연료가 150kg/h이고, 비중이 0.8kg/L이면 상당증발 배수를 구하시오. (2점)

해답 상당증발 배수 = $\dfrac{\text{상당증발량}}{\text{사용연료량}} = \dfrac{1500}{150} = 10$

03 어느 건물의 단위 면적당 평균 열손실 지수가 125kcal/m²·h이고, 열손실 면적이 52m²이면, 시간당 손실열량(kcal/h)을 구하시오. (5점)

해답 Q = 열손실 지수 × 열손실 면적 = 125 × 52 = 6500kcal/h

04 배관 도면에 다음과 같은 표시기호가 있을 때 기기의 명칭을 [보기]에서 골라 쓰시오. (5점)

[보 기] 팬코일유닛, 콘벡터, 공기빼기밸브, 체크밸브

1) F.C.U : 2) CONV : 3) A.V :

🎥 **해답** 1) F.C.U. : 팬코일유닛(Fan Coil Unit)
2) CONV : 콘벡터(Convector)
3) A.V : 공기빼기밸브(Air Vent)

05

다음 난방장치에 대하여 난방 송수주관에서 ①, ②, ③을 거쳐 환수주관으로 이르기까지의 배관을 완성(연결)하시오. (5점)

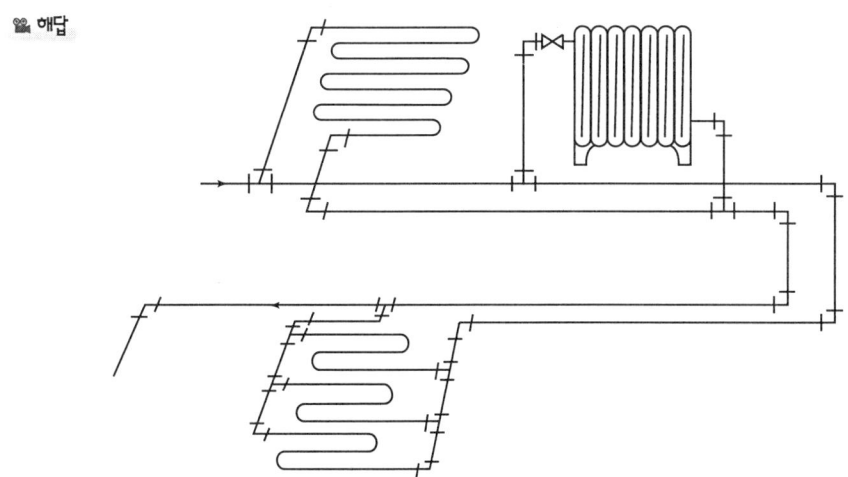

🎥 **해답**

06 온수방열기의 전 방열면적이 150m², 온수 급탕량 50kg/h인 경우, 설치해야 할 온수보일러의 용량(정격출력)(kcal/h)을 구하시오. (단, 급수온도 : 15℃, 출탕온도 : 75℃, 배관부하(α) : 0.25, 예열부하(β) : 1.2, 출력저하계수(k) : 1.1, 방열기 방열량 : 450kcal/m²·h, 물의 비열 : 1kcal/kg·℃이다.) (5점)

해답
① 난방부하＝EDR×450＝150×450＝67500
② 급탕부하＝$G \cdot C \cdot \triangle t$＝50×1×(75−15)＝3000
③ 정격출력

$$Q_m = \frac{(Q_1+Q_2)(1+\alpha)\beta}{k} = \frac{(67500+3000)(1+0.25)\times 1.2}{1.1} = 96136.36 \text{kcal/h}$$

참고 정격출력 계산(보일러 용량계산)

$$Q_m = \frac{(Q_1+Q_2)(1+\alpha)\beta}{k}$$

여기서, Q_1 : 난방부하(kcal/h)
Q_2 : 급탕부하(kcal/h)
α : 배관부하계수
β : 예열부하계수
k : 출력저하계수

07 보일러 운전과 조작 등에 관한 용어를 [보기]에서 골라 답란에 각각 쓰시오. (5점)

[보 기]
• 프라이밍　• 역화　• 캐리오버　• 프리퍼지　• 포밍　• 포스트퍼지

가. 보일러를 점화할 때는 점화순서에 따라 해야 하며, 연소가스 폭발 및 (①)에 주의해야 한다.
나. 보일러 운전이 끝난 후, 노내와 연도에 있는 가연성 가스를 송풍기로 취출시키는 것을 (②)(이)라고 한다.
다. 보일러 용수 중의 용해물이나 고형물, 유지분 등에 의해 보일러수가 증기에 혼입되어 증기관으로 운반되는 현상을 (③)(이)라고 한다.
라. 보일러 점화 전, 댐퍼를 열고 노내와 연도에 있는 가연성 가스를 송풍기로 취출시키는 것을 (④)(이)라고 한다.
마. 관수의 격렬한 비등에 의하여 기포가 수면을 교란시키며 물방울이 비산하는 현상을 (⑤)(이)라고 한다.

해답　① 역화　② 포스트퍼지　③ 캐리오버　④ 프리퍼지　⑤ 프라이밍

08. 통풍력을 증가시키는 요인 5가지를 쓰시오. (5점)

해답
① 연돌의 높이를 높인다.
② 배기가스 온도를 높인다.
③ 연도의 굴곡부를 줄인다.
④ 연돌 상부 단면적을 크게 한다.
⑤ 연돌을 보온한다.

09. 연돌의 높이가 50m, 배기가스의 평균온도가 200℃, 외기온도가 25℃, 표준상태에서 대기의 비중량이 1.29kg/Nm³, 가스의 비중량이 1.34kg/Nm³이다. 이 경우 이론 통풍력(mmH_2O)을 구하시오. (5점)

해답

$$Z_o = 273H\left(\frac{\gamma_a}{T_a} - \frac{\gamma_g}{T_g}\right)$$

$$= 273 \times 50 \times \left\{\frac{1.29}{(25+273)} - \frac{1.34}{(200+273)}\right\}$$

$$= 20.42 \, mmAq$$

10. 실제공기량과 이론공기량의 비를 공기비라 한다. 공기비가 적정 공기비보다 적을 때 발생되는 현상 3가지를 쓰시오. (3점)

해답
① 불완전 연소한다.
② 미연소에 의한 열손실이 증가한다.
③ 미연소 가스로 인한 역화의 위험성이 커진다.
④ 매연이 발생할 수 있다. 중 3가지

11. 보일러 자동제어에 이용되는 신호전달 방식 3가지를 쓰시오. (5점)

해답
① 전기식
② 유압식
③ 공기(압)식

2018년 제2회 기출문제
[2018년 5월 26일 시행]

01 자연 통풍방식의 보일러에서 연돌의 통풍력을 증가시키기 위한 방법을 5가지 쓰시오. (5점)

해답
① 연돌의 높이를 높인다.
② 배기가스 온도를 높인다.
③ 굴곡부를 줄인다.
④ 연돌 상부 단면적을 크게 한다.
⑤ 연돌을 보온 처리한다.
⑥ 연도의 길이를 짧게 한다. 중 5가지

02 난방 면적이 120m²인 사무실에 온수로 난방을 하려고 한다. 열손실지수가 150 kcal/m²·h일 때, 난방부하(kcal/h)와 방열기 소요 쪽수를 구하시오. (단, 방열기의 방열량은 표준으로 하고, 쪽 당 방열면적은 0.2m²이다.) (6점)

가. 난방부하
나. 방열기 쪽수

해답
가. 난방면적 × 열손실지수 = 120 × 150 = 18,000
나. 쪽수 = $\dfrac{난방부하}{쪽당\ 면적 \times 방열기\ 방열량} = \dfrac{18000}{0.2 \times 450} = 200$

03 배관계에 걸리는 하중을 위에서 걸어 당겨 지지하는 장치인 행거의 종류를 3가지만 쓰시오. (3점)

해답
① 콘스탄트 행거
② 스프링 행거
③ 리지드 행거

04

온수난방에서 보일러, 방열기 및 배관 등의 장치 내에 있는 전수량(全水量)이 1000kg이고, 전철량(全鐵量)이 4000kg일 때, 이 난방장치를 예열하는 데 필요한 예열부하(kcal)를 구하시오. (단, 물의 비열 1kcal/kg·℃, 철의 비열 0.12kcal/kg·℃, 운전시의 온도의 평균온도 80℃, 운전개시 전의 물의 온도 5℃이다.) (5점)

해답 Q = 물의 예열부하 + 철의 예열부하
$= \{1000 \times 1 \times (80-5)\} + \{4000 \times 0.12 \times (80-5)\}$
$= 111000$

05

용기 내의 어떤 가스의 압력이 6kgf/cm², 체적 50L, 온도 5℃였는데, 이 가스가 상태 변화를 일으킨 후 압력이 6kgf/cm², 온도가 35℃로 변화된 경우, 체적(L)을 구하시오. (5점)

해답   압력이 일정할 때 온도와 체적과의 관계를 나타내는 샬의 법칙에서
$\dfrac{V_1}{T_1} = \dfrac{V_2}{T_2}$ 에서 $\dfrac{50}{5+273} = \dfrac{x}{35+273}$

$x = \dfrac{(35+273) \times 50}{5+273} = 55.395 = 55.40\text{L}$

06

다음 보일러 시공 작업도면을 보고, A-A'의 단면도를 아래 사각형 내에 그리시오. (단, 단면도의 높이는 170mm로 하고, 각 부속사이의 관경 및 치수도 기입하시오.) (5점)

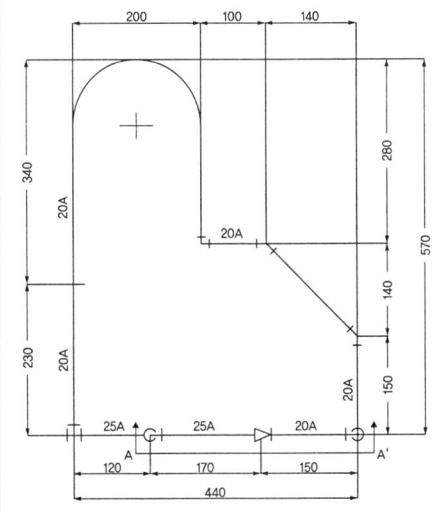

A-A' 단면도

※ 해답

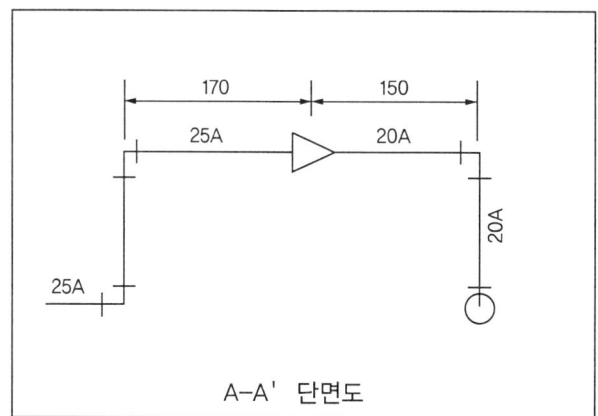

A-A' 단면도

07 다음 자동제어 방식에 맞는 용어를 쓰시오. (3점)

가. 보일러의 기본 제어로 제어량과 결과치의 비교로 정정 동작을 하는 제어
나. 구비조건에 맞지 않을 때 작동정지를 시키는 제어
다. 점화나 소화과정과 같이 미리 정해진 순서 단계를 순차적으로 진행하는 제어

※ 해답
    가. 피드백 제어
    나. 인터록 제어
    다. 시퀀스 제어

08 다음 동관 작업 시 사용되는 공구 명칭을 각각 쓰시오. (3점)

가. 동관의 끝 부분을 원형으로 정형하는 공구
나. 동관의 관 끝 직경을 크게 확대하는데 사용하는 공구
다. 동관을 압축 이음하기 위하여 관 끝을 나팔 모양으로 만드는데 사용하는 공구

※ 해답
    가. 사이징 툴
    나. 확관기 또는 익스팬더
    다. 플레어링 툴

09
다음은 유류용 온수보일러의 설치 개략도이다. 아래 각 부품에 맞는 번호를 개략도에서 찾아 쓰시오. (5점)

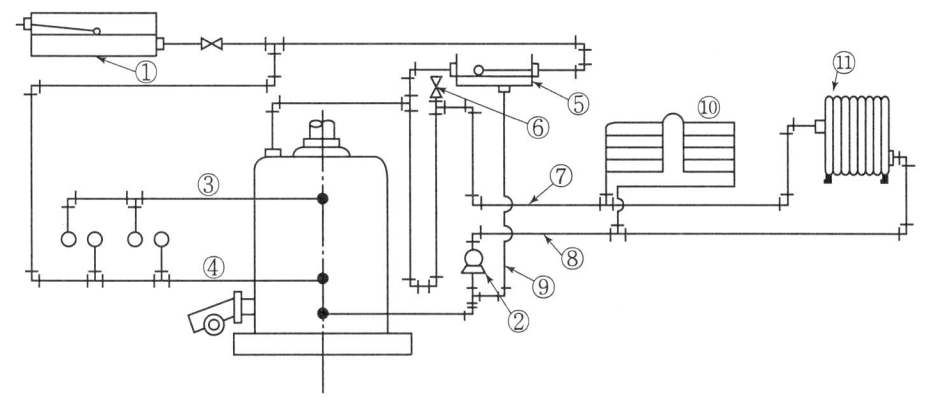

가. 급탕용 온수공급관 :
나. 난방용 온수환수관 :
다. 급수탱크 :
라. 팽창관 :
마. 방열관 :

해답
가. 급탕용 온수공급관 : ③   나. 난방용 온수환수관 : ⑧
다. 급수탱크 : ①   라. 팽창관 : ⑨
마. 방열관 : ⑩

참고 유류용 온수보일러의 각부 명칭
① 고가수조(옥상물탱크)   ② 온수순환펌프
③ 급탕관(급탕용 온수공급관) ④ 급수관(급탕용 냉수공급관)
⑤ 팽창탱크   ⑥ 공기빼기밸브(에어밴트)
⑦ 난방공급관(난방용 온수공급관) ⑧ 난방환수관(난방용 온수환수관)
⑨ 팽창관   ⑩ 난방코일(사다리꼴)
⑪ 방열기

10
증기난방과 비교한 온수난방의 특징 5가지만 쓰시오. (5점)

해답
① 증기난방보다 실내 쾌감도가 좋다.
② 부하변동에 따른 온도조절이 용이하다.
③ 열용량이 커 예열시간이 길다.
④ 방열기의 표면온도가 낮아 화상의 염려가 작다.
⑤ 보일러의 취급이 용이하다.

11

다음 온수난방 방식에 대한 설명으로서 (가) ~ (마)에 알맞은 용어를 각각 쓰시오. (5점)

> 온수난방 방식은 분류 방법에 따라 여러 가지가 있는데 온수의 온도에 따라 분류하면 저온 수난방과 (가)난방이 있으며, 온수의 순환 방법에 따라 (나)식과 (다)식으로 구분할 수 있으며, 온수의 공급 방향에 따라 (라)식과 (마)식이 있다.

가.
나.
다.
라.
마.

해답
가. 고온수
나. 자연순환
다. 강제순환
라. 상향
마. 하향

참고 온수난방의 분류

구분	방식	설명
순환 방식	자연순환식(중력식)	온수를 비중차를 이용하여 순환
	강제순환식(펌프식)	순환펌프를 사용하여 강제로 온수를 순환
온수 온도	고온수식	온수온도가 100℃ 이상(보통 100~150℃ 정도, 밀폐식)
	저온수식	온수온도가 100℃ 미만(보통 45~80℃ 정도)
배관 방식	단관식	온수공급관과 환수관이 동일하게 하나로 구성
	복관식	온수공급관과 환수관이 별개로 구성
	역환수관식 (리버스리턴)	각 방열기로 공급되는 공급관과 환수관의 길이(마찰저항)를 같게 하여 온수가 균등하게 공급
공급 방식	상향식	온수공급관을 최하층으로 배관하여 상향으로 공급
	하향식	온수공급관을 최상층으로 배관하여 하향으로 공급

2018년 제3회 기출문제
[2018년 8월 25일 시행]

01 난방 방식은 크게 개별식 난방과 중앙식 난방으로 나눌 수 있다. 그 중 중앙식 난방법의 정의를 쓰고, 중앙식 난방법의 종류 3가지를 쓰시오. (5점)

가. 정의 :
나. 종류 :

해답 가. 건물의 특정한 장소에 열원장치로 보일러를 설치하고 여러 방에 배관을 통하여 온수, 증기 등을 공급하여 난방하는 방식
나. 직접난방, 간접난방, 복사난방

02 관을 보온 피복하지 않았을 때 방열량이 650kcal/m²·h이고, 보온 피복하였을 때 방열량이 390kcal/m²·h일 때, 이 보온재에 의한 보온효율(%)을 구하시오. (5점)

해답 $\eta = \dfrac{Q_1 - Q_2}{Q_1} \times 100 = \dfrac{630 - 390}{630} \times 100 = 40\%$

03 온수보일러를 설치한 후 가동 전에 온수보일러 설치·시공 기준에 따라 적합 여부를 확인해야 할 항목을 5가지 쓰시오. (5점)

해답 ① 수압 및 안전장치
② 연료계통의 누설상태
③ 보일러 연소 및 배기성능 관계
④ 온수순환
⑤ 자동제어에 의한 성능관계

04 다음에 주어진 배관 부속품 및 기호를 이용하여, 유체의 흐름방향을 고려하여 유량계의 바이패스(by-pass)회로 배관을 완성하시오. (5점)

```
유량계(FI) : 1개      밸브(⋈) : 3개      스트레이너 : 1개
유니언 : 3개          엘보 : 2개          티 : 2개
```

유체 →   →

해답

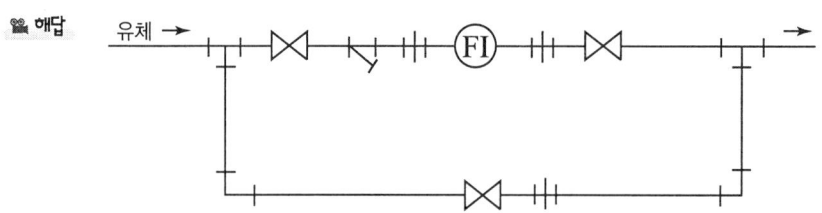

05 수동 롤러(로타리)형으로 강관을 180° 굽힘 작업하였는데, 강관의 탄성 때문에 벤딩이 약간 펴지는 현상이 발생하였다. 이를 고려하여 굽힘 각도 180°보다 3~5°를 더 구부려 작업하는데, 이렇게 벤딩이 펴지는 현상을 무엇이라고 하는지 쓰시오. (3점)

해답   스프링 백

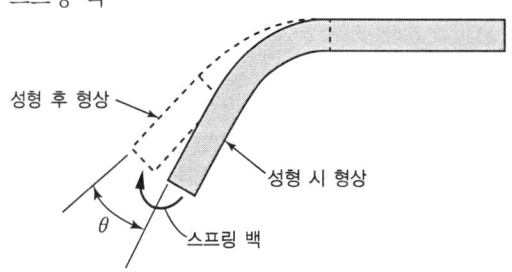

06 배관 시공 시 관을 배열해 놓고 수평을 맞출 필요가 있을 때 사용하는 측정기의 명칭을 쓰시오. (3점)

해답   수평계 또는 수준기

07

연소가스의 속도가 4m/sec이고, 가스의 양이 16m³/sec일 때, 굴뚝의 지름(m)을 구하시오. (5점)

해답

$Q = AV = \dfrac{\pi}{4} d^2 V$ 에서

$d = \sqrt{\dfrac{4Q}{\pi V}} = \sqrt{\dfrac{4 \times 16}{3.14 \times 4}} = 2.257 = 2.26\text{m}$

08

가동하기 전 보일러 수의 온도가 20℃이고, 운전 시의 온수 온도가 80℃이다. 보일러 철의 무게가 0.8ton, 철의 비열이 0.12kcal/kg·℃일 때, 철만 가열하는데 필요한 예열부하(kcal)를 구하시오. (5점)

해답

$Q = G \cdot C \cdot \Delta t = 0.8 \times 1,000 \times 0.12 \times (80-20) = 5,760\text{kcal}$

09

보일러 자동제어 중에서 인터록의 종류 3가지를 쓰고, 각각에 대하여 설명하시오. (6점)

해답

① 저수위 인터록 : 수위가 소정의 수위 이하일 때에는 전자밸브를 닫아서 연소를 저지한다.
② 압력초과 인터록 : 증기압력이 소정 압력을 초과할 때에는 전자밸브를 닫아서 연소를 저지시킨다.
③ 불착화 인터록 : 버너에서 연료를 분사한 후 소정의 시간이 경과하여도 착화를 볼 수 없을 때나 또는 어떠한 원인으로 화염이 소멸한 상태로 된 때에는 전자밸브를 닫아서 연소를 저지한다.
④ 저연소 인터록 : 유량조절밸브가 저연소 상태로 되지 않으면 전자밸브를 열지 않아서 점화를 저지한다.
⑤ 프리퍼지 인터록 : 대형 보일러인 경우에 송풍기가 작동하지 않으면 전자밸브가 열리지 않고 점화가 저지된다.

10

다음 파이프 관의 각 이음 기호를 도시하시오. (3점)

가. 나사이음 :
나. 플랜지이음 :
다. 유니언이음 :

해답

가. ——┼——   나. ——╫——   다. ——╫┤——

11 어떤 장치내의 물을 가열하여 온도를 높이는 경우 물의 팽창량(L)을 구하는 식에 대하여 아래 기호를 사용하여 나타내시오. (단, V=가열전 장치내 전수량(L), ρ_1 : 가열 후 물(온수)의 밀도(kg/L), ρ_2 : 가열 전 물(온수)의 밀도(kg/L)이다.) (5점)

○ 물의 팽창량(L) :

해답
$$L = \left(\frac{1}{\rho_1} - \frac{1}{\rho_2}\right)V$$

2018년 제4회 기출문제
[2018년 11월 24일 시행]

01
회전식 버너의 점화가 안 될 때, 원인을 5가지만 쓰시오. (5점)

해답
① 연료 속에 물이나 슬러지 등 불순물 혼입 시
② 기름의 온도가 너무 낮거나 높을 때
③ 유압이 너무 낮을 때
④ 버너 노즐이 막혔을 때
⑤ 1차 공기가 과대할 때
⑥ 착화 버너 불량할 때 중 5가지

02
중력순환식 온수난방을 위한 배관 설계를 하고자 한다. 보일러에서 최원단 방열기까지의 배관 직선길이가 100m이고 순환수두는 200mmAq일 때, 배관의 마찰손실(mmAq/m)을 구하시오. (단, 국부저항에 의한 상당길이는 직선길이의 50%로 한다.) (5점)

해답
$200 = (100 \times R') \times 1.5$에서
$R' = 1.33$

03
지역난방(district heating system)에 대하여 설명하시오. (5점)

해답 대규모의 열공급 설비에서 열을 발생시켜 일정지역에 공급하여 난방하는 방식

04

보일러 재료의 강도가 부족한 부분 또는 변형이 쉬운 부분에 설치하여 강도 증가와 변형방지를 위한 것이 버팀(스테이)이다. 아래 각 특징에 맞는 버팀의 명칭을 [보기]에서 골라 쓰시오. (5점)

[보 기]
- 경사 스테이
- 관 스테이
- 나사 스테이
- 도그 스테이
- 가셋트 스테이
- 막대 스테이

가. 스코치 보일러의 간격이 좁은 두 개의 나란한 경판을 보강하는 스테이
나. 동체판과 경판 또는 관판에 연강봉을 경사지게 부착하여 경판을 보강하는 스테이
다. 연관보일러에 있어서 연관의 팽창에 따른 관판이나 경판의 팽출에 대한 보강재로서 총 연관의 30%가 스테이이며 연관 역할을 동시에 하는 스테이
라. 평 경판이나 접시형 경판에 사용하며 강판과 동판 또는 관판이나 동판의 지지 보강 대로서 판에 접속되는 부분이 큰 스테이
마. 진동충격 등에 따른 동체의 눌림 방지 목적으로 화실 천정의 압궤방지를 위한 가로 버팀이며 관판이나 경판 양쪽을 보강하는 스테이

해답
가. 나사 스테이 나. 경사 스테이
다. 관 스테이   라. 가셋트 스테이
마. 막대 스테이

05

난방배관 시공시 증기주관에서 입하관을 분기할 때의 이상적인 배관 시공도를 그리시오. (단, 사용 이음쇠는 티 1개, 90° 엘보 3개이다.) (5점)

증기주관 ━━━━━━━━━━━━

해답

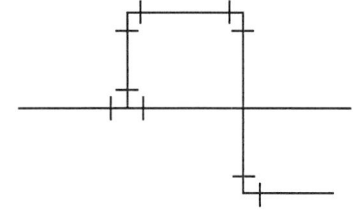

06
온수보일러의 순환펌프 설치방법에 대한 설명이다. (   ) 안에 알맞은 말을 [보기]에서 골라 써 넣으시오. (5점)

[보 기]
송수주관, 최대, 온수공급관, 여과기, 수평, 바이패스, 최소, 트랩, 환수주관, 수직

순환펌프에는 하향식 구조 및 자연순환이 곤란한 구조를 제외하고는 (가)회로를 설치해야 하며, 펌프와 전원콘센트 간의 거리는 가능한 한 (나)(으)로 하고, 누전 등의 위험이 없어야 하며, 순환펌프의 모터부분을 (다)(으)로 설치한다. 또한 펌프의 흡입 측에는 (라)을(를) 설치해야 하며, (마)에 설치한다.

해답
가. 바이패스 나. 최소
다. 수평   라. 여과기
마. 환수주관

07
보일러의 실제 증발량이 1000kg/h이고, 발생증기의 엔탈피는 619kcal/kg, 급수 엔탈피는 80kcal/kg일 때 이 보일러의 상당 증발량(환산 증발량, kg/h)을 구하시오. (5점)

해답
$$G_e = \frac{G_a(h_2 - h_1)}{539} = \frac{1000 \times (619-80)}{539} = 1000 \, \text{kg/h}$$

08
어떤 거실의 방열기 상당방열 면적이 12m²이다. 온수난방일 때 난방부하(kcal/h)를 구하시오. (단, 방열기의 방열량은 표준방열량으로 한다.) (5점)

해답
$Q = EDR \times$ 방열기 방열량 $= 12 \times 450 = 5400$

09
5ton/h인 수관식 보일러에서 연돌로 배출되는 배기 가스량이 9100Nm³/h이고, 연돌로 배출되는 배기가스온도는 250℃이다. 이때 연돌의 상부 최소단면적이 0.7m²일 경우 배기가스 유속(m/s)을 구하시오. (5점)

해답
$$V = \frac{G(1 + 0.0037t)}{3600 \times F}$$
$$= \frac{9100 \times \{1 + (0.00378 \times 250)\}}{3600 \times 0.7}$$
$$= 6.95 \, \text{m/s}$$

✱참고   연돌(굴뚝)의 상부 최소 단면적

$$F = \frac{G(1+0.0037 \cdot t)}{3600 \cdot V}$$

여기서, ┌ F : 연돌 상부 최소 단면적(m^2)
　　　├ t : 출구 배기 가스 온도(℃)
　　　├ G : 배기 가스량(Nm^3/h)
　　　└ V : 배기 가스 속도(m/s)

10 온수가 배관 내 흐를 때 관 내부와 마찰을 일으켜 압력손실을 가져오게 되는데, 이러한 손실을 줄이기 위하여 다음 각 요소를 어떻게 해야 하는지 쓰시오. (5점)

가. 굽힘 개소 :
나. 관경 :
다. 배관 길이 :
라. 유속 :
마. 유체 점도 :

해답 가. 적게
　　　　나. 크게
　　　　다. 짧게
　　　　라. 느리게
　　　　마. 낮게(작게)

2019년 제1회 기출문제
[2019년 3월 23일 시행]

01
주택의 난방부하가 60000kcal/h이고, 소요 급탕량이 40kg/h, 보일러 급수온도 15℃, 급탕온도 65℃일 때, 보일러 정격용량(kcal/h)을 구하시오. (단, 사용온수의 비열은 1kcal/kg·℃이고, 배관 열손실부하는 20%, 예열부하는 25%이다.) (5점)

해답
$Q = (Q_1 + Q_1)(1+\alpha)\beta$
$= [60,000 + \{40 \times 1 \times (65-15)\}] \times (1+0.2) \times 1.25$
$= 93,000 \text{kcal/h}$

02
90℃의 급탕 온수와 10℃의 냉수를 혼합하여 50℃의 온수 2000kg/h가 되기 위해서는 90℃의 온수 급탕량(kg/h)이 얼마이어야 하는지 구하시오. (5점)

해답 열평형의 법칙을 이용하여
$(x \times 90) + \{(2000-x) \times 10\} = 2,000 \times 50$
$90x + 20,000 - 10x = 100,000$
$80x = 80,000$
$x = \dfrac{80,000}{80} = 10 \text{kg/h}$

03
자동제어의 신호전달 방식을 공기압식, 유압식, 전기식으로 분류할 때 전기식 신호전달 방식의 장점을 3가지 쓰시오. (5점)

해답
① 신호전달 거리가 길다.
② 신호전달 지연이 적다.
③ 동작 및 응답시간이 빠르다.
④ 복잡한 신호전송이 가능하다. 중 3가지

04

여러 개의 온수방열기가 연결된 경우 배관의 순환율을 같게 하여 건물 내의 각 실 온도를 일정하게 유지시키는 배관 방식을 쓰시오. (5점)

해답 역환수(reverse return) 배관 방식

참고 역환수(reverse return) 배관도시

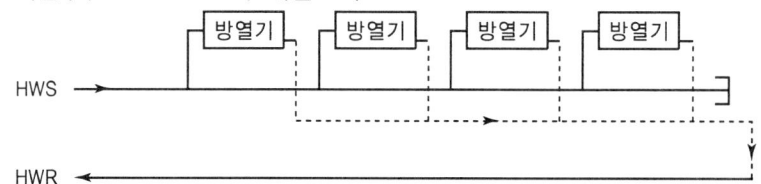

05

두께 1m의 벽체가 있다. 실내온도가 50℃이고 실외온도가 30℃일 때 벽면적 5m²로부터 손실하는 열량(kcal/h)을 구하시오. (단, 벽체의 열전도율은 760kcal/m · h · ℃이다.) (5점)

해답 $Q = \dfrac{\lambda \cdot A \cdot \Delta t}{l} = \dfrac{760 \times 5 \times (50-30)}{1} = 76{,}000\,\text{kcal/h}$

06

다음 중 온수난방과 관련된 사항으로 옳게 설명된 것을 골라 그 번호를 모두 쓰시오. (5점)

① 운전이 정지되면 전체 배관 내에 공기가 채워진다.
② 물의 현열을 이용한다.
③ 대규모의 아파트 단지에 적합하다.
④ 운전정지 후 일정시간 방열이 지속된다.
⑤ 예열부하가 크다.
⑥ 열매체의 잠열과 현열을 이용하는 난방법이다.
⑦ 방열기 표면 온도가 낮아 쾌감도가 높고, 화상의 위험이 적다.
⑧ 배관 방식에 따라 중력 순환식과 강제 순환식 온수난방으로 구분한다.
⑨ 방열기를 이용한 온수난방은 대류 난방법에 속한다.

해답 ②, ④, ⑤, ⑨

07

강관과 비교한 동관의 특징을 설명한 것이다. (   ) 속에 단어 중 옳은 것을 ○표시하시오. (5점)

> "동관은 강관에 비하여 유연성이 (크고, 작고), 유체 흐름에 대한 마찰저항이 (크다, 작다). 또한, 내식성이 (작으며, 크며), 열전도율이 (크고, 작고), 같은 호칭경으로 비교할 경우 무게가 (가볍다, 무겁다). "

해답 동관은 강관에 비하여 유연성이 (크고), 유체 흐름에 대한 마찰저항이 (작다). 또한, 내식성이 (크며), 열전도율이 (크고), 같은 호칭경으로 비교할 경우 무게가 (가볍다).

08

보일러 내부 부식에 대한 종류 및 원인 또는 현상이다. (   ) 안에 알맞은 용어를 적으시오. (5점)

구 분	부식 종류	원인 또는 현상
내부 부식	(가)	보일러수 pH 12이상 [$Fe(OH)_2$]
	(나)	좁쌀알크기의 반점 [용존산소]
	(다)	열응력에 의한 홈 [V, U자]

해답
(가) 알카리 부식
(나) 점식(pitting)
(다) 구식(grooving)

09

다음은 보일러에 관련된 자동제어 용어에 대한 설명이다. 각각 어떤 자동제어인지 쓰시오. (5점)

가. 미리 정해진 순서에 따라 제어의 각 단계가 순차적으로 진행되는 제어
나. 결과(출력)를 원인(입력) 쪽으로 되돌려 입력과 출력과의 편차를 계속적으로 수정시키는 제어

해답
가. 시퀀스 제어
나. 피드백 제어

제5편 최근 기출문제

10 다음의 방열기 도면 표시를 보고 아래 [보기] 설명의 (①)~(⑤)에 알맞은 숫자를 쓰시오. (5점)

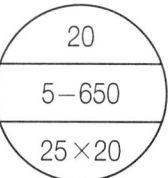

[보 기]

위의 방열기는 (①)세주형, 높이 (②)mm, (③)섹션을 조합하였고, 유입관의 지름이 (④)mm, 유출관의 지름은 (⑤)mm 이다.

해답 ① 5 ② 650 ③ 20 ④ 25 ⑤ 20

2019년 제2회 기출문제
[2019년 5월 25일 시행]

01
원심식 송풍기의 풍량조절 방법 3가지를 쓰시오. (3점)

해답
① 전동기 회전수 조절
② 흡입베인의 각도 조절
③ 가변피치 조절
④ 흡입댐퍼에 조절
⑤ 토출댐퍼에 조절 중 3가지

02
보일러가 연속 운전되는 동안 증기의 부하가 변하면 수위 변동이 발생한다. 이때 일정 수위를 유지하기 위해 설치하는 수위제어 검출 방식 종류를 3가지만 쓰시오. (5점)

해답
① 플로트식(맥도널식)
② 전극식
③ 차압식
④ 열팽창식(코프식) 중 3가지

03
배관의 관 높이 표시기호에 대하여 각각 설명하시오. (5점)

가. G.L(Ground Line) :
나. B.O.P(Bottom of pipe) :

해답
가. G.L(Ground Line) : 지면 기준
나. B.O.P(Bottom of pipe) : 관의 아래면 기준

04
연소의 3요소를 쓰시오. (3점)

해답 가연물, 산소공급원, 점화원

05

호칭지름 15A의 관으로 다음 그림과 같이 나사이음을 할 때 중심간의 길이를 600mm로 하려면 관의 절단 길이(ℓ)는 몇 mm로 해야 하는지 구하시오. (단, 호칭 15A 엘보의 중심선에서 단면까지의 길이는 27mm, 나사에 물리는 최소 길이는 11mm이다.) (5점)

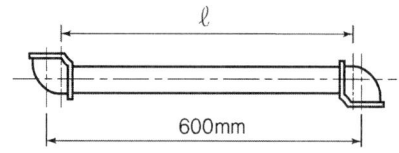

해답 관의 절단 길이
$$l = L - 2(A-a) = 600 - 2(27-11) = 568\text{mm}$$

06

열교환기의 효율을 향상시키는 방법을 3가지 쓰시오. (5점)

해답
① 열통과율이 큰 재료를 사용한다.
② 열교환되는 유체의 온도차를 크게 한다.
③ 적정한 유속을 유지한다.
④ 전열관의 청소를 한다. 중 3가지

07

다음 그림은 온수보일러 설치 개략도이다. 아래 물음에 답하시오. (5점)

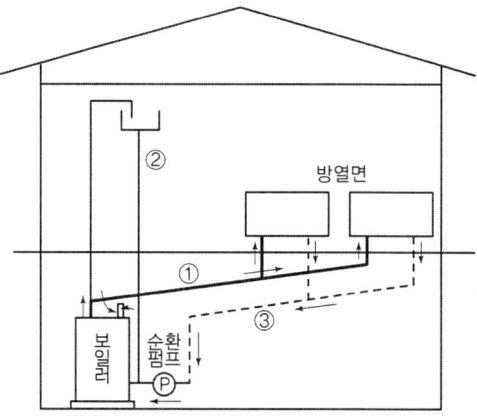

가. 온수의 공급방향에 따라 분류할 때, 위의 그림은 어떤 방식인지 쓰시오.
나. 위의 그림에서 ① ~ ③은 용도상 어떤 관을 의미하는지 쓰시오.

해답 가. 상향 공급식
나. ① 송수주관 ② 팽창관 ③ 환수주관

08

풍량이 150m³/min이고 풍압이 6kPa인 송풍기가 있다. 송풍기의 전압효율이 60%일 때, 송풍기의 축동력(kW)을 구하시오. (5점)

해답

$$kW = \frac{Q \cdot P}{60} = \frac{150 \times 6}{60 \times 0.6} = 25kW$$

09

다음은 PB관(Poly butylene)의 연결 방법에 대한 설명이다. (가) ~ (라) 안에 적합한 답을 아래 [보기]에서 골라 그 번호를 쓰시오. (5점)

PB관 이음부속은 캡(cap), (가), 와셔(washer), (나)의 순서로 구성되며, 용접이나 나사이음이 필요 없이 (다)방식으로 시공한다. 부속에 관을 연결할 때는 절단된 관의 끝 부분속으로 (라)를 밀어 넣어야 한다.

[보 기]
① 그랩 링(grab ring) ② 푸시 피트(push-fit) ③ 오-링(O-ring)
④ 압착 이음(pressure fit) ⑤ 서포트 슬리브(support sleeve) ⑥ 얀(yarn)

해답 (가) ③ (나) ① (다) ② (라) ⑤

참고

1. 캡 Retaining Cap
2. 오링 O-Ring
3. 와샤 Spacer Washer
4. 그랩링 Grab Ring

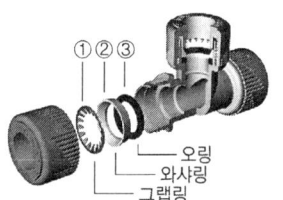
①②③
오링
와사링
그랩링

- 그랩링(Grab Ring): 내식성이 가장 우수하고 고온 Creep강도가 높은 특징의 Stainless Steel 316L로 제작되었음.
- 캡(Retaining Cap): 첨단 원료로 제조되며 내구성이 좋고 산화, 열, 화학약품에 대한 내성, 전기적 특성, 탄력 내구년수 및 외관이 미려한 BS2462 기준에 적합한 원료로 제조되었음.
- BRASS BODY
- 와샤(Spacer Washer): 연결하는 힘을 조절하여 오링을 보호함.
- 오링(O-Ring): 고온과 저온, 자기소화성, 기계적 강성이 우수하고 내약품성, 내유성 및 내구성이 보장되는 제품으로 제조되었음.
- 슬리브(Sleeve)
- PB Pipe: 경량이며 취급이 쉽고, 절단 시공 등이 간단하며 시공성이 우수하다.

10 다음은 열전달 형태와 그와 관련된 법칙을 나열한 것이다. 서로 관계있는 것끼리 선으로 연결하시오. (5점)

- 전도
- 대류
- 복사

- 푸리에(Fourier)의 법칙
- 스테판-볼츠만(Stefan-Boltzman)의 법칙
- 뉴튼(Newton)의 냉각법칙

해답
- 전도 ─────────── • 푸리에(Fourier)의 법칙
- 대류 ─────╲╱───── • 스테판-볼츠만(Stefan-Boltzman)의 법칙
- 복사 ─────╱╲───── • 뉴튼(Newton)의 냉각법칙

11 난방부하가 21kW인 사무실의 방열면적(m^2)을 구하시오. (단, 방열기의 방열량은 523.3W/m^2이다.) (4점)

해답 난방부하 = 상당방열면적(EDR) × 방열기 방열량에서

$$EDR = \frac{난방부하}{방열기\ 방열량} = \frac{21 \times 1{,}000}{523.3} = 40.13\,m^2$$

2019년 제3회 기출문제
[2019년 8월 24일 시행]

01 다음의 배관 등각투상도를 보고 아래 답란에 '평면도'로 나타내시오. (단, 각 연결부위는 나사접합이다.)
(5점)

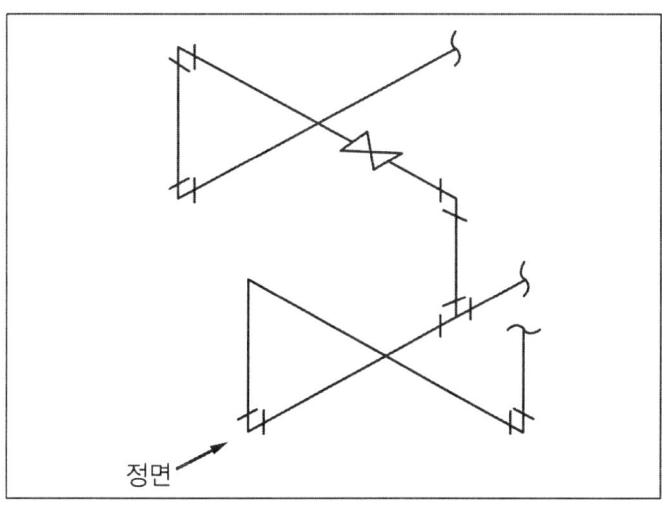

해답

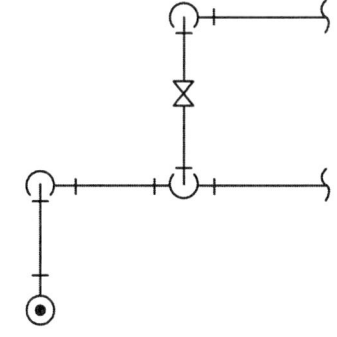

02

아래 그림(①, ②)은 체크밸브의 단면을 간략하게 도시한 것이다. 각 물음에 답하시오. (5점)

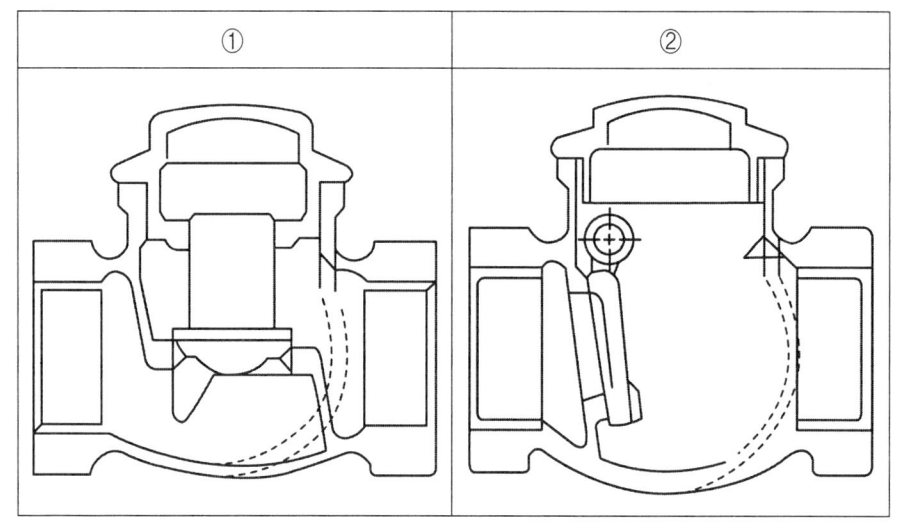

가. 구조를 보고 ①, ② 체크밸브의 형식을 쓰시오.
나. 구조상 수평배관에만 사용 가능한 밸브는 ①, ② 중 어느 것인지 그 번호를 쓰시오.

해답
가. ① 리프트식
　　② 스윙식
나. ①

03

온도 10℃, 길이 15m인 강관이 있다. 강관 내에 온수가 통과하면서 강관의 온도가 85℃가 되었다면 열팽창에 의해 관의 늘어난 길이(mm)를 구하시오. (단, 강관의 평균 선팽창계수는 0.0002mm/mm·℃이다.) (5점)

해답 $\Delta l = \alpha \cdot l \cdot \Delta t = 0.0002 \times (15 \times 1,000) \times (85-10) = 225\,\text{mm}$

04

내경 25mm인 관에 유속 7m/s로 물이 흐른다면 시간당 급수량(m^3/h)을 구하시오. (5점)

해답
$$Q = AV = \frac{\pi}{4}d^2 \cdot V$$
$$= \frac{3.14}{4} \times 0.025^2 \times 7 \times 3,600 = 12.36\,\text{m}^3/\text{h}$$

05
온수난방 배관도에 다음과 같은 방열기 도시기호가 표시되어 있다. 아래 물음에 답하시오. (5점)

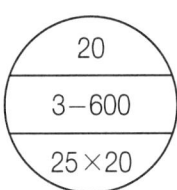

가. 방열기의 형식과 높이(치수)를 각각 쓰시오.
나. 방열기 1조당 섹션수(쪽수)를 쓰시오.
다. 유입 관경과 유출 관경을 각각 쓰시오.(단위 : mm)

해답
가. 형식 : 3세주형, 높이(치수) : 600
나. 20쪽
다. 유입 관경 : 25mm, 유출 관경 : 20mm

06
기체연료의 장점을 5가지만 쓰시오. (5점)

해답
① 적은 공기로 완전연소가 가능하다.
② 점화나 소화가 용이하다.
③ 연소조절이 용이하다.
④ 회분생성이 없고 매연발생이 없다.
⑤ 저장, 운반, 취급이 어렵다.
⑥ 누설 시 폭발의 위험이 크다. 중 5가지

07
다음은 보일러의 자동제어에 관한 설명이다. 가, 나의 ( ) 안에 들어갈 알맞은 내용을 쓰시오. (5점)

보일러 자동제어의 요소 중 검출부에서 검출한 제어량과 목표치를 비교하여 나타낸 그 오차를 (가)(이)라고 하며, 편차의 정(+), 부(-)에 의하여 조작 신호가 최대 · 최소가 되는 제어 동작을 (나)동작이라고 한다.

해답
가. 제어편차(off-set)
나. 2위치(on-of)

08

보일러의 부하가 34000kcal/h, 효율이 85%인 경우, 버너의 연료소비량(kg/h)을 구하시오. (단, 사용 연료의 저위발열량은 10000kcal/kg으로 한다.) (5점)

해답

$\eta = \dfrac{Q}{G_f \cdot H_\ell}$ 에서

$G_f = \dfrac{Q}{\eta \cdot H_\ell} = \dfrac{34,000}{0.85 \times 10,000} = 4\,\text{kg/h}$

09

다음 (보기)의 내용은 난방배관에 대해 설명한 것이다. 가~라의 ( ) 안에 들어갈 알맞은 내용을 각각 쓰시오. (5점)

[보 기]
- 집단주택 등 소속구 내의 각 건물 혹은 시가지에서 특정지역 전부에 걸쳐 특정의 보일러에서 열매체를 보내 전체를 난방하는 일종의 중앙식 난방법은 (가) 난방법이다.
- 응축수 환수법에 따라 증기난방법을 분류하면 기계환수식, (나), (다)(으)로 나눌 수 있다.
- 보통 고온수식 난방은 (라)℃ 이상의 고온수를 사용하며, 밀폐식 팽창탱크를 설치한다.

해답
가. 지역
나. 중력환수식
다. 진공환수식
라. 100

10

강철제보일러의 최고사용압력이 0.4MPa일 때 수압시험 압력(MPa)은 얼마인지 쓰시오. (5점)

해답 최고사용압력 0.43MPa 이하일 때 2배이므로 수압시험＝0.4×2＝0.8MPa

2019년 제4회 기출문제
[2019년 11월 23일 시행]

01 그림과 같이 벽의 좌측 고온 유체로부터 우측의 저온 유체로 열이 통과하고 있다. 다음 기호를 사용하여 열관류율($W/m^2 \cdot K$)을 구하는 공식을 쓰시오. (5점)

K : 열관류율($W/m^2 \cdot K$)
α_1 : 고온 유체와 벽과의 열전달률($W/m^2 \cdot K$)
α_2 : 저온 유체와 벽과의 열전달률($W/m^2 \cdot K$)
λ : 벽 내부의 열전도율($W/m \cdot K$)
b : 벽의 두께(m)

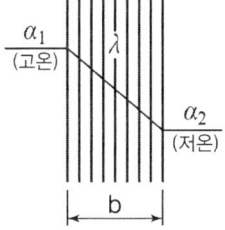

해답
$$K = \cfrac{1}{\cfrac{1}{\alpha_1} + \cfrac{b}{\lambda} + \cfrac{1}{\alpha_2}}$$

02 관 지지 장치 중 행거(hanger)의 종류를 3가지 쓰시오. (5점)

해답 콘스탄트행거, 스프링행거, 리지드행거

03 내경 20mm인 관을 통하여 보일러에 시간당 0.25m³의 급수를 하는 경우 관내 급수의 유속(m/s)을 구하시오. (5점)

해답
$$V = \frac{4Q}{\pi d^2} = \frac{4 \times \left(\frac{0.25}{3,600}\right)}{3.14 \times 0.02^2} = 0.22 \, \text{m/s}$$

04
다음 각 보일러설비에 해당되는 기기 및 부속명을 [보기]에서 골라 모두 쓰시오. (5점)

[보 기]
점화장치, 인젝터, 과열기, 분연장치, 급수내관, 절탄기, 방폭문, 안전밸브

가. 급수장치 :　　　　　　　　　나. 연소장치 :
다. 폐열회수장치 :　　　　　　　라. 안전장치 :

해답
가. 급수장치 : 인젝터, 급수내관
나. 연소장치 : 점화장치, 분연장치
다. 폐열회수장치 : 과열기, 절탄기
라. 안전장치 : 방폭문, 안전밸브

05
아래에서 설명하는 증기트랩의 종류를 쓰시오. (5점)

- 열교환기와 같이 많은 양의 응축수가 연속적으로 발생되는 곳에 적합하다.
- 구조상 공기의 배제가 곤란하여, 공기를 배제하기 위한 벨로즈를 내장한 형식도 있다.
- 에어벤트(air vent)를 별도로 설치하여야 한다.
- 동파의 우려가 있으며 수격작용이 심한 곳에는 사용하기 곤란하다.

해답　플로트식 증기트랩

06
용융 석영을 방사하여 만든 실리카 물이나 고석회질의 규산유리로 융점이 높고, 내약품성이 우수하여 고온용 단열재로 사용되며 최고 사용온도는 1100℃ 정도인 무기질 보온재의 종류를 쓰시오. (5점)

해답　실리카 화이버

07
다음은 온수온돌의 시공 순서이다. 순서에 맞게 ( ) 안에 알맞은 작업명을 아래 [보기]에서 골라 쓰시오. (5점)

[보 기]
배관작업　　수압시험　　방수처리　　골재 충진작업　　보일러 설치

배관기초 → (가) → 단열처리 → 받침재 설치 → (나) → 공기방출기 설치 → (다)
→ 팽창탱크 설치 → 굴뚝 설치 → (라) → 온수 순환시험 및 경사조정 → (마)
→ 시멘트 모르타르 바르기 → 양생 건조 작업

해답 가. 방수처리   나. 배관작업   다. 보일러 설치
  라. 수압시험   마. 골재 충진작업

08 다음은 온수보일러 순환펌프 주위 바이패스 배관을 나타낸 것이다. 아래 물음에 답하시오. (5점)

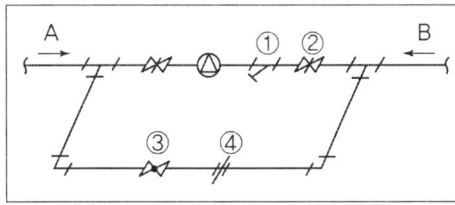

가. 부품 ① ~ ④의 명칭을 각각 쓰시오.
나. 온수의 흐름 방향은 "A"와 "B" 중 어느 것인지 쓰시오.

해답 가. ① 여과기(스트레이너)
  ② 게이트밸브(슬루스밸브)
  ③ 글로브밸브
  ④ 유니언
  나. B

09 상향 공급식 중력순환의 온수난방에서 송수의 온도는 86℃이고 환수의 온도는 64℃이다. 용접실에 설치할 방열기의 소요방열면적(m²)을 구하시오. (단, 실내온도는 18℃이고, 용접실의 난방부하는 4kW, 방열기의 방열계수는 8.25W/m²·℃이다.) (5점)

해답 $Q = K \cdot A \cdot \Delta tm$에서
$$A = \frac{Q}{K \cdot \Delta tm} = \frac{4 \times 1{,}000}{8.25 \times \left(\frac{86+64}{2} - 18\right)} = 8.51\,\text{m}^2$$

10 방의 온수난방에서 실내온도를 20℃로 유지하려고 하는데 소요되는 열량이 시간당 125MJ이 소요된다고 한다. 이 때 송수의 온도가 80℃이고, 환수의 온도가 15℃라면 온수의 순환량(kg/h)을 구하시오. (단, 온수의 비열은 4174J/kg·℃이다.) (5점)

해답 $$G = \frac{Q}{C \cdot \Delta t} = \frac{125 \times 10^6}{4174 \times (80-15)} = 460.73\,\text{kg/h}$$

| 에너지관리기능사 실기 | 정가 22,000원 |

- 감　　수　　이　　정　　근
- 저　　자　　이　요　학 · 박　장　연
　　　　　　　강　명　구 · 한　덕　수
- 발　행　인　　차　　승　　녀

- 2012년　4월　10일　제1판　제1인쇄 발행
- 2013년　2월　5일　제2판　제1인쇄 발행
- 2014년　2월　12일　제3판　제1인쇄 발행
- 2015년　2월　5일　제4판　제1인쇄 발행
- 2016년　3월　10일　제5판　제1인쇄 발행
- 2017년　2월　20일　제6판　제1인쇄 발행
- 2018년　1월　30일　제7판　제1인쇄 발행
- 2019년　2월　28일　제8판　제1인쇄 발행
- 2020년　2월　20일　제9판　제1인쇄 발행

도서출판 건기원

(등록 : 제11-162호, 1998. 11. 24)

경기도 파주시 연다산길 244(연다산동)
TEL : (02)2662-1874~5　　FAX : (02)2665-8281

★ 건기원은 여러분을 책의 주인공으로 만들어 드리며 출판 윤리 강령을 준수합니다.
★ 본서에 게재된 내용일체의 무단복제 · 복사를 금하며 잘못된 책은 교환해 드립니다.

ISBN　979-11-5767-485-5　13550